融合型·新形态教材
复旦学前云平台 fudanxueqian.com

U0730953

普通高等学校学前教育专业系列教材

学前儿童心理发展分析与指导

主　编　沈雪梅

编　者（按姓氏笔画排列）

王　冰　王丽娇　王晓菁　李焕稳

沈文瑛　沈雪梅　陈开颜　陈国玉

胡伊淇　詹文燕　潘紫剑

复旦大學 出版社

内容提要

本书是学前教育专业心理学教材，同时也是教师教育课程改革的物化成果。

教材共分8个主题，内容涉及从出生到6岁儿童感知、记忆、注意、思维、想象、言语、情绪情感、社会性、个性发展，学前儿童心理发展的影响因素，学前儿童心理研究方法，以及经典理论和当代理论的介绍。同时，还设有丰富的、易于操作的行为观察、实验测评、案例分析、发展指导等内容，这些实训项目与理论学习紧密结合、相辅相成。

本教材内容全面，贴近幼儿教师岗位需求；体系完整，富有创新性，是一本涵盖学科知识、实训项目、案例分析的整合式教材。本教材不仅可作为学前教育专业和早期教育专业的心理学课程教学用书，而且也可作为教师的参考用书，同时也可供幼儿教师和家长阅读。

本书提供PPT教学课件，可登录复旦学前云平台免费下载：www.fudanxueqian.com。

复旦学前云平台
数字化教学支持说明

为提高教学服务水平，促进课程立体化建设，复旦大学出版社学前教育分社建设了"复旦学前云平台"，以为师生提供丰富的课程配套资源，可通过"电脑端"和"手机端"查看、获取。

【电脑端】

电脑端资源包括 PPT 课件、电子教案、习题答案、课程大纲、音频、视频等内容。可登录"复旦学前云平台"www.fudanxueqian.com 浏览、下载。

Step 1 登录网站"复旦学前云平台"www.fudanxueqian.com，点击右上角"登录 /注册"，使用手机号注册。

Step 2 在"搜索"栏输入相关书名，找到该书，点击进入。

Step 3 点击【配套资源】中的"下载"（首次使用需输入教师信息），即可下载。音频、视频内容可通过搜索该书【视听包】在线浏览。

【手机端】

PPT 课件、音视频、阅读材料：用微信扫描书中二维码即可浏览。

扫码浏览

【更多相关资源】

更多资源，如专家文章、活动设计案例、绘本阅读、环境创设、图书信息等，可关注"幼师宝"微信公众号，搜索、查阅。

平台技术支持热线：029-68518879。

"幼师宝"微信公众号

学前教育是终身学习的开端，是国民教育体系的重要组成部分。优质的学前教育需要高素质的教师队伍。"教育要发展，根本靠改革"。为了满足国家对高质量幼儿教师的需求，加强师资培养的专业性、职业性和应用性，我们对学前教育专业心理学课程的改革进行了大胆实践与探索，依据幼儿园教师专业标准、教师教育课程标准、国家精品课建设标准，建设开发了适应学前教育发展需要的《学前儿童心理发展分析与指导》课程。

《学前儿童心理发展分析与指导》是学前教育专业的专业基础课，也是学前教育专业的核心必修课程。该课程以幼儿园教师岗位需求为起点，以幼儿园教师专业标准为依据，以职业能力培养为目标，以理论学习为先导，强化实践操作，使学生在实践过程中获得知识、形成能力，在掌握儿童心理发展的基本理论知识的基础上，形成对儿童行为的观察能力，对儿童心理的分析能力，对儿童个体发展、幼儿园教育教学、家庭教育的指导能力。

《学前儿童心理发展分析与指导》由发展解读、行为观察、心理分析、发展指导四大学习情境构成，这四个学习情境在认知、言语、情绪情感、社会性、个性等五个主题中重复进行。发展解读是课程的理论部分，重在理论学习，突出理论知识的系统性、完整性、科学性和前沿性；行为观察、心理分析、发展指导共同构成课程的实训部分，重在理论知识的应用，突出实践性、职业性、操作性和实用性。理论学习先行，实践操作紧跟，从而形成了理论学习与能力培养一体化的课程结构，有效实现了学科学习与能力培养的整合并重。

课程中四个学习情境的内容互相渗透、层层递进，通过理论学习与实践操作的有机结合，使学生逐步形成职业能力，即学生首先学习儿童心理发展基本理论和基础知识，在掌握一定理论知识的前提下，运用所学理论知识对儿童行为进行观察，对相关案例进行分析，并进一步提出促进发展的指导性策略与建议。

能力的形成不是一蹴而就的，它需要在不断重复的过程中逐渐形成和提高，所以本课程依据儿童五大发展领域设置了五个主题单元。设置主题单元的目的是使"发展解读→行为观察→心理分析→发展指导"这个过程在五个主题单元中重复进行，在重复过程中持续不断地训练提高学生的观察能力、分析能力、指导能力，强化学生学以致用的意识，强化学生遵循儿童心理发展的年龄特征和发展规律开展教育教学活动的意识，形成专业的思维方式，使学生对理论的运用逐渐从经验层面上升到策略层面。

本教材是紧紧围绕课程设计而编写的，是为课程学习服务的。

本教材有5大发展主题：认知、言语、情绪情感、社会性、个性。每个发展主题下设4个单元：

学习单元一：发展解读。介绍学前儿童在认知、言语、情绪情感、社会性、个性等方面的发展过程、规律及年龄特征；

学习单元二：行为观察。内容共涉及23个精心设计、易于操作的观察作业；

学习单元三：实验与测评。内容共涉及15个简单、易于操作的心理小实验和心理测评；

学习单元四：分析与指导。其内容由4个部分构成，分别是：发展指导建议、18个典型案例学习、18个分析与指导练习、6个实务操作。教材中的案例全部来自幼儿园教师在教育教学过程中搜集的、为课程精心挑选的真实案例；实务操作全部来自幼儿园教师的实际工作任务，是为课程专门设计的综合实训项目。

每个主题还提供了知识链接、主要参考书目，便于学生拓展学习。

教材的绪论部分是五大发展主题学习的先导，主要介绍心理的实质、学前儿童心理发展的一般特点、影响因素、常用研究方法等内容。

教材的最后还设有理论主题，该主题介绍与学前儿童心理发展相关的理论学说，以便于有较强学习能力的学生进行拓展学习。

本教材是学前教育专业心理学课程教学用书。适用对象：五年制、三年制、二年制学前教育专业的学生，也可作为早期教育专业心理学课程的教学用书。本教材还可用作学前教育专业本科学生的参考教材，并供广大幼儿园在职教师学习参阅。

本教材是集体智慧的结晶，每个主题由心理学专业教师和幼儿园优秀骨干教师共同编写完成。参加编写的主要人员如下：

绪论：潘紫剑（天津师范大学学前教育学院）、胡伊淇（天津师范大学学前教育学院）

认知发展主题（一）：王丽娇（天津师范大学学前教育学院）、王冰(天津市幼儿师范学校附属幼儿园)

认知发展主题（二）：沈雪梅（天津师范大学学前教育学院）、王晓菁(天津市和平区第十一幼儿园)

言语发展主题：李焕稳（天津师范大学学前教育学院）、詹文燕(天津市和平区第十一幼儿园)

情绪情感发展主题：沈雪梅（天津师范大学学前教育学院）、王晓菁(天津市和平区第十一幼儿园)

社会性发展主题：陈国钰（天津师范大学学前教育学院）、沈文瑛(天津市幼儿师范学校附属幼儿园)

个性发展主题：陈开颜（天津师范大学学前教育学院）、沈文瑛(天津市幼儿师范学校附属幼儿园)

理论主题：沈雪梅、李焕稳、陈国钰、潘紫剑、胡伊淇

教材编写的组织与统稿：沈雪梅

在课程建设过程中，我们深深感到，教材建设在课程建设中起到非常重要的作用。教材是课程开发的物化成果，集中体现课程开发的成果，包括课程设计、课程目标、课程内容、教学设计以及学习评价；同时教材也是课程实施的重要支撑，是课程教学资源的核心，是联系课程设计与课程实施的重要桥梁。一本好的教材需要在长期教学实践过程中不断地修订与完善，我们将为此作出持续不断的努力。由于专业水平有限，教材中定有不妥之处，敬祈读者不吝赐教，以便于我们不断地改进与提高。

本课程曾获天津师范大学校级精品课称号，课程的建设和教材的编写工作得到了天津师范大学学前教育学院领导及有关部门的帮助，特别是学院为课程建设搭建平台，在课程设计开发过程中给予我们精心的指导和大力支持。对此，我们深表谢意！同时，也感谢复旦大学出版社对教材出版工作的鼎力支持，使得教材顺利出版，对此，我们也深表感谢！

编　者

2014年1月

绪　　论

学前儿童认知发展主题（一）
感知觉、注意、记忆

学前儿童认知发展主题（二）
思维与想象

学前儿童言语发展主题

学前儿童情绪情感发展主题

学前儿童社会性发展主题

学前儿童个性发展主题

理 论 主 题
——与学前儿童心理发展相关的心理学理论

绪　　论

一、心理的概述

1. 心理现象

心理现象,简称心理,是指人的心理活动及其表现形式。心理学通常把心理现象分为两类,即心理过程与个性心理。

心理过程是指人的心理活动过程,包括人的认识过程、情绪情感过程、意志过程。认识过程是人接受、储存、加工和理解各种信息的过程,它包括感觉、知觉、记忆、想象和思维。情感过程是指一个人在认识过程中,由于其需要是否得到满足而产生的态度体验,如满意、愉快、气愤、悲伤等,它总是和一定的行为表现联系着。意志过程是指人有意识地提出目标、制订计划、选择方式方法、克服困难,以达到预期目的的内在心理过程。认识过程、情绪情感过程、意志过程之间既相互联系又相互影响。此外,还有一种特殊的心理现象——注意。注意不是一种独立的心理过程,而是伴随各种心理过程的一种心理状态,是心理过程的共同特性。

心理过程是人们共同具有的心理活动。但是,由于每个人的先天素质和后天环境不同,心理过程在产生时又总是带有个人的特征,从而形成了不同的个性。个性体现的是人与人之间在心理上的差异。个性主要包括个性倾向性、个性心理特征、自我意识三个方面。个性倾向性是指一个人所具有的意识倾向和人对客观事物的稳定的态度,它是人从事活动的基本动力,决定着人行为的方向,主要包括需要、动机、兴趣、理想、信念和世界观。个性心理特征是一个人身上经常表现出来的本质的、稳定的心理特点,它包括能力、气质和性格。自我意识指自己对所有属于自己身心状况的意识。

2. 心理与脑

脑是心理的器官,是心理现象的物质基础;心理是脑的机能。

当代发展认知神经科学从分子生物学角度揭示儿童心理发展的内在机制,认为脑的不断变化即为发展。换句话说,儿童心理发展从机制上讲就体现在儿童大脑发育变化的过程中。脑发育是当今对儿童心理发展最深入的描述。脑与发展密切相关。

（1）脑的基本结构

按照生理结构，人脑分为小脑、脑干、间脑、大脑。大脑又名端脑，是中枢神经系统中最高级的部分，人的心理功能主要靠大脑来实现。大脑由左右两个半球组成，大脑两半球由一束较厚的神经纤维联系起来，这个纤维束称为胼胝体，它负责在两半球之间发送和传递信息。

按照脑发育的进程，科学家将人脑结构大体分为三个相互联系的层次。

● 脑干：处于人脑的最底层。主要功能是调节生命的基本机能，如心率、呼吸、吞咽和消化等功能，支配人的一些本能行为。脑干又被称为爬行脑，是脑的本能区域。

● 边缘系统：包裹在脑干上端的中间层次是边缘系统，它与动机、情绪和记忆过程有关。主要功能是控制情绪和感情，在记忆中起关键作用。边缘系统又被称为哺乳脑，是脑的情感区域。

● 大脑皮层：位于最上端，是神经系统机能活动的最高调节部位，具有整合感觉信息、协调人的运动、抽象思维和推理等高级功能，是人类心理活动发生的重要场所。大脑皮层分为6层，皮层浅部（1—4层）称为新皮层，是人的智能中枢。根据机能分工不同，科学家把大脑皮层划分成4个叶：枕叶、颞叶、顶叶、额叶。其中，枕叶与视觉有关，颞叶与听觉有关，顶叶与躯体感觉有关，额叶控制着人有目的、有意识的行为，在人的心理活动中具有特殊的作用。

个体在胚胎时期，脑的发育大致是人类大脑进化进程的重演：脑干→边缘系统→新皮质。在胎儿期，大脑的这三个主要区域已基本形成，其中前两个区域的活动方式已相当固定。出生后，脑的发育主要是大脑皮层的发育。

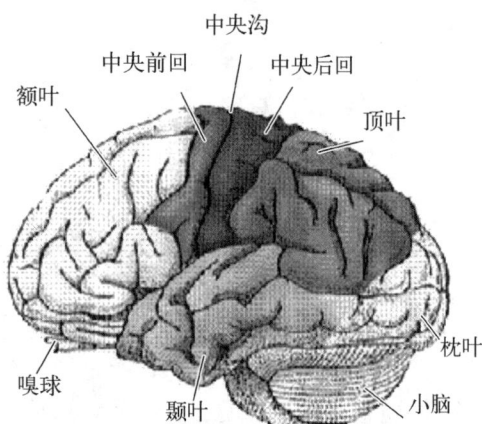

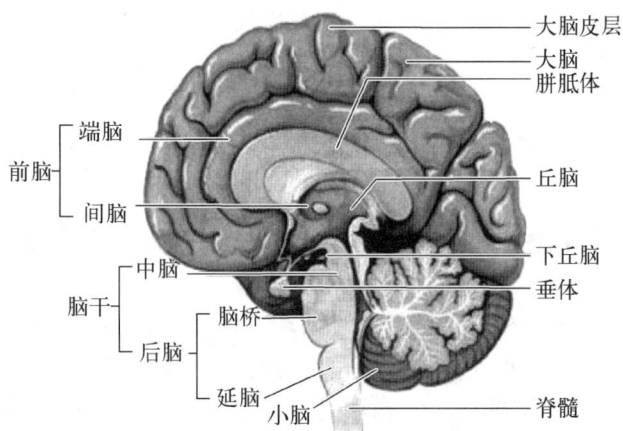

（2）神经元结构及其功能

神经元是人脑的基本组成单位，它具有信息传递的功能。神经元的类型和形状差别很大，但都具有树突、胞体、轴突三个部分。树突负责将信息传送到胞体，信息在胞体进行整合，再由轴突将信息从

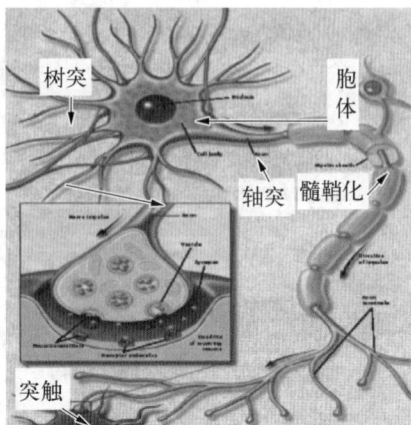

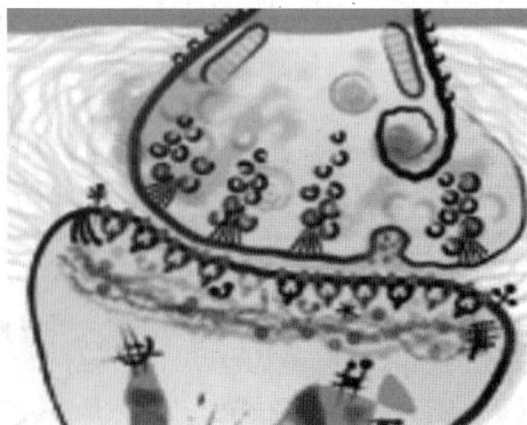

胞体传出。

　　两个神经元之间的信息传递是通过突触来进行的。突触由突触前膜、突触间隙、突触后膜组成。突触前膜即轴突的末梢，突触后膜即下一个神经元与前一个神经元的轴突末梢相邻的部位，突触间隙即两个神经元之间的小空隙（大约20纳米）。突触前膜内有突触小泡。突触小泡里包裹着特殊的化学物质，称为神经递质。如果轴突末梢发生动作电位，则突触小泡里的神经递质就会释放到突触间隙里面，并扩散到突触后膜。突触后膜上存在叫做受体的特殊蛋白质，它能与到达的神经递质相结合，从而改变突触后膜的离子通透性。这样，就使得信号从一个神经元传递到另一个神经元。

　　（3）脑发育

　　儿童心理的发展与脑发育密切相关。脑发育经历两个重要阶段：一个是从受孕到出生前，这个阶段主要是脑的基本结构的生成，以及大部分神经细胞的形成；另一个重要阶段从出生到青春期末，这个阶段的脑发育主要是大脑皮层的神经元之间建立联系以及脑功能的变化。

　　神经科学强调，大脑皮层的神经元之间必须联系在一起、组织成系统、彼此沟通才有意义，人才能获取信息、思考、交谈、记忆、去创造想象、充满灵感。神经元之间是通过突触建立联系的。研究发现，突触是通过"突触修剪"和"突触生成"两种基本方式建立神经联系的。突触修剪是指去除多余的、没用的、不必要的联结，同时巩固选择合适的联结；突触生成是指新的突触形成。突触修剪通常出现在发展早期，突触生成则贯穿于人的一生。

　　从出生到青春期是人一生中发展最快、可塑性最强的时期，而且，年龄越小，发展的可塑性越大。其原因与突触修剪有关。研究发现，婴儿拥有比成人多得多的突触，但这些突触还没有负责专门的功能，也就是说，没有成人的有效，不能发挥作用、有效工作。所以，人生最初几年，脑发育的最重要的任务就是突触修剪。由于剪除了多余的通路，去除了"累赘"，使得大脑的信息传递更加清楚明晰。突触产出过剩和消失是大脑用以吸收经验信息的基本机制，这种基本机制使得婴儿大脑具有很强的可塑性。所谓脑可塑是指大脑可以为环境和经验所修饰，具有在外界环境和经验作用下塑造大脑结构和功能的能力，分为结构可塑和功能可塑。当代神经科学更重要的发现是，突触修剪和突触生成都取决于环境和经验，这意味着儿童的早期经验对脑发育及功能完善起着重要作用。

　　出生后脑发育的另一个重要方面是髓鞘化。神经纤维的髓鞘化对大脑发育的重要意义，神经纤维逐渐被髓鞘覆盖，因而可以彼此绝缘，使神经兴奋的传导不致相互干扰，对外界刺激能够做出迅速而精确的反应。髓鞘化过程往往被看作神经系统成熟的标志。因为，大脑神经纤维髓鞘化是大脑皮层抑制机能发展的前提之一。由于4岁以前髓鞘发育尚未最后完成，因此4岁以下的儿童对外来刺激反应较慢，并易于泛化，即不仅对特定的刺激反应，也对相似的刺激反应。到6岁末，儿童基本完成皮层传导通路的髓鞘化，髓鞘化以后，儿童对外来刺激反应才开始分化，即只对特定的刺激反应，对相似的刺激不反应。

3. 心理与行为

　　行为指有机体的反应系统。它由一系列反应动作和活动构成。例如，儿童吃饭、绘画、玩游戏等都是儿童的各种不同行为。行为总是在一定的刺激情景下产生的，引起行为的内外因素叫刺激。例如，教师对儿童的表扬、鼓励对儿童来说是一种语言刺激，它可以引起儿童积极的行为反应。在儿童的行为中，语言刺激具有重要的意义，它可以帮助儿童进行行为的自我调节，使行为服从预定的目的。

　　行为不同于心理，但又和心理有着密切的联系。引起行为的刺激常常通过心理的中介而起作用。儿童行为的复杂性是由心理活动的复杂性引起的。同一刺激可能引起不同的反应，不同刺激也可能引起相同的反应，其原因在于人有丰富的主观世界。主观世界的情况不同，对同一刺激的反应常常不一样。有机体的内部状态不一样，对同一事物的反应也可能极不一致。因此，不理解儿童的内部心理过程，就难以理解他的外部行为反应。

　　具体来说，心理支配行为，又通过行为表现出来。例如，新生儿的视觉和听觉能力是通过他对微弱的光线和声音的行为反应表现出来的；儿童的喜、怒、哀、乐的不同情绪，是通过面部表情和动作状态表现出来的。心理现象是一种主观精神现象,它看不见,摸不着,而行为具有外显的特点,它可以通过客观的方法进行测量。因此,我们可以通过观察和分析儿童的外显行为来客观研究儿童的心理活动,即从外部行为推测内部心理过程。因此,我们可以通过对儿童行为的观察、记录、分析和测量来揭示儿童的心理现象。

4.心理与客观现实

心理是脑的机能,脑是心理的器官,但脑本身并不能单独产生心理,心理就其内容来说,是客观现实的反映,客观现实是心理的源泉和内容。

● 客观现实是心理的源泉

心理就其内容来说,是客观现实的反映。这就好比一面镜子,如果外部世界什么也没有,镜子里也就没有镜像。

客观现实是指在人的心理之外独立存在的一切事物,它构成了人类赖以生存的环境。我们通常把环境分为物质环境和社会环境。物质环境包括自然的天体宇宙、山脉河流、四季变更、原始生态、动植物等,也包括人造的环境,如城乡、建筑、交通、网络等。社会环境包括家庭、学校、同伴团体、人际关系、社会风范、风俗习惯、文化传统等。人的心理就是人脑对物质环境和社会环境的反映。没有这些环境就没有了反映的对象和内容,心理也就无从产生。因此,客观现实是心理的源泉。

● 人的心理是对客观现实主观能动的反映

人的心理对客观现实的反映并不像照镜子那样消极、被动,而是积极、主观、能动的反映,主要表现在以下四个方面。

首先,人脑对现实的反映受个人态度的影响,从而使反映带有个人主观的特点。"仁者见仁,智者见智"说的就是这个道理。因此,心理一方面反映着现实的性质和特性,另一方面也反映着个人与现实的关系,以及对现实的态度。也就是说,每个人在反映客观事物时,他的认识、陈述和体验,都带有一层自己特有的主观色彩。

其次,个人经验也会在很大程度上影响对现实的反映。个人经验是认识新事物的基础。人总是根据自己已有的经验去解释眼前的新事物,把新事物与原有经验结合起来加以理解。有时,原有经验会加速和帮助理解、接受新事物;有时也会起阻挠和拒绝作用。

第三,人对外界事物的反映具有选择性,例如:在复杂的事物中反映什么、不反映什么;哪些事物必须首先反映,哪些事物可以暂时不反映。即便对同一事物,也有反映的深度、广度以及反映侧面的区别。

第四,心理的主观能动性还表现在对个人行为的调节和支配上。人的行为总受到特定的需要、动机的支配,根据外部环境的可能性做出决策,付诸行动,同时接受大脑的评价或修正。心理的这一特征,使人的行为达到前后一致,保证了内部动机与外部行为结果的统一。

5.心理的发生

（1）条件反射的出现是心理发生的标志

人的一切心理活动就其产生方式来讲都是脑的反射活动。所谓反射,就是有机体借助神经系统实现的对内外刺激的规律性反应。实现反射的神经结构叫反射弧。反射弧一般由感受器、传入神经、神经中枢、传出神经、效应器五个基本部分组成。

反射分为两类:无条件反射和条件反射。

无条件反射是遗传得来的,不学而能的反射。我们能观察到的婴儿的无条件反射有很多,如吮吸反射、巴宾斯基反射、抓握反射、游泳反射、行走反射等。

条件反射是有机体在生活实践中学会的反射。新生儿最先形成的条件反射都是在无条件反射的基础上建立起来的。一般来讲,最早的条件反射是对喂奶姿势的吮吸反射。新生儿在出生10天左右,只要把他抱起来,他便停止哭喊,把头转来转去寻找奶头,嘴也跟着动起来,这就是对喂奶姿势的条件反射。条件反射的出现标志着心理的发生。

（2）心理的发展从动作开始

儿童心理的发生和发展是与他们的动作发展以及所从事的活动分不开的。儿童动作的发展包括躯体和四肢的动作发展。动作本身并不是心理，但是动作和心理发展有着密切的关系。心理的发展离不开人的活动，人的活动又是在脑的支配下通过动作来完成的。动作的发展在一定程度上反映大脑皮层神经活动的发展。因此，人们常把动作作为测定儿童心理发展水平的一项指标。

● 全身动作发展的规律

儿童的动作发展受到身体的发育，特别是骨骼肌肉的发展顺序及神经系统的支配作用所制约。动作发展遵循一定的规律：从整体动作到分化动作；从上部动作到下部动作；从大肌肉动作到小肌肉动作；从无意动作到有意动作。

动作在儿童心理发展中起着积极的促进作用。坐和站，使得儿童视野变得开阔了；爬行作为出生第一年中最重要的动作之一，对儿童的感知觉（深度知觉）、认知经验、亲子社会性情绪互动等方面起着重要影响作用；独立行走使儿童迈出了人生第一步，使其可以自由地进行活动，扩大了认识范围，增强了行为的主动性，促进了心理的发展。

● 精细动作发展

手是儿童认识世界的重要器官，研究证明，训练儿童手指的动作，可以加速大脑的发育。人生初期，手的动作发展顺序是：本能的抓握；眼手协调；双手配合活动出现；工具性动作出现；学习使用工具。

二、学前儿童心理发展的一般特点

儿童心理的发展过程是复杂多样的，但并不是不可知的。世界上任何事物的变化发展都是有规律的，儿童心理发展的过程也是有规律性的。虽然心理现象看不见摸不着，但引起心理的原因是看得见摸得到的，受心理调节支配的言行也是可以查明的。所以，儿童的心理发展过程是可知的。

心理发展有广义与狭义之分。广义的心理发展指人类个体从出生到死亡的整个一生的心理变化；狭义的心理发展是指人类个体从出生到心理成熟的心理演变与扩展。

1. 连续性和阶段性

发展的连续性是指儿童心理发展是一个逐渐由低级向高级、由简单到复杂的演变过程，每个心理过程的进步，总是在先前的基础上发展起来的。心理发展是循序渐进的、连续的，离不开量的积累。当量的积累到一定程度才会产生质变。发展过程中的质变，特别是大的质变，意味着心理发展达到了一个新的阶段，这个新阶段常出现一些不同于其他阶段的特点，从而形成心理发展的阶段性。

以孩子学走路为例。孩子学走路，有一段时间要扶着走，从扶着走到孩子自己独立迈几步，再发展到跌跌撞撞地蹒跚行走，最后到完全独立自如地走路，就要经过连续的、日积月累的过程。在这个过程中，连续性是不可避免的，孩子不可能从刚开始站立，一下子就能够自如行走；但当他一旦能够独立行走，就意味着一个大的质变，于是就进入了一个新的发展阶段。心理发展阶段性突出体现在年龄特征上。

儿童心理发展的年龄特征是指各年龄阶段上儿童所表现出来的、与其他年龄阶段不同的、一般的、典型的、本质的心理特征。年龄特征不是个别儿童或少数儿童偶然表现出来的特征，而是从许多儿童的发展过程中概括出来的普遍事实，是各年龄阶段中大多数儿童心理发展的一般趋势和典型特征。

儿童心理发展的阶段划分为5个时期：婴儿期（0—3岁）、幼儿期（3—6岁）、童年期（6—11岁）、少年期（12—14、15岁）、青年初期（14、15—17岁）。这些阶段都有自己的年龄特征，阶段与阶段之间有比较明显的差别。

儿童心理发展是连续性和阶段性的统一。发展虽有阶段性，但阶段与阶段之间又不是截然分开的。每个阶段都是前一个阶段发展的继续，同时又是下一个阶段发展的准备；前一阶段中总包含有后一阶段的某些特征的萌芽，而后一阶段又总带有前一阶段某种特征的痕迹。

2. 方向性和顺序性

儿童心理始终处于发展变化过程中,并且总是指向一定的方向,具有一定的方向性:从简单到复杂、从低级到高级、从具体到抽象、从被动到主动、从零散杂乱到成体系。总之,学前儿童心理发展就是指个体的心理从不成熟到成熟的整个成长过程。

儿童心理发展遵循一定的先后顺序。例如,感知能力最先发展,其次是运动、语言等能力,而抽象思维能力发展最晚。发展的速度可以有个别差异,也可加速或延缓,但发展的顺序一般不会改变。

3. 不均衡性和整体性

儿童从出生到成熟的进程不是千篇一律地按一个模式进行的,也不是按相等的速度直线发展的。就总体而言,整个发展呈波浪形向前推进。学前儿童心理发展的不均衡性表现在两个方面。

首先,在不同的年龄阶段,发展的速度是不均衡的。年龄越小,发展的速度就越快。新生儿期一天一个样;满月后一周一个样,相隔一周前后变化十分明显;周岁后一个月一个样;再往后,发展速度就缓慢下来。

其次,不同方面发展的不均衡性。有的方面在较早的年龄阶段就已达到较高的发展水平,有的则要到较晚的年龄阶段才能达到成熟的水平。例如,在生理方面,神经系统、淋巴系统成熟在先,生殖系统成熟在后;在心理方面,感知成熟在先,思维成熟在后,情感成熟更后。

发展的不均衡性要求教育活动要分析个体各方面发展的最佳时期,只有"对症下药"才能取得最好的教育效果。由此引申出了"敏感期"的概念。

敏感期是指在某个特定时期,大脑对特定刺激(经验)特别敏感,脑发育及心理发展很容易受环境刺激的影响,适宜的环境刺激会快速推进儿童的发展,不适宜的环境刺激会阻碍儿童的发展。也就是说,儿童各种心理机能的发展存在着一个大好时机或最佳年龄,如果在这个最佳年龄期间为儿童提供适当的条件,那么就会有效地促进这方面心理的发展,其行为习得特别容易,发展特别迅速。

发展的整体性是指儿童心理各个领域的发展并不是孤立进行的,认知发展、语言发展、情感社会性发展、个性发展之间都有着密不可分的关系,彼此之间相互影响、相互促进,是呈整体性向前发展的。

4. 普遍性和差异性

发展的普遍性是指所有儿童心理发展都受到遗传和环境因素的影响,在遗传因素、环境因素和儿童自身因素的交互作用中发展的。这是一个客观的过程,不因主观意志而转移。心理发展的总趋势以及各个心理过程的具体发展都遵循一定的客观规律,发展带有一定的普遍性规律。

发展的差异性是指每个儿童心理发展的速度、发展的优势领域、最终达到的发展水平等都是不同的。这就是说,在儿童心理发展过程中,除了共性之外,还存在着个体差异。有人大器晚成,有人少年英才;有人长于数理运算,有人善于空间想象;有人能说会道,有人沉默寡言。蒙台梭利指出,每个儿童心理发展的特征具有个别差异,每个儿童的个性特点是不同的,即使是处于同一年龄阶段的儿童,其身心发展水平也不是完全相同的。

三、学前儿童心理发展的影响因素

1. 遗传与生理成熟

（1）遗传

遗传是一种生物学现象。人类通过遗传将祖先在长期生活过程中形成和固定下来的生物特征传递给下一代。

遗传素质是指遗传的生物学特征,即与生俱来的解剖和生理特点,如有机体的构造、形态、感官和神经系统的特征等等,其中对心理发展有最重要意义的是神经系统的结构和机能特征。

遗传对儿童心理发展的作用具体表现在以下两个方面。

第一,遗传为儿童心理发展提供最初前提。

人类共有的遗传因素是使儿童在成长过程中有可能形成人类心理的前提条件,也是儿童有可能达到一定社会所要求的那种心理水平的最初的、最基本的条件。心理活动是大脑的机能,有了大脑,人的心理活动才能产生。正常的大脑和神经系统是儿童心理发展的基础。例如,健全的四肢是动作技能发展的前提,完善的发音器官是口语发展的前提。发育良好的大脑和神经系统是智慧发展的前提;先天失明的儿童不能发展视力,先天聋哑的儿童不能发展听觉和口语。

第二,遗传为儿童心理发展的个别差异奠定了最初的基础。

遗传素质的不同是造成个别差异的重要基础。它规定了每个儿童心理不同发展的可能性。英国心理学家西里儿·伯特为研究遗传与环境对人智力的影响进行了一系列的调查。调查结果表明,同卵双生子有近乎相同的智力,而在一起长大的无血缘关系的儿童智力相关很小。有血缘关系的儿童之间的智力相关依家族谱系的亲近程度而逐渐增高,同卵双生子的智商相关性最高。

总之,遗传在儿童心理发展上起着重要作用,它是儿童心理发展的物质前提,为儿童的心理发展提供了可能性。它是一个必要的条件,但不是决定性条件。

（2）生理成熟

儿童的生理成熟也是影响儿童心理发展非常重要的因素。

生理成熟指身体生长发育的程度或水平。儿童生长发育的方向顺序是按所谓的首尾方向（从头到脚）和近远方向（从中轴到边缘）进行的。

生理成熟对心理发展所起的具体作用是使心理活动的出现或发展处于准备状态。当代神经科学研究表明,儿童认知能力的发展水平受大脑皮层发育成熟的制约,Gogtay 等（2004）对个体认知

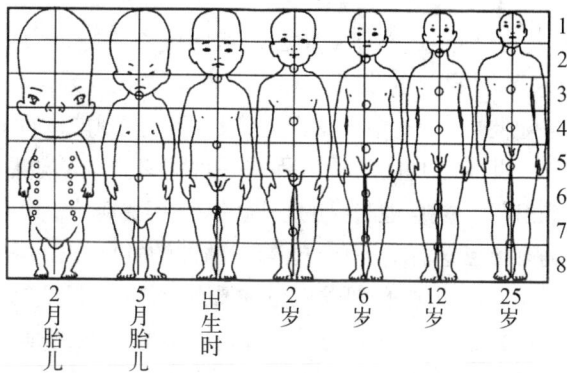

能力发展与皮层发育成熟的关系进行了分析,他们采用结构磁共振扫描技术对13名年龄在4—21岁个体的皮层发育进行了长达 8—10 年的追踪研究,并且每两年对被试扫描一次,结果发现:与基本功能(比如感觉、运动)相关的脑区(感觉和运动皮层)最早成熟,然后是与空间导向、语言发展和注意相关的颞顶叶联合皮层,最后才是与执行功能、注意以及协调动作相关的前额叶和外侧颞叶皮层。

这也就是说,若在某种生理结构达到一定成熟时,能适时地对儿童进行恰当的刺激或教育,就会使其相应的心理活动有效地出现或发展;如果生理上尚未成熟,也就是没有足够的准备,即使给予某种刺激,实施一定的教育,也难以取得预期的结果。所以,生理成熟从某种程度上来讲对儿童的心理发展起制约作用。

2. 环境与教育

研究表明,正常儿童出生时都具有人所共有的、基本的解剖和生理特征。然而,现实生活中却没有心理发展水平和行为表现完全一样的儿童。每个孩子的智力、兴趣、爱好、性格等都千差万别。造成这种差异的原因,除了遗传因素之外,还在于环境和教育。这两者不仅影响人的心理的形成,而且也影响人的心理发展的方向、速度和水平。

环境是个体心理发展必须依赖的外部条件,主要包括自然环境和社会环境。

自然环境是个体赖以生存的物质条件,包括土地、山川、河流、空气、水分等自然条件,尤其是胎儿在母体中的生活环境,对个体的身体发育和智力发展有重要影响。母亲的年龄、营养、酒精、药物、辐射、疾病以及情绪等都会对胎儿的生长和出生后的发展具有重要的意义。

社会环境是指由一定的社会生活方式所决定的生活条件。儿童所处的社会、生活水平、生活方式、家庭状况等都是影响他们心理形成与发展的社会环境因素。社会环境对儿童心理发展的作用具体表现在以下三个方面。

第一,使儿童由遗传所获得的潜在可能性转变为现实,它决定儿童心理发展的方向与最终达到的

水平。遗传素质仅仅是儿童心理发展的物质前提,没有环境的影响,心理发展不会由可能性转化为现实性。当社会生活环境有利于儿童心理充分发展时,儿童心理发展的潜在可能性就能得以最大限度地实现,儿童心理发展就有可能达到潜在范围的上限;反之,潜在的可能性只能在最低限度上实现。在一般情况下,一个正常健康的儿童,心理发展的潜在可能性是相当广阔的,优越的生活条件、社会文化和家庭环境使得儿童有充足的机会让心理发展达到高水平。

第二,家庭环境和教育条件是造成儿童心理发展个体差异的重要因素。儿童从出生就生活在家庭中,家庭的各种因素都会对儿童的心理发展产生重要的影响,年龄越小,家庭环境的作用就越大。家庭结构、家庭氛围、父母的教养态度与方式,都会在很大程度上影响儿童心理和行为的发展。

第三,教育作为一种特殊环境对儿童心理发展起着主导作用,是造成儿童心理发展个体差异的重要因素。这是因为:首先,教育对儿童进行的是一种有目的、有计划、有系统的影响过程。这无疑比那些自发的、偶然的、无计划的环境因素的影响要更有力、更有效。其次,教育可以充分利用、发挥遗传和环境中的有利因素,而克服和消除其不利因素,以促使儿童心理更快、更好地发展。

3. 儿童的主观因素

影响儿童心理发展的因素不仅有遗传、生理成熟、环境及教育等客观条件,而且有儿童自身的心理活动,自身的积极性和主动性等主观因素。我们不能把儿童的心理发展看成是自然发展的或是可以随便影响的,不可忽视儿童自身的主观能动性。

儿童心理的发展过程是一种积极主动的过程。在遗传、环境的作用影响过程中,儿童本身也积极地参与并影响他自身的心理发展,年龄越大,其主观因素对他的心理作用也越大。他们对外界的影响是有自己选择意向的,随着主动性的发展,儿童对他所处的环境会给予评价并主动地加以选择。

影响儿童心理发展的主观因素包括儿童的全部心理活动,具体地讲有儿童的需要、兴趣爱好、自我意识和心理状态等。其中,最为活跃的是儿童的需要。因此,在为儿童提供活动的时候,要考虑是否适合儿童的需要。游戏是儿童最需要的活动,因而儿童在游戏活动中心理活动的积极性最高。兴趣和爱好是影响心理发展的重要因素。在有趣的游戏活动中,儿童的坚持性可以有明显的提高。例如,儿童学钢琴,爱好弹琴的很快就掌握了一些基本能力,不爱好的则学习起来特别费力或始终学不会。自我意识在人的心理活动中起控制作用。自尊心强的儿童,心理活动的积极能动性就比较突出。

总之,影响儿童心理发展的客观因素和主观因素之间相互联系的、相互影响。只有正确认识它们的相互作用,才能弄清儿童心理发展的原因。首先,我们充分肯定客观因素对儿童心理发展的作用。其次,不可忽视儿童心理的主观因素对客观因素的反作用。第三,客观因素影响儿童心理的发展,儿童心理的发展又反过来影响客观因素的变化,这种主客观因素相互作用的循环过程,始终伴随着儿童心理的发展过程。儿童发展就是主观因素与客观因素持续交互作用的过程和结果。

四、学前儿童心理发展的基本研究方法

幼儿教师应该对自己的教育对象进行研究,研究的目的是为了准确地了解每个儿童的发展情况,以便有针对性地进行教育。教师生活在孩子们中间,即使不做专门研究,也能获得一些印象。然而,这种印象未必都是正确的。教师只有掌握儿童心理发展的专业知识,准确了解儿童心理发展的规律,才能知道:儿童的哪些行为表现是正常的,哪些是应该特别注意的;哪些儿童发展水平高,哪些儿童在哪些方面有缺陷,造成缺陷的原因是什么,应该如何干预等。幼儿教师常用的方法有观察法、调查法、实验法等。其中,观察法是最基本的方法。

1. 观察法

观察法是人们在自然(不加控制)的条件下有目的、有计划地对教育现象进行考察的一种方法。运用观察法了解儿童,就是有目的、有计划地观察他们在日常生活、游戏和学习中的表现,包括其言语、表情和行为,并根据观察结果对儿童心理发展的状况、水平和特征进行分析,在分析的基础上科学

地组织教育教学活动。

儿童的心理活动有突出的外显性,通过观察其外部行为,可以了解他们的内心活动。同时,观察对象处于正常的生活条件下,其心理活动及表现比较自然,观察所得的资料也比较真实。因此,观察法是儿童心理研究中最基本的方法。

（1）观察法的种类

根据不同的划分标准,观察方法分为不同的种类。详见下表。

观察法的分类

分 类 标 准	种 类 名 称	具 体 内 容
观察时研究者是否借助于仪器	直接观察	不借助仪器,靠自身眼、耳等感觉器官去直接感知观察对象,从而获取感性材料。
	间接观察	借助于各种仪器来进行观察,获得感性材料。
研究者是否直接参与观察对象的活动	参与性观察	参与到观察对象的活动之中进行观察。
	非参与性观察	不介入观察对象的活动,研究者作为一个旁观者置身于他所观察的情境之外。
观察的范围	全面观察	把观察对象当作一个整体,对其构成的要素、结构功能及发展过程中发生和出现的各种现象进行系统全面的观察和记录。
	抽样观察	按照随机抽样的基本原则,从观察对象的场景、时间、人物、活动中科学地抽取部分样本进行观察研究,取得代表总体的资料。
观察实施的方式	有结构观察	有明确的评价目标、对象和范围,有详细的观察计划、步骤和设计,在观察时基本上按照设计的步骤进行。
	无结构观察	对研究问题的范围、目标持弹性态度,不预先确定观察内容项目与观察步骤,也不限定记录要求。
观察记录的方式以及对所观察行为的选择控制程度	取样观察	对观察的行为或事件进行分类,把复杂的行为转化为可以数量化的材料来进行记录。根据取样方式又可分为时间取样法、事件取样法。
	叙述性观察	随行为或事件的发生,自然地将它再现出来,研究者详细地做观察记录,然后对资料加以分类并进行分析,也称描述性观察。它主要包括日记描述法、轶事记录法。

对于幼儿教师,取样观察（时间取样法、事件取样法）和叙述性观察（日记描述法、轶事记录法）是两种常用的观察方法,在这里重点介绍。

时间取样法。时间取样法是定期在规定的时间单位内进行观察。例如,每天一次或数次,每次在规定的时间内进行,以若干分钟为一个时间单位,每次观察一个或若干个时间单位。观察过程中,对观察内容进行分类或计分。例如,要对5岁儿童注意力分散行为的观察,我们可以把一个30分钟的教育活动划分为6段,即每一段5分钟,记录每一段时间内儿童注意分散的表现(东张西望、弄衣角、小声讲话、上厕所等)。

事件取样法。事件取样法注重观察某些特定行为或事件的完整过程。观察前,应选择要观察行为或事件的类型,如对儿童社会性行为的观察(争吵、相互交往、依赖、利他行为等),观察时需等候所选择行为或事件发生,再作记录。对于经常处在儿童生活环境中的老师,事件取样法是一种很有用的观察方法。例如,要对儿童攻击性行为进行观察,我们可以确定这样的观察目标:在儿童自由活动时间内观察争抢玩具事件,选定7名4岁儿童(3女4男)作为观察对象,然后等待争抢玩具事件的发生,如果事件发生,就对其进行观察与记录。

日记描述法。日记描述法是一种记录连续变化、新的发展或新的行为的观察方法。它是一种纵向记录,通常在较长的阶段中重复观察同一被试或同一组被试。如我国著名儿童教育家陈鹤琴所著

《儿童心理之研究》就是根据长时期对儿童进行观察并通过记录日记获得资料而写成的。

轶事记录法。与日记法一样,轶事记录法也是描述性的,但它不像日记法那样连续记载儿童行为的发生发展,而是着重随时随地记录某种有价值的行为,以及研究者感兴趣的事例。轶事记录法不受时间限制,不需要特殊的情境,不需要特殊的步骤。这种方法无一定框架,简单易行。

上述分类是相对的。各种观察之间相互交叉、相互渗透、相互补充,单独运用某种观察都有其局限性。因此,在实际观察时应综合运用各种方法,才能获取最有价值的资料。

（2）观察法的要求

第一,必须有明确的目的、周密的计划。在进行观察之前,要设计周密的计划,包括对要观察的行为下操作性定义,确定观察的情境或场所,确定观察的时间和单元,确定记录的方法及分析资料的方法等。

第二,安排观察预备期。当一个陌生的观察者走进幼儿园教室时,常会发现本来正忙着的孩子会停止游戏,好奇地跑来围观、询问、与之交往,或探索来人手中的新奇东西等。所以,一般而言,如果需要在教室内直接观察儿童,观察者最好应当事先经过一段时间的预备期,跟儿童相互熟悉,参与活动,等儿童对观察者的陌生感消失之后,才开始正式的观察。这种预备期的持续时间可视实际情况而定,一般约半天或两次,每次1—2小时便可。

第三,观察必须是系统的,不能零散地做偶然观察。由于儿童心理活动的不稳定性,其行为往往表现出偶然性。因此,对他们的观察一般应反复多次进行系统观察。对同一行为应观察足够的次数或时间,以保证观察结论的可靠性。在某情景中一次性观察到的行为,可能是偶然出现的,不能代表某个儿童的某种行为类型的典型行为。因此,想要得出一个相对稳定准确的结论,需在行为可能发生的情景中观察多次。

第四,观察时必须随时作记录。观察记录要求详细、客观,不仅记录行为本身,还应记录行为的前因后果。由于儿童的心理活动主要表现在行动中,加之自我意识水平和言语表达能力不强,因此必须详细记录,以便根据客观资料进行分析。

第五,在儿童处于自然状况下进行观察。正式观察时,观察者应尽可能避免与幼儿直接交流意见或参与活动。对孩子的表现不作赞同或否定的评价,不加以鼓励或批评,目的在于不影响儿童的自然行为表现,从而有可能观察到儿童的自然行为。

（3）观察记录的基本格式

运用观察记录的规范格式来书写观察记录,是保证观察效果的好方法。它能帮助我们更好地进行观察、记录和分析。做观察记录时,通常要依次考虑以下必要内容,如基本信息、观察目的及由来、观察项目、观察实录、观察方法以及分析、建议等。

1）基本信息

① 观察日期及起止时间。观察记录首先需要记下对儿童实施观察的时间,一般需要精确到某年某月某日中的某一环节,如早餐、下午区域游戏。但是,为了掌握儿童活动持续的时间,还要记下观察的开始时间和结束时间。

② 观察环境。儿童的行为与所处的环境是密切相关的。观察一定是要"置于背景之中",才能保证对幼儿的分析客观准确。观察记录应包括对场景的简单描述、涉及的地点、周围环境及事件背景。例如,周围有什么材料,有哪些成人和同伴,是儿童自由活动还是教师有组织的活动等。

③ 观察对象姓名、性别、年龄。儿童的姓名可以不真实呈现,可用字母或符号来指代儿童,目的是保护儿童及家长的隐私。儿童的发展速度很快,观察评价以月为单位更为适宜,记录的儿童年龄也应涉及月份,便于今后做成长比较。

④ 观察对象的其他基本情况。对儿童心理进行分析,需要建立在观察的基础上,但由于每个儿童的个性特点、原有经验、学习方式、发展水平和速度、兴趣爱好、生活经历、家庭环境等都不相同,所以,在分析时需要考虑儿童的其他情况。为此,教师有必要记录下儿童的基本情况。

⑤ 观察者署名。每一份观察记录都需要由观察者署名,体现对观察行为的负责。

2)观察目的及由来、观察项目

"观察目的"是指通过观察想要达到什么,而"观察项目"是指具体观察什么。如果没有具体的观察项目,观察目的很容易流于形式。比如,儿童对搭建立交桥非常感兴趣,为了丰富儿童经验,支持儿童搭建,教师在建构区的墙上贴了一些立交桥的图片,同时想通过观察了解效果。这样,观察的项目是"儿童对墙饰的关注度和互动的过程",而观察的目的是"了解目前的墙饰对儿童的学习是否能够起到支持作用"以及"应怎样调整"。此外,如果能将"观察目的"扩展为"观察目的及由来",那么就能够更好地引导教师有目的地进行观察。

3)观察方法

围绕观察目的和观察项目,选用适宜的观察方法,还有活动、环境、互动等观察策略的设计等,从而提高观察者有准备观察的意识,提升观察的质量。

4)观察实录

"观察实录"是记录观察的具体内容。它是观察记录的最主要部分,突出翔实的记录,需记录幼儿真实、客观的行为。实录的方式有以下四种。

① 等级记录。按照事先确定的等级划分和含义,记录等级或者在相应的等级处做记号。

② 行为核查记录。事先编制行为核查记录表,把要核查的行为按照一定的类别列出,对观察对象的某些行为是否出现、出现的时间、频率等进行核查后的记录。

③ 现象描述记录。对观察对象的有些行为和事件用语言进行描绘叙述。

④ 图形记录。对某些运动性的行为或者人际互动行为,可以运用符号、线条、箭头等符号绘出行为图。这种图形更加直观、具体。

5)分析及建议

在对观察内容进行分析时要客观解读儿童,不要做主观分析。以下是分析的思路和方法。

① 结论。这是对记录中所描述的现象做总结,应该和观察目标的陈述相匹配。

② 分析。儿童行为或发展状况概述(儿童的表现是什么),儿童行为的原因或发展状况分析(儿童的表现说明了什么?其背后原因是什么)。

③ 评价。评价应该将观察到的儿童行为表现与发展常模或相关发展理论进行比较。

④ 反思与建议。现在的支持有哪些适宜,有哪些不适宜?儿童的深层需求是什么?下一步工作的重点什么?等等。

以下是一个根据上述基本格式所做的观察记录,仅供参考。

对一名3岁8个月大的儿童在自由游戏中的社会性行为的观察记录

观察日期:2011年2月14日。

观察对象:诺诺,男,3岁8个月。

观察的起止时间:上午10:00—上午10:15。

观察方法:时间抽样法。

观察项目:

观察一名3岁8个月大的儿童在自由游戏中的行为,集中观察儿童的社会性行为。

观察目标:

观察幼儿的社会性互动,评价幼儿的社会性行为发展程度。

背景描述:

自由游戏期间,有小舞台、娃娃家、积塑区、美工区、自然角、阅读角,儿童按照自己的意愿选择游戏区,并且可以随时更换游戏区域。

观察者:王虹。

观察记录：

> 10:00　诺诺进入美工区，他把彩泥放在桌上，并且用彩泥棒把彩泥压平。
>
> 10:03　诺诺用手搓了几个彩色的球球，放在压平的彩泥片上。
>
> 10:06　女孩弯弯把手上的一块红色不规则形状的彩泥放在诺诺的彩泥片上，诺诺看了弯弯一眼，没有说话继续低头做自己的彩泥球。
>
> 10:09　诺诺离开美工区，他在几个区域间转悠，男孩佳佳对其说了一句悄悄话。
>
> 10:12　诺诺和佳佳在自然区角观察小乌龟，面带微笑，手搭在佳佳的背上。
>
> 10:15　诺诺指着小乌龟，对佳佳说："你看，它的头藏在壳里。"

结论：

　　在观察之初，诺诺独自游戏。后来弯弯想把自己做的彩泥加在诺诺的"蛋糕"上，异性伙伴诺诺给予了非语言回应。再后来，诺诺找了一个同性伙伴，一起在自然角游戏，期间有非语言和语言的互动。

分析与评价：

　　虽然三岁左右的孩子在选择玩伴时，没有明显性别倾向，但是诺诺更倾向于选择同性伙伴；也可能是因为佳佳的性格和诺诺比较相似，在与同伴互动中，诺诺处于被动地位的时候较多。

发展指导：

　　给诺诺提供更多的同伴交往的技巧，并且帮助他运用这些技巧。

2. 调查法

　　调查法是指通过问卷或访谈等方法手段，对儿童心理发展现象进行有计划的、系统的了解和考察，并对所收集到的资料进行统计分析或理论分析的一种研究方法。调查法也是研究中常用的基本方法之一。调查法主要包括谈话法、问卷法、测验法和产品分析法四种。

　　（1）谈话法

　　谈话法是一种调查者通过与调查对象面对面谈话，直接收集材料的方法，这种方法可以研究范围很广的课题。例如，了解儿童的学习兴趣、业余爱好；了解家长对孩子的教育；了解教师的教学经验等。

　　（2）问卷法

　　问卷法是通过向被调查者发放问卷，让其填写对有关问题的意见和建议，从而间接获得材料和信息的一种方法。发问卷是调查者用书面形式间接收集资料的一种调查手段。问卷法具有简便易行、省时省力、调查范围广，信息量大、真实性强的特点。特别是无记名问卷，调查对象消除了心理方面的顾虑和障碍，可得到真实客观的材料。

　　（3）测验法

　　测验法是用编好的心理测验作为工具，测量儿童的某一种表现，然后将测得的数据与心理测验提供的平均水平相比较，从中可以看到被测者的个别差异。现有的儿童心理测验包括动作技能测验、智力测验、语言能力测验、个性测验等。

　　（4）产品分析法

　　产品分析是通过收集能够准确反映儿童情况的文字、绘画、书面材料等，并对其进行分析研究的方法。这种调查方法在学前教育研究以及儿童发展研究中运用较多。例如，收集儿童的作业、试卷、图画，对其加以分析；收集教师的工作计划、教案、制作的教具，了解教师的教学情况等。

3. 实验法

　　实验法是指对研究的某些变量进行操纵和控制，创设一定的情境，以探讨儿童心理发展的原因和规律的研究方法。其基本目的在于揭示变量间的因果关系。

　　学前儿童心理学常用的实验法有两种：自然实验法和实验室实验法。自然实验法是在自然环境下进行实验,有目的、有计划地控制某些条件的实验方法。在正常教学活动中,要求不同年龄班的儿童讲述相同的图片,以分析各年龄儿童观察的基本特点,从中发现他们观察力发展的趋势。实验室实验法是在特别设置的实验室里,利用专门的仪器设备研究儿童心理的实验方法。

思考与讨论

1. 名词解释:心理现象、条件反射、第二信号系统、年龄特征、敏感期、观察法。
2. 简述心理、人脑、行为、客观现实之间的关系。
3. 简述脑、神经元的基本结构及其功能。
4. 简述人出生后脑发育表现在哪些方面。
5. 心理发生的标志是什么？为什么说心理的发展从动作开始？
6. 学前儿童心理发展的一般特点有哪些？
7. 举例说明影响儿童心理发展的因素有哪些,各自起什么作用。
8. 简述观察记录的基本格式。

主要参考书目

1. 陈帼眉.《学前心理学》[M].北京:人民教育出版社,1998.
2. 〔美〕劳拉·E·贝克.《儿童发展》[M].吴荣光,朱永新,吴颖等译.南京:江苏教育出版社,2002.
3. 姚本先.《儿童发展与教育心理学》[M].合肥:安徽大学出版社,2002.
4. 王振宇.《幼儿心理学》[M].北京:人民教育出版社,2009.
5. 姚梅林.《幼儿教育心理学》[M].北京:高等教育出版社,2007.
6. 〔美〕谢弗.《发展心理学:儿童与青少年》[M].邹泓译.北京:中国轻工业出版社,2005.
7. 张燕,刑利娅.《学前教育科学研究方法》[M].北京:北京师范大学出版社,1999.
8. 〔美〕戴蒙等.《儿童心理学手册》(第六版第二卷上)[M].林崇德,李其维主编.董奇等译.上海:华东师范大学出版社,2009.
9. 〔美〕丹尼斯·博伊德等.《发展心理学:孩子的成长》[M].范翠英等译.北京:机械工业出版社,2011.

学前儿童认知发展主题（一）
感知觉、注意、记忆

学习目标

通过本单元的学习,你应该能够:

● 了解认知与认知发展的含义。

● 理解认知过程对学前儿童心理发展的意义。

● 掌握学前儿童感知觉、注意、记忆发展的年龄特征。

● 能够运用所学理论对学前儿童认知发展状况进行观察。

● 掌握简单的认知发展测评方法和小实验。

● 能够运用所学理论对相关案例进行分析,并提出促进儿童感知、注意、记忆发展的指导对策。

学习单元一 ● 发展解读

经常听到小可的妈妈批评小可:"这么大了,都是上幼儿园的孩子了,还总是穿错鞋子,我就不知道,你怎么就这么笨呢? 左脚和右脚明明就不一样,穿反了肯定也很不舒服,你用眼睛稍微观察一下就知道哪个应该穿左脚,哪个应该穿右脚。可是我就不知道为什么,你就这么准,一穿上就绝对是反的,怎么就穿不对一次呢?"小可拿着鞋子看来看去,怎么看也看不明白:应该观察哪儿呀? 小可还小,方位知觉还差,何况妈妈又没教他怎么观察鞋子的左右,这是不能怪他的。

一、认知发展概述

1. 认知发展的界定

认知是指头脑中产生认识的内部处理过程及结果,是人的全部认识过程及其品质的总称。它包括感知觉、记忆、注意、想象和思维等心理活动。

认知发展是指个体认知结构和认知能力的形成,及其随年龄和经验增长而发生变化的过程。

学前儿童认知发展受到遗传素质、生活经验、环境刺激及教育背景等因素的综合影响,并依赖于其原有的认知结构和发展水平。儿童认知的发展是连续的,是从简单到复杂、从低级到高级发展的过程。概括地讲,儿童认知发展包括感知、注意、记忆、想象和思维等方面的发展。

在认知发展主题(一)里,重点介绍学前儿童的感知、注意和记忆的发展;在认知发展主题(二)里,重点介绍学前儿童的思维和想象的发展。

2. 感知觉

感觉是人脑对直接作用于感觉器官的客观事物的个别属性的反映。如，苹果具有颜色、口感、重量、形状等属性，这些个别属性在我们头脑中的反映就是感觉。

感觉的种类

类别	感觉种类	刺激	感觉器官	感受器	感觉
外部感觉	视觉	光波	眼	视网膜的椎体细胞和杆体细胞	颜色、黑白、明暗
	听觉	声波	耳	基底膜上的毛细胞	声音
	味觉	可溶解物质	舌	舌头上的味蕾	甜、酸、咸、苦
	嗅觉	可挥发物质	鼻	鼻腔黏膜的毛细胞	气味
	肤觉	机械性、温度性刺激物	皮肤	皮肤神经末梢	触、痛、温、冷
内部感觉	前庭觉	机械和重力	内耳	半规管的毛细胞和前庭	身体运动状态、重力牵引、身体平衡
	运动觉	身体运动	肌肉、肌腱和关节	肌肉、肌腱和关节的神经纤维	身体各部分的运动和位置
	机体觉	内脏器官活动变化时的物理化学刺激	内脏器官	内脏器官壁上的神经末梢	身体疲劳、饥渴和内脏器官活动

知觉是人脑对直接作用于感觉器官的客观事物的整体的反映，如看到一张桌子、听到一首乐曲、闻到花儿的芳香等，这些都是知觉现象。

根据知觉过程中起主导作用的感觉器官，可以将知觉分为视知觉、听知觉、触知觉、嗅知觉、味知觉等。根据被反映事物的特性，可以把知觉分成空间知觉、时间知觉、运动知觉以及错觉，其中，空间知觉包括形状知觉、大小知觉、深度知觉、方位知觉等。

知觉和感觉一样，都是对直接作用于脑的客观事物的反映，但它们之间又有区别：感觉是对事物个别属性的反映，而知觉是对事物的整体的反映。感觉是知觉的基础，没有感觉也就没有知觉。各种感觉一经构成知觉，便有机地发生联系。感觉用来收集信息，知觉用来解释信息。同时，事物的个别属性总离不开事物的整体而存在。当我们感觉某一事物的个别属性时，马上就知觉该事物的整体及内在的联系，因此我们常把感觉和知觉统称为"感知觉"。

3. 注意

注意是心理活动对一定对象的指向和集中。

注意不是一种独立的心理过程，而是存在于感知、记忆、思维等心理过程中的伴随状态。大脑皮层上的优势兴奋中心是注意的生理机制。

注意有两个基本特点：指向性和集中性。注意的指向性是指人在每一瞬间，心理活动选择了某个对象，而忽略另一些对象；注意的集中性是指所有的心理活动都指向这个注意对象，即全神贯注。

人在注意时伴随的特定生理变化和外部动作，被称为注意的外部表现。教师可以通过观察这些外部表现推测儿童的注意状况。常见的注意外部表现主要有：适应性运动、无关运动的停止、呼吸运动的变化。

注意的种类

		无 意 注 意	有 意 注 意
特点	目的	没有自觉的目的	有自觉的目的
	意志努力	不需要做意志努力	需要做意志努力
引起或保持的条件	客观条件	刺激物的强度、新异性、运动变化、对比关系	——
	主观条件	人对事物的需要、兴趣态度、情绪状态、知识经验	明确活动的目的和任务、间接兴趣培养,用坚强的意志和干扰作斗争,合理组织活动
性质		初级、与生俱来、不学就会被动的、不自觉的	高级、后天获得、主动的、自觉的、人特有的
局限性		难以长时间维持	时间长会感觉枯燥、乏味、易疲劳
有效活动		两种注意共同参与、交替进行,智力活动和实际操作结合起来	

4. 记忆

记忆是过去经验在人脑中的反映。人们感知过的事情,思考过的问题,体验过的情感或从事过的活动,都会在人们头脑中留下不同程度的印象,其中有一部分作为经验能保留相当长的时间,在一定条件下还能恢复,这就是记忆。从信息加工的观点来看,记忆是对信息的输入、编码、贮存和提取的过程。

记忆有许多种类。按记忆内容分为形象记忆、情绪记忆、动作记忆、语词逻辑记忆。按记忆保持时间分为瞬时记忆、短时记忆、长时记忆。

记忆过程可以分为识记、保持、再认和回忆等三个基本环节。

识记是一个反复感知的过程。它是记忆的第一个基本环节。用信息加工的观点看,识记就是信息输入和编码的过程。识记可以划分为不同的种类。(1)按照识记时有无明确目的分为无意识记和有意识记。无意识记是指事前没有预定目的、自然而然发生的识记;有意识记是指具有明确的识记目的、采取相应的识记方法、并付出一定意志努力的识记。(2)按照识记者对记忆材料的理解程度划分为机械识记和意义识记。机械识记是指记忆材料彼此之间没有内在联系、采取简单重复的方式的识记;意义识记是指依据材料彼此间内在联系所进行的识记。

保持是通过识记,对头脑中建立的印象进行巩固,保存下来。它的对立面是遗忘。遗忘是指对识记过的材料不能再认或回忆,或者错误的再认和回忆。德国心理学家艾宾浩斯研究发现,遗忘的进程是不均衡的,识记后,遗忘很快就开始,而且遗忘较多,以后随着时间的进展,遗忘速度逐渐慢下来,到了一定时间几乎不再遗忘。因此,遗忘的规律是先快后慢。

再认是指过去经验过的事物再度出现时能够确认出来;回忆是指过去经验过的事物不在眼前时能够把它重新回想起来。识记和保持是再认和回忆的基础,再认和回忆是记忆的结果和证明。

认知神经科学研究表明,大脑皮层的额叶、颞叶以及海马与记忆的关系最为密切。

5. 认知对儿童心理发展的意义

个体对自然、社会、人等客观事物的特征、性质、事物之间关系、规律等方面的认识都是依靠认知活动来完成的,它是心理发展的开端,在整个心理发展过程中占据十分重要的地位。

感知是认知活动的开端,一切高级复杂的心理现象都是在感知觉的基础上进行的,感知觉是联系大脑和客观现实的通道。感知觉是人生最早出现的认识过程,是人认识世界的第一步,是儿童早期认识世界和自己的基本手段。在整个学前期儿童的认识活动中,感知觉始终占据重要地位,他们主要是借助感知来认识世界。感知觉是个体与环境保持平衡的保障。人如果没有感知,就没有正常的心理。

感觉剥夺实验证明，人的感觉一旦被剥夺，人的心理就会出现异常，甚至难以生存。所以，感知觉对维护人的正常心理、保证人与环境的平衡起着极为重要的作用。

注意是所有心理活动的伴随状态，一切来自外部世界的信息都要通过注意进入人的内心。俄国教育家乌申斯基曾将注意比喻成通向心灵的"一个唯一的门户"，知识的阳光是通过这扇门户照射进来的。一切来自外部世界的东西都要从这扇窗经过，进入人的内心世界。注意能够使儿童从周围环境中获得更清晰、更丰富的信息，良好的注意力会给儿童的认知能力插上一对有力的翅膀，是儿童游戏、学习以及各种活动成功的保障。

记忆是整个心理活动的必要条件，没有记忆人将永远停留在新生儿状态。记忆是儿童积累知识、丰富经验的基本手段。记忆能够促进儿童知觉的发展，是想象和思维产生的直接基础。

6. 学前儿童认知发展概况

感知觉发展概况：学前儿童感知觉的发展，大致可分为以下三个阶段：一是原始的感知阶段，儿童最初的感知能力是与生俱来的；二是从知觉的概括向思维的概括过渡阶段，出生后的一年，知觉的概括在婴儿认识事物的活动中起主要作用；三是掌握感知标准和观察方法的阶段。3岁以后，儿童对物体的感知，渐渐和有关概念联系起来。

学前儿童注意发展概况：新生儿在出生时就具备了注意的能力，3岁前以无意注意为主，婴儿末期出现有意注意萌芽。学前儿童注意发展特点总的概括为：不稳定、易分散，无意注意占优势，有意注意初步发展。

学前儿童记忆发展概况：新生儿形成的第一个条件反射标志着儿童已有记忆。婴儿的记忆以无意性为主，还不会有意识地、主动地去记住某些经历过的事物。学前儿童记忆发展特点总的概括为：无意识记占优势，有意识记开始出现并逐步发展；形象记忆为主，词语逻辑记忆正在发展；意义记忆的效果优于机械记忆。

二、婴儿期认知的发展

婴儿一出生就表现出一定的感知觉活动，而且具有巨大的潜能。婴儿期内，儿童感知、注意、记忆各方面发展都很快。

1. 感知觉的发生与发展

婴儿有着与生俱来的感知能力，这些能力使得他们能够获得外界信息、对照料者做出反应、建立各种社会关系，这些都是儿童发展的基础。

（1）0—1岁儿童感知觉的发生

婴儿出生伊始就能感受机体内外各种刺激，拥有基本的感知能力。例如，感到饥渴就哭闹，吃饱就熟睡，东西触及眼睑即引起眨眼反应，乳头放到嘴内便吮吸，受到冷的或烫的刺激便会惊叫。此外，新生儿对甜味或苦味能做出不同的反应；对有刺激性的气味，如氨气，会做出强烈反应；而环境中突然发出的巨声可引起惊跳。强光会引起眨眼、转头等反应。这些都是与生俱来的无条件反射，对其生存具有重要的意义。

婴儿期内，儿童对各种外界刺激的感知能力在迅速发展着。在对声、光刺激的感知方面尤为明显。

● 听觉

现代心理学研究发现，不仅新生儿具有明显的听觉能力，就是尚未出生的胎儿也有明显的听觉反应。

在对声音刺激的感受方面，2—3个月的婴儿听到声音时，表现出"倾听"；3—4个月会转头寻找声源；8—9个月能认识声音，能对不同的声音做出不同的反应，如听到和蔼的声音便微笑，听到严厉的声音会惊哭。

婴儿具有普遍的语音敏感性，在1岁之内能够分辨不同语言的语音。但是，如果没有接触不同语言语音的经验，对非母语语音分辨力就会下降。婴儿对母亲说话的声音更为敏感。婴儿很早就能辨别母亲和其他人不同的声音。当母亲从一个婴儿看不见的地方呼唤其名字时,10—12天的新生儿会转向母亲,而其他女性呼唤他时则毫无反应,婴儿对母亲的声音比较敏感和偏爱。婴儿的语言感知对于语言发展具有重要意义,语音听觉是语言发展的开端。

知识链接 婴儿的听觉偏爱

婴儿在出生前就能够听到声音,当他们出生时能对某些声音做出反应,相对于其他妇女的声音而言,新生儿更喜欢母亲的声音,这表明他们在子宫里就学会了辨识母亲的声音(DeCasper & Fifer, 1980)。研究人员进一步发现,新生儿能辨别通过母亲的身体时发生改变的母亲语音。因此,新生儿能辨别与他们出生前所听到的声音很接近的声音(Spence & DeCasper, 1987; Spence & Freeman, 1996)。遗憾的是,他们似乎对父亲的声音经验不足,新生儿对父亲的声音没有特别偏好(DeCasper & Prescott, 1984)。即使到4个月大,婴儿在父亲和陌生人的声音之间还是没有什么偏好(Ward & Cooper, 1999)。

婴儿对母亲声音的偏爱对其语言发展有着不可低估的价值,它将激发母婴之间的语言交流,为其语言发展做好前期准备。

● 视觉敏锐度

视觉最初的发展表现在视觉敏锐度上。

视觉敏锐度简称视敏度,是指眼睛精确地辨别细小物体或远距离物体的能力。它是测查新生儿视觉发展的重要指标。

生命的头半年是视敏度迅速发展的关键期。儿童一生下来就能够看和听,不过由于新生儿的视觉系统还没有完全发育和成熟,他们虽然能看到东西,但是所看到的东西比较模糊。出生后2—3周内,新生儿的两眼活动还不协调,遇到光线眼睛就会眯成一条缝或完全闭合;2个月时,明显地出现视觉集中,即视线首先集中在活动或鲜明发亮的物体上,逐渐还能随光亮的刺激物移动;4个月时,其注视时间和距离不断延长,视觉集中也逐渐由被动转变为主动;6个月时,能够注视距离较远的物体,此时他们对周围环境的观察更具主动性;6个月至1岁左右,儿童的视敏度已基本上达到成人的水平。总体上说,儿童的视敏度在出生后的头6个月内迅速增长。

从上述对视敏度发展的描述可以看出,儿童一出生就能看见东西,但这并不意味着视觉能力与生俱来。动物实验证明,视觉经验剥夺会导致"睁眼瞎"。所以,在视觉发展关键期内一定要丰富儿童的视觉经验。

● 颜色视觉

颜色视觉是指区别颜色细微差异的能力。

在颜色视觉方面,对新生儿颜色视觉的评估十分困难,所以对新生儿颜色视觉的认识很有限,不过新近的研究取得了一些进展。目前我们认识到:新生儿一般来说看不清彩色;从3个月起,婴儿就能区分彩色和无彩色,红色特别能引起他的兴奋;4—8个月时,最喜欢暖色,如红、橙、黄色,不喜欢冷色,如蓝紫色,喜欢明亮的颜色,不喜欢暗淡的颜色。

● 注视和追视

大多测查婴儿视觉能力发展的技术是通过观察婴儿的眼睛运动来完成的,主要表现为注视和追视。新生儿会注视进入视野的物体;1、2个月时,视线能够跟随慢慢移动的物体而转动,这就是追视;5个月时,看到熟悉的人和陌生人的脸会做出不同的反应,表明这时婴儿已能认识不同的对象。

知识链接 婴儿的视觉偏爱

视觉是人的最主要的感觉通道。对于婴儿来说,视觉在获取外界信息方面的作用更为巨大。在婴儿期，他们对黑白相间的图案、靶心图、活动的刺激物和人脸等较为敏感。其中人脸是婴儿经常接触到的"图形"，他们喜欢看构图漂亮的人脸，喜欢追着像脸一样的图形看。婴儿的这种视觉偏爱可能只是因为脸部的图案对称精确，而并不能表明他们能够将人脸视为有意义的视觉刺激。这可能是大脑皮层组织控制的先天反射机制，以便帮助他们寻找抚养者。

2—3个月的婴儿开始对人脸做出有意义的反应。他们会对熟悉的人脸笑，就好像认识他们。3个月的婴儿已经能够从特征相似的女性面孔中认出自己的妈妈。对3—6个月的婴儿来说，陌生人也有了区别，他们喜欢看那些漂亮的成人脸，而不喜欢那些不好看的。8—10个月的婴儿能够"读懂"妈妈脸上的一些表情，并做出积极地反应。这种"社会性偏爱"能力的产生是婴儿社会化和情感发展的一个里程碑。

● 其他感知能力

婴儿一出生时就有了触觉反应，像吸吮反射、抓握反射、巴宾斯基反射等无条件反射都是触觉反应的表现。新生儿触觉最敏感的部位是嘴唇、手掌、脚掌、前额、眼睑和手。

味觉和嗅觉也与生俱来，保护好儿童与生俱来的味觉和嗅觉的敏感性，有助于儿童对周围环境的认知。

现代研究发现，婴儿不仅能感知客体某一方面的简单属性，而且能够感知客体复杂的特点。例如，出生2个月的婴儿对不同形状的图形，其注视的时间不同，表明他们已有分辨形状的能力；出生不到1个月的新生儿，当一道逐渐扩大的光亮照在眼上时，或一个物体逐渐飞近时，会把头左右扭动、身躯挺直，试图避开飞近的物体的碰撞，这表明他们已能反映客体的运动，已有运动感知的能力；又有研究证明，把6—7个月的婴儿放在一块厚玻璃板上，玻璃板下铺有图案的布单，看起来下面好像是一道"深沟"，虽然母亲在"深沟"的另一边召唤着，但婴儿一般不敢爬过"深沟"，这表明婴儿已有感知深度的能力。

知识链接 视崖实验

1960年，美国儿童心理学吉布森（Gibson）和沃克（Walk）曾进行了一项旨在研究婴儿深度知觉的实验："视觉悬崖"实验，后来被称为发展心理学的经典实验之一。研究者设计了一种实验装置：一个高度适于成人操作的长方形平台，平台周围有30厘米高的围板。平台以中间为界分为两半：一半上面铺着红白相间的格子图形玻璃板，视为"浅侧"；另一半的格子图形板面置于离上板面150厘米以下（高度可调），视为"深侧"，但上面铺着与"浅侧"连接着的透明玻璃平面，看上去这一半像深陷下去的悬崖。在深侧与浅侧之间有一个过渡地带，贴有白色胶带，称为"中央板"。

其实验过程是：

1. 将婴儿放在中央板上。

2. 在浅侧诱使婴儿爬行。例如，可以让婴儿的母亲分别在深侧和浅侧呼唤婴儿，如果婴儿没有深度知觉，那么无论母亲在哪一边叫他，他都会爬向母亲。Gibson 的研究发现6—7个月的婴儿已有深度知觉。

在近几年的研究中，研究者将视崖装置与生理指标（如心跳频率）的测量结合起来，使对婴儿深度知觉的测量大为改善，发现婴儿在更小的时候（2个月）就开始具有深度知觉。

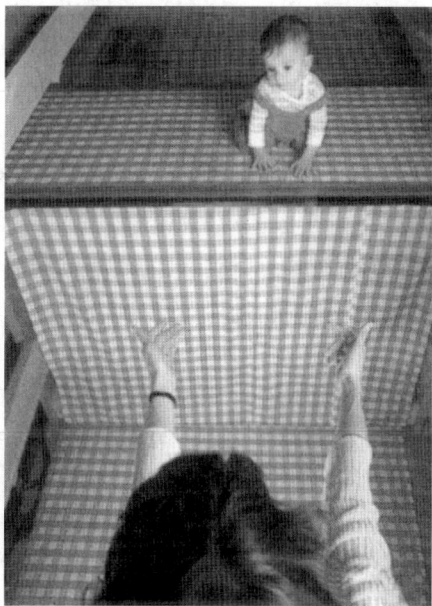

另外,研究者还将视崖装置用来研究婴儿与母亲（或其成人）的社会交往,特别是婴儿与母亲间的情感交流。

（2）1—3岁儿童感知觉的发展

● 触觉

触觉对婴儿心理发展有着十分重要的意义。首先,触觉有助于刺激早期身体的生长发育。特别是对于早产儿来说,触摸是一种很重要的刺激。其次,触觉是儿童探索世界的一种主要方式,特别是2岁前的婴儿。第三,触觉是父母与孩子之间相互影响的一种基本途径,婴儿通过安慰性接触建立依恋关系,所以对社会性发展有重要意义。

婴儿触觉探索有两种形式:口腔探索和手的探索。

口腔探索:婴儿对物体的探索最初是通过口腔活动进行的。新生儿的口腔触觉十分灵敏。1个月的婴儿能辨别软硬质地不同的奶头。人生第一年,尤其是在手的探索形成之前,口腔发挥着重要的探索功能。这就是为什么婴儿总爱把东西往嘴里放的原因。

手的探索:婴儿期是手的探索活动的形成时期,大体经历了三个阶段:（1）手的本能性触觉反应阶段;（2）视触协调阶段;（3）手的有目的的探索阶段。婴儿很喜欢摆弄物体,在摆弄各种物体的过程中,他们逐渐认识了物体的粗糙、光滑、硬软、弹性等属性,也发展了触摸能力。

知识链接　抚触的实验研究

在对幼小动物的实验中发现,触摸皮肤会使大脑分泌刺激身体生长的化学物质。科学家相信这些效应在人类身上也同样会发生(Schanberg & Field, 1987)。

还有的研究发现,医院里那些每天得到几次轻柔按摩的早产儿,比那些没有接受过这种刺激的婴儿在体重上增长更快,在心智和运动能力上也超过后者(Field et al., 1986)。

● 形状知觉

在2岁以后,在游戏或日常生活中,婴儿往往会表现出辨别物体的大小、形状或颜色的能力;甚至说出有关大小、形状和颜色的语词。例如,搭积木时,能选取最大的放在底层,而后逐次堆上较小的木块。在看图画时,能说出这是"圆圆的"、"方方的"。2岁多的婴儿会玩圆形的、方形的拼板。他们也可以分出红色,少数婴儿还可以分清红绿两种颜色。总的来说,他们只能做粗略的分辨,还不能感知细微的差异,表现为有时硬要把大的东西塞入小的匣子,或者把拼板错误地嵌到形状相近的孔中。我国研究发现2岁7个月至3岁的儿童在认识物体时,100%按照物体的形状选择。这表明在这个时期,婴儿认识物体首先注意的是物体的形状,而不是物体的颜色。

2. 注意的发生与发展

（1）0—1岁婴儿注意的发生

原始的注意行为。新生儿在出生时就具备了注意的能力,基本上是先天的无条件定向反射。巨声、强光、活动的物体、能发出声响的或色彩鲜艳的玩具等会使他暂停吸吮或手脚的动作,明亮的物体会引起他视线片刻的停留。这种无条件定向反射可以说是原始的注意行为。

无意注意的发生。出生后2—3周,新生儿出现了明显的视觉集中和听觉集中现象。出现注视、追视和倾听的表现,这说明无意注意已经发生了。

其后,婴儿的注意力不断发展,注意的客体不断增加。例如,母乳或牛奶最初能引起婴儿的注意,因为他们可以直接满足婴儿的机体需要。以后,凡和满足机体需要有关的客体也能引起儿童注意。例如,看到母亲或奶瓶便会盯着看,停止哭叫;当喜爱的玩具不见了的时候,他会去寻找。

出生后第一年的后半年,婴儿不仅对具体的事物发生注意,而且对周围人们发出的声音也会注意。

婴儿的注意力虽已发展，但注意集中时间很短。婴儿的注意很容易被引开。

（2）1—3岁婴儿注意的发展

这个时期，婴儿的注意以无意注意占主要地位。当他们要独立行动、运用双手摆弄物体，他们在行动中就必须留心周围的事物，在操作中必须注意运用的物体。此外，成人也常提醒儿童，或提出要求，例如，听故事要安静，行走时不要碰到东西，喝水吃饭不要泼洒。这些都促使儿童主动注意自己的行动和周围有关的事物，这样就促使儿童有意注意开始出现。不过，这种主动的注意还只处于萌芽状态，维持的时间十分短暂，还要成人不断地提醒才能集中注意力。

3. 记忆的发生与发展

（1）记忆的发生

条件反射的形成是记忆发生的标志。母亲喂奶时往往先把孩子抱成某种姿势，然后再开始喂奶，1个月左右，每当孩子被抱成这种姿势时，奶头还未触及孩子的嘴唇就已开始吮吸动作了，这种现象说明婴儿已经记住了喂奶姿势，把抱姿当作喂奶的信号，这种对喂奶姿势形成的条件反射被认为是儿童最早的记忆。

新生儿另一个记忆表现就是对熟悉事物产生"习惯化"。一个新异刺激出现时，新生儿都会注意它一段时间（定向反射），随着同一刺激物的反复出现，对它的注意时间就会逐渐减少甚至消失，这种现象成为"习惯化"。

婴儿的记忆力仅仅开始发展，记住的时间也很短暂，大多属于再认的方式。最明显的再认出现在6—7个月，表现为"认生"的现象，即对熟悉的人会愉快的接近，对陌生的人则畏怯躲避，甚至惊哭。

（2）1—3岁婴儿记忆的发展

1岁以后的婴儿已经能够记住一些简短的儿歌，尤其对有韵律的、歌词重复的儿歌更加喜欢，更能记住。同时，他们还能记住一些经常听到的简短故事。对于那些有关儿童日常生活和他们所理解的故事，以及一种情节反复出现的故事更容易记住。

但是，在这一时期婴儿对于这些儿歌、故事完全是"自然而然"记住的。他们还不会有意识地、主动地去记住某些经历过的事物。

对于记住的东西也不能保持很长的时间。要反复教、不断复习才能继续记住。

三、幼儿期认知的发展

1. 幼儿期感知觉的发展

在幼儿期，儿童的感觉知觉处在迅速发展中。这个时期，各种感受器已发展完善，相应的神经中枢部分正在继续发展，为幼儿感知觉的发展提供了生理前提。幼儿园有计划地进行感知觉的培养，有助于幼儿感知觉发展的完善。

（1）视觉

● 视敏度

在整个幼儿期，儿童的视力都在不断地发展和提高。根据相关研究人员对4—7岁幼儿进行的调查表明，幼儿在白色背景下观察带有裂缝的圆形图的平均距离，4—5岁时为207.5厘米，5—6岁时为270厘米，6—7岁时则达到303厘米。如果把6—7岁幼儿的视力作为评价标准的话，也就是说，把其视力看作100%，那么4—5岁为70%，5—6岁时为90%，可见，随年龄增长，视敏度也在不断提高。不过，视敏度的发展速度是不均衡的。5—6岁是视力发展的转折期。

● 颜色视觉

幼儿的辨色能力有如下发展趋势。

幼儿初期，儿童已经能够初步辨认红、黄、蓝、绿等基本色，但在辨认混合色与近似色，如橙色、紫色；对于橙与黄、蓝与天蓝等，往往出现困难。同时，也难以完全正确地说出颜色的名称。

幼儿中期，大多数儿童已能区分基本色与近似的一些颜色，如黄色与淡棕色。能够经常说出基本色的名称。

幼儿晚期，儿童不仅能认识颜色，画图时还能运用各色颜料调出需要的颜色，而且能经常正确的说出黑、白、红、蓝、绿、黄、棕、灰、粉红、紫、橙等颜色名称。

我国研究人员应用"配对"（即按具体的颜色样本，去找与之相同的颜色），"指认"（即按主试说出的颜色名称，去找出具体的颜色），"命名"（即说出颜色的名称）等三种辨认方式，研究幼儿的辨色能力，结果如下：

第一，幼儿正确辨认颜色的百分率随年龄增长而提高，幼儿正确辨认颜色的种类随年龄增长而增加。

第二，幼儿正确辨认颜色的百分率因年龄不同、颜色不同、辨认方式不同而存在着差异。

第三，幼儿准确掌握颜色的标志是对各种颜色概念的理解和运用。如果幼儿能正确说出颜色的具体名称，则意味着幼儿已经摆脱具体形象的束缚，非常容易的识别各种颜色了。幼儿对较难辨认的颜色，如浅红、粉红的区别，仍可加以区分。

第四，幼儿辨别颜色时发生错误或不能辨认，并不代表着幼儿一定不具备辨别颜色的能力。影响幼儿辨认颜色的因素有很多，可能是注意力不集中，也可能是不愿意进行仔细辨认。对于一些颜色（如古铜、血红等），幼儿不能辨认可能是因为没有相关的知识经验储备。

第五，幼儿掌握"配对、指认、命名"这三种方式也有一定的顺序。最先掌握的方式是配对，因为这种方式最具体、最形象，可以直接加以对照，进行辨别。其次是指认，通过主试的语言提示或指导，幼儿可以相应地找出正确的颜色。最难掌握的则是命名，如果幼儿能够掌握这种方式，则意味着他真正能理解和辨认颜色了。

（2）听觉

● 纯音听觉

在幼儿期，儿童辨认一些声音的纯音听觉感受性在发展着。研究表明，儿童纯音听觉的感受性在6—8岁期间提高了一倍，而且在12岁之前一直在增长。幼儿期，通过音乐教学及音乐游戏都能促进幼儿听觉感受性的发展。

● 言语听觉

幼儿对词的言语听觉也在发展。研究发现，4—7岁幼儿纯音听觉敏锐度和言语听觉敏锐度之间的差别程度，要比成人的差别程度大；而且年龄越小，这种差别越大。这种差别之所以存在，主要是言语比较复杂，幼儿仅仅感知词的声音，还不一定能辨别语言。儿童进入幼儿园以后通过言语交际和幼儿园语言教育，言语听觉明显发展着。幼儿中期儿童可以辨别语言的微小差别，到幼儿晚期几乎可以毫无困难地辨明本族语言包含的各种语音。

知识链接 重听现象

"重听现象"是幼儿期儿童听力的一种特殊现象，即有些幼儿对别人的话听得不清楚、不完整，但他们常常能根据说话者的面部表情、嘴唇动作以及当时说话的情境，猜到说话的内容。这种现象只发生在个别幼儿身上。当幼儿出现这种现象时，说明他们的听力已经有了缺陷，应该引起成人的注意了。

"重听现象"会对幼儿的言语发展带来消极影响。良好的听觉是训练幼儿言语表达能力，特别是口头表达能力的前提。如果幼儿言语听觉有问题,无法听清楚别人的讲话,或听得不完整,就会导致言语听觉无法得到训练,久而久之,言语听觉能力就会越来越差,"重听现象"也会愈来愈严重,这样会阻碍幼儿言语正常、迅速地发展。

造成幼儿出现"重听"现象的原因主要有两个:一是幼儿的听觉器官(主要是耳)出现问题,导致幼儿听力上的缺陷;二是幼儿注意力不集中。成人应针对以上原因,对症下药:一是经常对幼儿进行听力检查,及时发现幼儿的听力缺陷,做到早检查,早发现,早治疗。二是培养幼儿良好的注意力,例如,可以采取老师讲幼儿复述故事的方法,可逐步恢复幼儿的听力,减少"重听现象"。

(3)空间知觉

幼儿期各种空间知觉明显发展着。

● 方位知觉

幼儿的方位知觉发展按照上下、前后、左右的顺序进行。左右方位的辨别是从以自身为中心逐渐过渡到以其他客体为中心。

具体地讲,幼儿在3岁时已经可以正确辨别上下方位了;4岁时则能够正确辨别前后方位;对于左右,幼儿需要很长时间去掌握。这时会出现一种有趣的现象:幼儿在穿鞋时如果没有成人的帮忙,大部分时间都会把鞋子穿反,左右脚鞋子交换穿;5—7岁时,幼儿初步掌握左右方位,不过这时幼儿要依靠自己为中心才能完成任务;7—9岁时,儿童渐渐掌握左右的相对性,即学会以别人的身体为基准的左右方位以及两个物体间的左右方位,但是还不能灵活运用,有时还要依赖自身动作和表象,儿童准确辨别左右方位要在9—11岁时方能完成。

● 距离知觉

幼儿对他们熟悉的物体或场地可以区分出远近,对于比较遥远的空间距离则不能正确认识。

幼儿对于透视原理还不能很好地掌握,不熟悉"近物大,远物小"、"近物清晰,远物模糊"等知觉距离的视觉信号。所以,他们画出的物体也是远近大小不分,他们还不善于把现实物体的距离、位置、大小等空间特性在图画中正确的表现出来。例如,把画中表示在远处的树看作小树。

● 形状知觉

出生后不久的婴儿已经能知觉形状,表现为对不同图形的注视时间不同。随着年龄增长和知觉物体经验的增加,其形状知觉逐渐发展起来。幼儿掌握形状的顺序一般为圆形、三角形、长方形、正方形、梯形、半圆形、菱形、椭圆形。

形状知觉是靠视觉、触觉和动觉的协同活动而形成的。物体在视网膜上投影、观察物体时眼球沿物体轮廓运动时所产生的动觉,都提供着关于物体形状的信号。在用触摸觉感知物体时,手沿着物体边界的运动,也可以成为形状知觉的线索。所以,让幼儿观看并触摸物体有助于形状知觉的形成。

(4)时间知觉

时间知觉是对客观现象的延续性、顺序性和速度的反映。对于时间的知觉,很难直接凭借个体的自身来完成。通常人们借助一些媒介来衡量时间,并以此对时间进行知觉。

幼儿初期,已经有了初步的时间概念,但这只是时间知觉的萌芽。幼儿这时的时间概念总是和具体生活相联系,对于他们来说时间就是一些活动或现象,早晨是太阳升起来、妈妈叫幼儿起床的时候;如果问幼儿什么时候是晚上,他会告诉你天黑了就是晚上。在幼儿的头脑中,时间是固定的,并且是有限的。他们只注意与生活直接相关的时间点,例如,什么时候吃早饭,什么时候妈妈会来幼儿园接他们回家等等。对于诸如昨天、今天、明天等相对性的概念,或不固定的时间段还难以掌握。一般来讲,幼儿只懂得现在,不能理解过去和将来。

幼儿中期,幼儿已经能理解昨天、今天、明天的概念,但却无法弄清过去、将来的含义。也就是说,幼儿的相对时间概念开始萌芽,不过发展还不完善。幼儿这时还无法区分时间和空间的关系。

幼儿末期,5—6岁幼儿能够以今天为基准划分前天、昨天、明天、后天,并且已经可以认知一日之内及一周之内的时序,但对一年之内的时序认知还很困难。这个阶段的幼儿对上午、下午、星期几都能区分了,但是对更长或更短的时间则无法分清。5—6岁幼儿不会利用时间标尺,对时间的估计也非常不准确。

（5）幼儿的观察力

观察是一种有目的、有计划、比较持久的知觉。观察力是指人在观察过程中表现出的稳定的品质和能力。幼儿观察力的特点主要表现在以下四个方面。

观察的有意性。幼儿还不善于自觉地、有目的地进行观察。在没有其他刺激干扰的情况下,还能根据成人要求进行观察;在不相干因素的影响下,便容易离开既定的目的,这在小班幼儿中,表现尤为突出。中班和大班的幼儿,其观察的有意性逐渐加强,能够排除一些干扰,根据活动的任务和成人的要求来进行观察。

观察的顺序性。小班幼儿观察时,往往碰到什么就观察什么,顺序紊乱,前后反复,也多遗漏。中班幼儿开始能按照一定顺序进行观察。大班幼儿更能注意事物之间的关系,有组织的观察。

观察的细致性。小班幼儿往往只能观察到事物的粗略轮廓,做不到全面细致,只看到面积大的和突出的部分,很少注意细小的和不十分惹眼的部分。大班幼儿观察时就较为细致,往往能从事物的形状、颜色、数量和空间位置等各个方面来观察,不再遗漏主要部分。

观察的理解性。小班幼儿只能看到孤立的事物或事物的表面现象,因而他们大多叙述孤立的单个事物,看不出各个事物之间的关系。大班幼儿由于知识经验丰富,以及概括、归纳能力的发展,而能够认识事物之间的空间关系,甚至理解事物之间的因果关系,把握对象总体,理解图画或事物的重要意义。

2. 幼儿期注意的发展

幼儿注意发展特点总的概括为:不稳定,易分散;无意注意占优势,有意注意初步发展。

（1）幼儿无意注意的特点

幼儿以无意注意为主,而且已经相当成熟,许多事物都能引起幼儿的无意注意。引起幼儿无意注意的诱因有两大类。

● 刺激比较强烈,对比鲜明,新异和变化多动的事物,如电视、电影中新颖多动的画面,突然出现的镜头等都可以引起幼儿的注意。

● 与幼儿兴趣、需要和生活经验有关系的事物,只要幼儿感兴趣和爱好的事物都容易引起幼儿的无意注意。

但是,各年龄段幼儿由于所受教育以及生理心理发展等方面的差异,他们的注意表现出了不同的特点。

小班幼儿的无意注意占明显优势,新异、强烈以及活动着的刺激物很容易引起他们的注意。他们入园后经过一段时间的适应,对于喜爱的游戏或感兴趣的学习活动,也可以聚精会神的进行。但是,他们的注意很容易被其他新异刺激所吸引,也容易转移到新的活动中去。例如,在"抱娃娃"游戏中,开始他会把自己当成娃娃的妈妈,耐心地喂饭,但当他转身去"拿饭"时,发现其他小朋友正在沙坑里搭起一座"小花园",他的注意便一下转到"小花园",便走到沙坑去玩了。小班幼儿的注意很不稳定。正由于此,当一个幼儿因为得不到一个玩具而哭闹时,教师可以让他玩新游戏以此转移他的注意力。

中班幼儿经过幼儿园一年的教育,无意注意进一步发展,已经比较稳定。他们对于有兴趣的活动,能够长时间地保持注意。例如,玩"小猫钓鱼"游戏,幼儿一看到花猫的头饰和漂亮的钓鱼竿便兴致很高。在游戏中能够较长时间保持注意,玩个不停。在学习活动中,中班幼儿对感兴趣的,也可以长时间地埋头做。他们的注意不但能持久、稳定,而且集中的程度也较高。

大班幼儿的无意注意进一步发展和稳定。他们对于有兴趣的活动,能比中班幼儿保持更长时间的注意。直观、生动的教具可以引起他们长时间地探究。同样,大班幼儿可以较长时间的听教师讲述有趣的故事,不受外界的干扰,对于干扰因素会明显表现出不满,而且设法加以排除。大班幼儿的无意注意已高度发展,相当稳定。

（2）幼儿有意注意的特点

婴儿末期已出现有意注意的萌芽。进入幼儿期后,有意注意逐渐形成并发展起来。

有意注意是由脑的高级部位,特别是额叶控制的。额叶的发展比脑的其他部位迟缓,幼儿期额叶的发展为有意注意的发展准备了条件。有了这个条件,幼儿的有意注意在成人的引导和教育下逐步发展起来。

小班幼儿的有意注意只是初步形成,发展比较缓慢。表现在只有在成人提出较具体的任务时才能集中注意力,而且极易分心。对稍微复杂的任务,则必须让成人用言语不断的提醒监督才能完成任务。所以,老师在组织幼儿的游戏活动中,要经常用语言提醒幼儿,幼儿才能听老师讲故事、认真地画画、做手工等,而且为了完成活动,要努力控制自己不去做其他事情。小班幼儿有意注意的稳定性很低,心理活动不能有意地持久集中于一个对象,注意的时间一般也只能是3—5分钟。此外,小班幼儿注意到的对象数量也比较少,例如,上课时教师引导幼儿观察图片,他们往往只注意到图片中心十分鲜明或者十分感兴趣的部分,对于边缘部分或背景部分常不注意。所以为小班幼儿制作图片,内容应尽量简单明了,突出中心;呈现教具时也不能一次呈现过多;教师还要具体指示幼儿应注意的对象,使幼儿明确任务,以延长幼儿注意的时间,并注意到更多的对象。

中班幼儿随着年龄的增长,在正确教育的影响下,有意注意得到发展。在适宜条件下,注意集中的时间可达10分钟左右。在短时间内,他们还可以自觉地把注意力集中在并不十分吸引他们的活动上。例如,上图画课时为了画好图,他们可以注意看范图,耐心听教师讲解,然后自己作画;为了正确回答教师提出的计算问题,他们能够集中注意默数贴在绒布上的图形数目,或者点数自己的手指和实物。

大班幼儿在正确的教育下,有意注意迅速发展。在无干扰的条件下,注意集中的时间可延长至10至15分钟。这样,他们就能够按照教师的要求去组织自己的注意。在观察图片时,他们不仅可以了解主要内容,也可在教师提示下自觉地去注意图片中的细节和衬托部分。大班幼儿不仅能注意外部的对象,对自己的情感、思想等内部状态也能予以注意,例如,听故事时,他们可以根据自己的体验去推测故事中人物的心理活动和内心想法;有时在下课后,还会找教师讲述一些课堂上的问题,以及自己的想象和推测等。这说明大班幼儿的有意注意已相当发展。

3. 幼儿期记忆的发展

随着生活经验的丰富,口头语言的发展,以及神经系统的成熟,幼儿的记忆较之婴儿期,无论在量上还是质上都有了发展。幼儿期记忆发展特点总的概括为:无意识记占优势,有意识记开始出现并逐步发展;形象记忆为主,词语逻辑记忆正在发展;意义识记的效果优于机械识记。

（1）无意识记占优势,有意识记开始出现并逐步发展

幼儿所获得的知识经验,大多是在日常生活和游戏等活动中自然而然记住的。

幼儿的记忆带有很大的无意性,表现在两个方面:① 记忆的目的不明,记住什么,记不住什么,主要决定于:客观对象的性质,如直观、形象、具体、鲜明、活动着的事物,容易引起他们的识记;客观对象和主体的关系,如幼儿感兴趣的,能激起幼儿强烈情绪体验的,能满足幼儿个体需要的事物以及成为幼儿活动对象的都易被幼儿识记。反之,幼儿则不易识记。可以说,幼儿所获得的知识,多数是在游戏和其他活动中"自然而然"地记住的,有的甚至保持终身。由此而知,人们早期获得的知识大多是无意识记的结果。 ② 幼儿不会自觉地运用反复识记的办法来记住某件事情,所以幼儿的有意识记较差。

随着幼儿言语的发展和教育的作用,幼儿的意义识记开始发展。例如,幼儿教师常要求小朋友背诵一些简单的儿歌,到中大班又要求孩子复述故事,要他们回忆星期天干了什么等等,这些都是有意识地教育和发展幼儿的有意识记能力,当然,这些必须在幼儿言语发展的基础上进行。

中、大班幼儿的言语能力发展很快，与之相联系的记忆力也发生质的变化。中、大班幼儿不仅能努力记住和再现所需要的材料，还能运用一些最简单的方法来加强记忆。例如：一位5岁的幼儿，在听了老师对他的嘱托以后说："请你再讲一遍，要不，我会忘的。"

另外，必须明确的是，活动的动机对儿童记忆的有意性和积极性有很大的影响。实验证明，幼儿在游戏中的有意识记效果比在实验条件下的有意识记效果好。这是因为在游戏中的游戏规则，和孩子自身的运动有关，如果记不住，严格遵守，则不能再次参加游戏，关系到他的切身利益，主观上，他会努力去记规则，而在一般实验中，却是主试要求他这样做那样做，他是被动的，因此记忆积极性就不高。所以，幼儿活动的动机深深影响他记忆的有意性和记忆的积极性。

（2）形象记忆为主，语词记忆正在发展

根据识记材料的内容，可将记忆分为运动记忆、情绪记忆、形象记忆、语词记忆。

运动记忆是指对自己的动作或身体运动的记忆。幼儿学会的各种动作，掌握的各种生活、学习、劳动及运动技能，都需运动记忆。儿童最早出现的就是运动记忆。如吃奶时身体被抱成一定姿势，形成条件反射，是儿童最早出现的记忆。

情绪记忆是对经验过的情绪或情感的记忆。例如：在幼儿园中被关过小黑屋的孩子，此段恐惧的情绪经历不易忘去。可以说：儿童喜爱什么、依恋什么、厌恶什么、害怕什么都是情绪记忆的结果。整个幼儿期，幼儿记忆都带有强烈的情绪性。

形象记忆是根据具体的形象来识记各种材料，如婴儿"认生"现象，就是形象记忆的表现。在幼儿记忆中，形象记忆占主要地位，幼儿最易记住是那些具体、直观、形象的材料。

语词记忆是以概念、判断、推理等为内容的记忆。例如：我们对定理、公式等的记忆，就是逻辑记忆。这种记忆的内容是通过语词表达出来的，故称词语逻辑记忆。这种记忆出现得比较晚，是随儿童言语的发生发展而逐渐形成的。

（3）意义识记效果优于机械识记

幼儿由于他们的知识经验比较贫乏，对事物的理解能力差，记忆带有很大的直观形象性，因而他们往往只能记住一些事物的表面特征和外部联系，因此机械记忆表现突出。

在正确教育的影响下，幼儿的意义记忆开始发展起来。4岁以后，幼儿的生活内容更加丰富，对事物的理解能力也有一定提高，且言语能力也有很大提高。此时，他们不再以机械识记为主了，他们也会对识记材料进行分析、改造。如复述故事时，他们不再单纯地模仿，他们会或多或少地进行逻辑加工，有时会用熟悉的词来代替较生疏的词，有时省略或加进某些细节。这都说明幼儿开始有意义识记。

实验表明，幼儿的意义识记效果好于机械识记。原因在于：进行意义识记，可以依靠过去的知识经验，也就是把识记材料纳入已有的知识经验中去。这样，新材料在头脑中就不是孤立的，而是溶于原有的知识经验系统之中。

机械识记和意义识记不是相互排斥对立的，在现实生活中，它们是互相联系的。对于某些不能理解或很陌生的材料，机械识记的运用就多些；对理解或熟悉的材料，就可运用意义识记。对于幼儿来说，最有效的办法是在理解的基础上进行识记。如：教幼儿认识阿拉伯数字"6"，可将字形与"哨子"形象联系起来，建立人为的意义联系，并在此基础上反复练习，加以巩固。

学习单元二 行为观察

一、优先注视行为的观察

【观察指导】

心理学有一项经典的优先注视实验,研究者把两个刺激物同时放在婴儿的视觉中线的两侧,一个在鼻子的右侧,一个在鼻子的左侧,然后测查婴儿注视这两个刺激物的时间。如果婴儿看两个刺激物的时间一样长,那么说明他不能分辨出这两个物体的差别;如果他看两个物体的时间不一样长,则说明他能区分出这两个物体;如果他对其中一个注视时间很长,说明他对其有偏爱。这种对婴儿优先注视行为的观察,可以帮助我们了解婴儿的偏爱、颜色知觉、形状知觉等方面的发展现状。

【目的与要求】

学习对婴儿优先注视行为观察的方法,并在观察基础上,了解对婴儿的偏爱、颜色知觉、形状知觉的发展现状。

【内容与步骤】

1. 熟悉并掌握婴儿视觉偏爱、颜色知觉、形状知觉发展的特点。

2. 选取3名2岁以内的婴儿作为观察对象。

3. 准备材料。第一组:2个色彩鲜艳的小鸭子,一个是红色,另一个是黄色(也可以是其他颜色);第二组:2个颜色相同但形状不同的玩具,一个是圆形,一个是正方形(也可以是其他形状)。

4. 将上述材料同时放在婴儿的视觉中线的两侧,观察并记录下婴儿的注视时间。

5. 对观察结果进行简单分析。

婴儿对不同物体的注视时间记录表

	颜色1	颜色2	形状1	形状2
婴儿1				
婴儿2				
婴儿3				
结果分析				

二、儿童注意力的观察

【观察指导】

儿童的注意是在各种丰富多彩的活动中发展起来的。随着活动的复杂化及其年龄的增长,儿童注意的水平也在不断地提高。注意力有着明显的外部表现,通过对儿童行为的观察,我们可以对其注意力发展水平做一个简单的了解。

【目的与要求】

掌握注意力观测点,对儿童注意的外部表现进行观察,并在观察基础上对儿童注意力水平进行简单评价。

【内容与步骤】

1. 熟悉并掌握儿童注意发展的特点。

2. 选取观察对象:从小、中、大班任意选取若干名儿童进行观察。

3. 观察地点：可以在幼儿园，也可以在家庭中。

4. 依据观察记录表进行观察，并做好观察记录。

学前儿童注意力观察记录表

对照下列项目进行观察，并填写适当的分数。"完全做到" 2分，"偶尔做不到" 1分，"完全做不到" 0分。

	主 要 观 测 点	分 数
1	吃饭时，能自己使用筷子，饭菜不会泼洒出来，也不会中途嬉戏，专心地吃完饭。	
2	念图画书给他听时，会边听边看图画书，安静地听。	
3	看儿童电视节目或卡通影片，能持续看到结束。	
4	会使用喜欢的玩具或道具，一个人玩三十分钟以上。	
5	能和大家一起看电视或做体操，直到做完为止。	
6	会依照父母的指示，帮忙做简单的家事，并且全部做完。	
7	要求得不到响应时，也不会长时间耍赖哭泣。	
8	不会经常尖声大叫，在屋内到处乱跑。	
9	不会总是孤独一人，被群体排挤在外。	
10	身体没有痒或痛的地方（如鞋子太小、便秘、咳嗽等）。	
分数合计		

5. 对照下表，对结果进行计算，并结合对家长和老师的访谈，对幼儿进行注意发展水平进行分析。

等 级	水 平	小班儿童	中班儿童	大班儿童
A	高	10～20分	12～20分	14～20分
B	中	6～9分	9～11分	11～13分
C	低	0～5分	0～8分	0～10分

三、手眼协调能力发展的观察

【观察指导】

学前期是手的探索活动的形成时期。眼手协调活动是儿童认知发展过程中的重要里程碑，也是手的真正探索活动的开始。眼手协调动作出现的主要标志是伸手能抓到物品，它的出现有3个条件：第一，知觉到物体的位置——主要是视觉；第二，知觉到手的位置——主要是动觉；第三，视觉指导手的触觉活动。

【目的与要求】

掌握儿童手眼协调能力发展的观测点，并能给予相应的训练指导。

【内容与步骤】

依据以下观测点，对儿童手眼协调能力发展状况进行观察，并做好观察记录。

手眼协调能力发展水平观测点

月　龄	操作能力
1.5	对手的控制只有抓握反射；这个阶段还不可能出现协调的抓握
3	能敲击物体但动作不太协调；开始观察自己的手
5.5	伸手够物，会抓握物体并将它拿到嘴边；可能会抱住瓶子，乱扔玩具，操作格格作响的玩具等物体。
6.5	对物体的操作增多；操作时技能更熟练、协调性更好
9.5	开始表现出钳状抓握，将拇指与食指对起来，能捡起相当小的物体
10	获得许多新的技能，能取下盒子的盖儿；用食指戳或指；能有意的放开物体；开始表现出对右手或左手的偏好
11.5	能握住一支蜡笔；能从杯子这样的容器中取出小的物体；能很容易地做到故意放开一个物体，或为某一目的放开一个物体；能模仿着涂涂画画
13	能将小的物体装进容器，也能将它们取出来；能搭两三块积木
16	能用三四块积木搭一座桥；会用蜡笔或铅笔涂鸦；会翻书，但一次翻两三页
18—24	对某一侧手有明显的偏好；搭积木所用的块数增至4—6块；能一次翻一页书
24—30	能将一些珠子穿在一根线上；通过滚、敲打、挤压等动作能将橡皮泥捏成一定形状

学习单元三 ● 实验与测评

一、视崖实验

【目的与要求】

测查儿童对深度的知觉是先天具有的，还是通过后天学习获得的。

【材料准备】

一块大的玻璃平台、一块中央板、二块格子形图案的布。装置"视觉悬崖"：一块大的玻璃平台，中间放有一块略高于玻璃的中央板。板的一侧玻璃上铺有一块格子形的图案布，这块布与中央板的高度差不多，看起来似乎像个"浅滩"。在中央板的另一侧离玻璃几尺深的地面上也铺上同样格子形的图案布，造成一种像"视崖"的错觉。示意图如下。

【内容与步骤】

把2—3个月、6个半月—14个月的儿童放在中央板上,让儿童的母亲分别在深侧和浅侧召唤儿童。

【结果与评估】

母亲在深侧召唤,如果儿童爬到"悬崖"边停下来,不再向前爬,说明有了深度知觉。

二、儿童的无意识记与有意识记的实验

【目的与要求】

通过实验了解不同年龄儿童在不同情境下(游戏或在一般情况下)无意识记和有意识记的发展情况;了解3—6岁儿童无意识记和有意识记发展变化的特点。

【材料准备】

幼儿园小、中、大班儿童。8种实物:洋娃娃、手枪、小车、积木、香蕉(蜡制)、苹果(蜡制)、玩具熊和玩具猴。

【内容与步骤】

将小、中、大班儿童分别分成水平相等的三组,各做下列一项内容。

1. 一般情境下的无意识记。随机向儿童呈现八种实物,将最后一件实物拿走后立即提问:"你看到了哪些东西?"记录儿童的回答。

2. 游戏情境下的无意识记。玩购物游戏,"售货员"随机取出上述8种实物给儿童看。当儿童看完,"售货员"将最后一件拿走后,问儿童:"你要买哪样东西?"儿童回答后再问:"刚才售货员阿姨给你看了哪些东西?"然后,记录儿童的回答。

3. 有意识记。告诉儿童:"现在请你看几样东西,你要想办法记住它们,看完后告诉我你看到了什么?"然后,记录儿童的回答。

儿童对实物的无意识记和有意识记记录表

记忆类型 \ 年龄班		小班	中班	大班
无意识记	一般情境下			
	游戏情境下			
有意识记				

【结果与评估】

根据实验结果分析:不同情境对儿童的无意识记有何影响?儿童的无意识记是否优于有意识记?

学习单元四 ● 分析与指导

一、认知发展指导建议

1. 感知发展指导建议

(1)注重感官教育

感知觉在学前儿童心理发展中具有非常重要的意义。感知觉是联系儿童大脑与客观现实的重要通道,没有感知觉提供的信息,就谈不上其他心理现象的发展。感知觉在所有心理活动中出现得最早、

发展得最快,所以学前教育的首要任务是对儿童进行"感官教育",使儿童的感知觉得到充分的发展。

(2) 保护儿童的感官

儿童感觉器官的健康发展,是其感知能力发展的必要前提。因此,保护儿童的感官,尤其是视觉和听觉器官,防止发生病变,显得十分重要。教师在日常活动中,要注视儿童感官卫生教育,做到经常提醒儿童注意用眼、用耳卫生;对有感官缺陷的儿童给予必要的帮助。

(3) 做好言语指导

儿童感知事物时,教师给予恰当的言语指导,对儿童感知和理解客观事物非常重要。例如,明确观察的任务,为儿童的感知指明方向;提供有关知识,诱发过去经验;调动儿童感知的积极性,不顾干扰,坚持观察;指导儿童用语言描述感知到的事物的属性等等,这些做法能使语言和直观结合起来,能帮助儿童完整深入地认知感知对象,以达到最有效的感知效果。

(4) 培养儿童观察力的方法

针对儿童观察力发展特点,可从以下几个方面入手:帮助儿童明确观察的目的和任务;提供丰富的观察材料,引导儿童观察概括;启发儿童用多种感官方式参与观察;教给儿童有顺序的观察方法。此外,可采取以下具体的方法。

● 增强注意的稳定性。儿童注意力短暂,不稳定,成人应帮助儿童更长时间地集中注意力于一个物体上或一种游戏中。例如,儿童玩皮球一会儿就扔掉,成人可拿起皮球,教他一些新的玩法;教儿童用手使皮球在地面上旋转,或对着墙壁滚动皮球,使皮球碰向墙壁自动滚回来,或用球投篮等。

● 带儿童走进大自然。在培养儿童观察力时,应多带儿童接触大自然,注意引导儿童调动多种感觉器官参与观察活动,例如,让儿童看日出日落,风吹草动,听鸟语、闻花香等等。

● 引导儿童观察事物的特征。具体方式如下。

观察小动物或自然景物,如:"小猫在吃什么?""它怎么叫?""小鸟在哪里?""红色的花在哪里?""闻闻看什么东西香香的?"

比较形状。用一些不同形状的积木,也可用硬纸板剪成不同形状的纸卡,教儿童学会认识图形,如圆形、方形、三角形等,选择同样的图形进行匹配。

比较远近。在日常生活中,可用含远近的词汇引导儿童行为,加强对远近概念的意识,例如,对他说"和妈妈靠近点"。还可在游戏中,教儿童领会远近的概念。

比较长短。在纸上划线段,教儿童比较长短。还可比较长裤和短裤,长袖衫和短袖衫,长铅笔和短铅笔,长凳子和小方凳等。

比较厚薄。让儿童拿一本小画书,成人拿一本更厚一点的书,与儿童的书做比较,说"我的书比你的书厚","你的书比我的书薄"。然后,鼓励儿童寻找一本更厚的书,儿童就可以说上边的话,然后你再找一本更厚的,依此类推。以后可以倒过来玩,"我的书比你的薄。""你的书比我的厚。"这种游戏也可以用于比较被子、衣服等其他物品。

综合比较。引导儿童善于发现近似事物中的不同点和不同事物中的相似点,来培养儿童观察比较的能力。例如,与他一起玩"找不同"的游戏。

2. 注意发展指导建议

(1) 有意识地观察儿童注意的外部表现

人在集中注意于某个对象时,常常伴有特定的生理变化和外部表现,如适应性运动、无关运动的停止和呼吸运动的变化。由于儿童注意的外部表现比较明显,因此教师可以从观察儿童的外部表现来考察儿童是否集中注意,从而正确地组织教育教学。

(2) 防止儿童注意分散的措施

注意分散是指儿童不能长时间地把注意力集中在应该集中的对象上。儿童由于生理发展的限制以及经验不足,他们还不善于控制自己的注意,容易出现注意分散现象。所以,教师在儿童的保教工作中要做到以下几个方面。

● 防止无关刺激的干扰。游戏时不要一次呈现过多的刺激物,活动前把玩具和图画书收起放好,教师本身衣饰要整洁大方,不要太多花饰,以免分散儿童的注意。

● 制定合理的生活制度。例如,晚上不要让孩子看太多电视、玩得太晚,保证他们白天有充沛的精力。

● 培养良好的注意习惯。儿童做事时,教师不要随便使唤或打扰他,使儿童在实践活动中养成集中注意的习惯。

● 灵活地交互运用无意注意和有意注意。教师可以运用新颖、多变、强烈的刺激,激发儿童的无意注意。无意注意不能持久,学习等活动只靠无意注意是不能完成的,因此还要培养和激发儿童的有意注意。例如,教师可向儿童事前讲明道理或适时提醒。机智地使两种注意交替进行,有助于促进儿童的持久注意。

● 提高教学质量。教学内容要与儿童的兴趣和日常生活密切相关,教学方法要灵活多样;所用教具要色彩鲜明;所用挂图要突出中心;所用语词要形象生动,并为儿童所理解等。

(3)怎样让儿童保持有意注意?

● 开展丰富多彩的游戏活动。

儿童的有意注意依赖于丰富多彩的活动,而且,儿童的有意注意是在活动中发展起来的。在活动中,儿童通过参与、体验活动的趣味性,努力把自己的注意力集中于活动中,使自己的活动有目的,并在老师的提醒下完成活动。所以,幼儿园各种游戏活动的开展对发展儿童的有意注意具有积极的作用。

● 为儿童组织的活动目的必须是具体明了的,任务必须是简单的。

儿童如果明白老师让他做的事,而且知道具体的任务是什么,他就会按要求完成任务,在这一过程中儿童是需要有意注意的。例如,手工活动中,老师让儿童在纸上贴小鸟,告诉儿童用什么形状、什么颜色的纸,那么,儿童的粘贴活动就是按照老师的要求而进行的有意注意活动。因此,让儿童理解活动的目的,知道有什么任务,有助于提高儿童的有意注意。但是,必须切记为儿童提供的活动,目的必须是明了的,任务必须是简单的,而且内容是儿童能够理解的和能够记住的。

● 依据儿童兴趣选择活动内容。

儿童如果对所进行的游戏或活动感兴趣,那么,儿童就会自觉主动地参与活动。例如,许多儿童喜欢听孙悟空的故事,所以当老师一说要讲孙悟空的故事时,他们就会自觉地放下手中的活动,安静地等待,甚至有的孩子还制止别的小朋友吵闹。

● 智力活动与实际操作相结合。

在组织儿童活动时,最好把儿童的智力活动与儿童的实际操作活动结合起来,这样有助于维持儿童的有意注意。例如,让小朋友看图画书时,可以让儿童用手指着画,这样就可以帮助儿童注意图画书中的内容。反之,如果让儿童单纯坐着听老师讲解,儿童就不易将注意保持在这一活动上。

● 要善于利用言语指导和言语提示。

儿童有意注意的形成是与言语在儿童行为调节中所起的作用有密切联系的,成人对儿童注意的组织常是通过言语指示来实现的。通过言语指示,可以提醒儿童必须完成的动作,注意哪些情况。例如,老师说:"要搭高楼,最大的积木应该放在哪儿?小的应该放在哪儿?"这样儿童就会注意大的积木,而且寻找适合的位置,这样可以帮助儿童维持注意,提高儿童有意注意的水平。此外,儿童的自我言语指示也有助于有意注意的发展。

3. 记忆发展指导建议

(1)平时要注重丰富儿童的记忆表象

表象是保持在记忆中的客观事物的形象,是记忆的主要内容。表象的积累和丰富在人的记忆活动中有重要作用,所以要尽可能地丰富儿童的表象。通过各种活动开阔儿童眼界,丰富儿童感性经验。

(2)利用记忆规律组织活动

活动材料要直观、形象、具体、鲜明;活动内容要符合儿童的需要和兴趣,与儿童的日常生活相关；让记忆对象成为儿童活动的对象，例如，开展认识颜色的游戏，让儿童比一比谁找得多，儿童自然而然就记住了找到的颜色。

（3）注意培养儿童的有意识记和意义识记

依据遗忘规律，帮助儿童进行及时合理的复习；给予儿童形象的记忆材料和有趣的记忆方法；帮助儿童理解识记材料；让儿童采用多种感官参与记忆。

（4）记忆力训练方法

● 实物记忆练习。让儿童根据记忆寻找所需要的玩具，例如，先让儿童看一个小球，然后把它收起来再让儿童在其他的玩具中找出这种小球。

● 词汇记忆训练。成人在讲述儿童较熟悉的故事，或教儿童念他熟悉的儿歌，或唱他熟悉的歌时，有意识地停顿下来让儿童补充，由简到难，开始让儿童续上单字，以后可逐渐让儿童续上一个词、一句话。这样做既可促进儿童记忆力的提高，还可发展其语言能力。

● 实物回忆训练。让儿童回忆起不在眼前的实物，可给儿童一件玩具，让他注视您将玩具放到盒中，盖上盖子，让他说出盒中玩具的名称并描述该玩具的特征。

● 复述话语训练。随着儿童语言能力的提高，可让儿童复述成人的话语。可从简单的短句开始，然后教长一点的句子，如背诵歌词、儿歌、古诗等，以促进儿童记忆能力的提高。

● 数字记忆训练。虽然儿童对数概念的掌握不是很好，但机械记忆能力强，通过数字记忆练习，可强化儿童的机械记忆能力，例如，教儿童记门牌号、电话号码、历史年代等各种数字材料。

● 游戏训练法。将几种儿童熟悉的玩具，如小动物、汽车、球等摆在桌子上，请儿童说出玩具的名称，然后用布把玩具盖上，成人从盖布下取走一个玩具，再将盖布打开，让儿童看一看，少了什么玩具。也可以地上放几个圈，每个圈中放一个小动物玩具，表示小动物的家，然后让儿童记住每个动物家的位置，并请小动物出来玩，最后再叫儿童将小动物逐个送回"家"，即原来的位置。

● 图像记忆训练。让儿童看一张画有数种动物的图片，限定在一定时间内看完，开始时时间可长些，再逐渐减少看的时间，然后将图片拿开，让儿童说出图片上有哪些动物，如果儿童记住的不多，还可以教他一些记忆策略。

● 日常生活中的训练。在日常生活中培养儿童记忆。例如，儿童游玩回来，让儿童回想一下玩了什么东西，遇上了什么人，经过了什么地方，等等。还可在日常生活中，要求儿童按成人说的先后次序去做，逐渐可用语言指导儿童按指令先后做更多的事情。

二、案例学习

案例1：浅绿色

【引言】

颜色视觉是指视觉区分颜色细微差别的能力，也称作辨色力。颜色视觉对幼儿来说非常重要，因为它关系到幼儿的生活和学习。教师应当注意幼儿辨色能力的培养。

【案例背景】

小班的孩子自理能力有限，冬天午睡起床穿衣服时为避免孩子们着凉，老师都会给孩子们帮帮忙。在帮孩子们穿衣服的过程中，师幼之间的交谈可以增进老师与孩子之间的情感，有时还蕴含着教育的契机。

【案例描述】

一天中午起床后，在帮果果穿衣服时，果果指着我毛衣上的彩条说："这是绿色，这是粉色，这是白色。"果果边说边在我穿的毛衣上指点着。"果果真聪明，已经认识绿色和粉色了。但是这不是白色，而是浅绿色。"我也边说边指给果果看。当我告诉果果他认为是白色的彩条是浅绿色时，果果有些茫然地说："浅绿色?""教室里墙壁的颜色是白色。你看看和我毛衣上的这个颜色一样吗?"果果看看墙壁,又看看我的毛衣,摇摇头说:"不一样。""哪一个是白色呢?""墙壁。"果果边说边指指墙。"对,墙壁的颜色是白色,这个颜色是浅绿色。""浅绿色。"这次果果一边点头一边有力地说着。

【案例分析】

果果对老师毛衣上的颜色感兴趣,说明他对色彩比较敏感。大部分小班幼儿能正确辨认黄、红、蓝、绿四种颜色,果果能够正确辨认粉色,说明他对颜色的认知高于小班幼儿的一般水平。他对白色认知处于指认的阶段,尚未达到能够正确命名的阶段,还容易与近似色相混淆。浅绿色对于果果来讲是一个全新的认知。

【发展指导】

1. 教师可在区角投放色板的材料,其中包括白色、浅绿色等色板,在区角活动时间建议果果进行颜色配对练习。

2. 在果果玩玩具时,请他指认浅绿色玩具的颜色,说出白色玩具的颜色名称。

3. 在日常生活中随机引导果果说出浅绿色物品的颜色。

案例来源:天津市幼儿师范学校附属幼儿园王冰老师

案例2:画妈妈

【引言】

幼儿的记忆带有很大的无意性,他们所获得的许多知识都是通过无意识记得来的。心理学研究表明,凡是儿童感兴趣的、印象鲜明强烈的事物就容易记住。幼儿的记忆不精确,多数幼儿表现为记忆不完整。

【案例背景】

"三八"国际劳动妇女节前夕,我们组织了"我的好妈妈"的主题活动,其中有一个环节是请孩子们画妈妈。

【案例描述】

首先,我启发孩子们:"谁来说一说,你的妈妈长得什么样?"圆圆说:"我的妈妈梳辫子。"婉婉说:"我的妈妈头发短。"迪迪说:"我的妈妈头发长,卡卡子,穿红衣服。"乔乔说:"我的妈妈戴眼镜。"佳佳说:"我的妈妈不戴眼镜,穿的裤子是蓝色的。"君君说:"我的妈妈爱化妆。"……孩子们纷纷述说着自己对妈妈的印象,但是没有孩子描述妈妈的高矮、胖瘦。"谁能说说妈妈是高还是矮,是胖还是瘦呢?"我一再启发,可是没有一个孩子回答这个问题。于是,我就让孩子们根据自己的记忆画妈妈。以下是孩子们的作品。

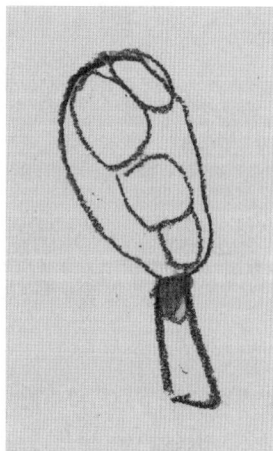

倩倩:妈妈笑眯眯的,鼻子大,眼睛是椭圆形,头也是椭圆形。

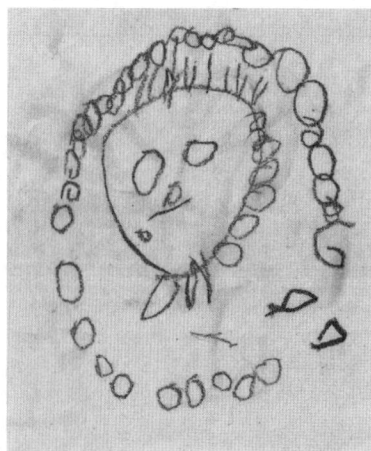

晨晨:妈妈的头发是卷卷的。

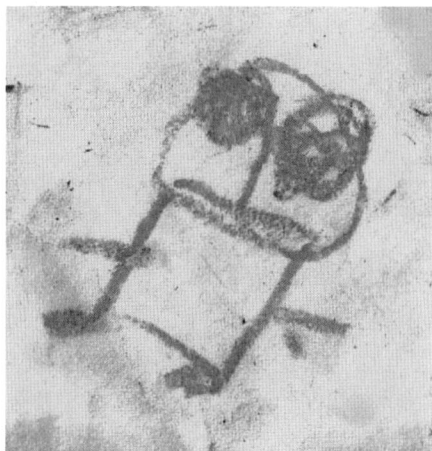

轩轩：我画的妈妈像企鹅一样。因为妈妈胖。

大树：妈妈歪着头，生气了。因为家里有只虫子，妈妈捉不到。

【案例分析】

1. 从孩子们不同的叙述中可以看出，孩子们记住的都是妈妈留给他们的最深刻的印象，这些都是孩子们在与妈妈朝夕相处的日常生活中自然而然记住的，这些记忆都是琐碎的、片段的、不完整的，体现了幼儿记忆的特点。

2. 从孩子们的叙述和作品中可以看出，这四名幼儿对妈妈的记忆内容不同。

3. 这四幅画的共同特点是都没有画耳朵。这是因为耳朵长在人脸的侧面，不容易被幼儿观察到。这印证了幼儿观察的特点：往往只能观察到事物的粗略轮廓，做不到全面细致，只看到面积大的和突出的部分，很少注意细小的和不十分惹眼的部分。

【发展指导】

1. 有意识记的发生和发展，是幼儿记忆发展过程中最重要的质变。为了培养幼儿有意识记的能力，在日常生活和各种有组织的活动中，成人要经常有意识地向幼儿提出具体、明确的识记任务，促进幼儿有意识记的发展。活动前教师可以请幼儿回家观察妈妈的头发是长还是短，是直的还是弯曲的；妈妈的脸是长还是圆，还是有点方；妈妈的个子是高还是矮；妈妈喜欢穿什么颜色的衣服等等。引导幼儿有意识的观察和记忆。

2. 当老师请小朋友们描述妈妈的高矮、胖瘦时，没有孩子能够回答这个问题，说明孩子们对高矮、胖瘦的概念不是很清晰，而且高矮、胖瘦的概念比较抽象，具有相对性，需要孩子们有意识的观察和比较才能形成相应的概念。因此，老师可以组织一些相关的活动让幼儿获得有关的经验。

3. 开展认识五官的活动，特别引领幼儿观察头的侧部，注意耳朵的位置。

4. 通过玩"猜声音"的游戏，加深幼儿对耳朵功能的认识，以便帮助幼儿在头脑中形成较深刻的记忆。

案例来源：天津市幼儿师范学校附属幼儿园王冰老师

案例3：夏天的雷雨

【引言】

专注力是一种心智活动的分配或历程，是个体对环境或情境中的众多刺激选择其中一个或一部分产生反应，并从而获得知觉经验的心理活动。儿童的专注是由兴趣而来的，没有儿童能单凭一直努力就能专注。如果老师能顺应孩子的兴趣需求，及时调整活动内容，就有可能引发幼儿的深度专注。

【案例背景】

夏季的一天，天阴沉沉的，眼看就要下一场大雨了。我正在活动室组织孩子们复习学过的歌曲。

忽然一道闪电划过天空,一阵阵轰隆隆的雷声接踵而至,大雨倾盆而下。"下雨了!"随着然然发出第一声喊叫,又有几个孩子接二连三地喊起来,孩子们停止了唱歌,一起将头扭向窗外。我的琴声似乎也被雨水淹没了。

【案例描述】

我停止了弹琴,也将目光移向了窗外。"好大的雨呀!"我不禁感叹道。看来孩子们很难很快将注意力转回到唱歌上了,不如和孩子们一起欣赏雨景吧。想到这我问道:"谁能说说大雨落下来时是什么样子的?""就像我拿小桶盛满水往下倒一样。"明明说。"就像我洗澡时的淋浴一样。"小美说道。"像爷爷浇花时,从喷壶里喷出的水。"点点说……孩子们自由地发表着自己的看法。"你们听听大雨落到地上是什么声音呢?""哗哗的。""哗啦哗啦的。"孩子们七嘴八舌地回答着。我忽然想到《夏天的雷雨》正是描写此时此景的一首歌曲,这个时候学习这首歌曲,孩子们一定很感兴趣,很快就能学会。于是我说道:"我们来玩一个问答游戏好吗?""好呀!"孩子们兴奋地回答。"天空中是什么东西闪闪发光?"我问道。"星星。"彤彤回答道。"彤彤回答得对。你们想一想和雷雨天气有关的,刚刚我们还看到过的一种现象是什么?"我启发道。"是闪电。"大宝回答道。"对,一闪闪一闪闪,闪电光发亮。""天空中轰隆隆,什么声音响?"……一会儿孩子们就将整首歌学会了,哗哗的雨声也仿佛在为孩子们伴唱。

【案例分析】

中班幼儿无意注意占优势,因此一些突发事件很容易吸引幼儿的注意。正在和老师一起唱歌的幼儿被突如其来的闪电、雷声和大雨吸引了。老师无法排除自然因素对孩子的影响,因此老师从孩子们感兴趣的事物入手,随时调整自己的教育内容和计划,就能将幼儿的无意注意转化成有意注意。在这个时候教幼儿学唱《夏天的雷雨》这首歌也更便于幼儿理解和记忆歌词。

【发展指导】

1. 激发幼儿对活动的兴趣。兴趣与需要是孩子活动的内在推动力,是直接影响孩子注意力的情感系统。教师可以请幼儿尝试一问一答的演唱方式,进一步提升孩子们演唱歌曲的兴趣,促进幼儿有意注意的发展。

2. 培养孩子的自我约束力。孩子的自控能力较差是注意力容易分散的另一个重要原因。当有新异刺激出现时,成人可以约束自己不去关注它,但孩子却很难做到。因此,为培养孩子的注意力,成人可以有意识地创设情景逐渐提高孩子的自我约束能力。

3. 采用游戏的方式,将持久注意的要求变为游戏角色本身的行为规则。例如,与孩子一起玩"指挥交通"的游戏,让孩子扮演交通警察,事先约定每班交通警察要站3分钟的岗,时间到后才能换岗。在游戏中,对注意力持续时间的要求可以循序渐进地提高。通过不同的游戏活动,幼儿可以慢慢地将外在的游戏规则内化为内在的自我约束。

案例来源:天津市幼儿师范学校附属幼儿园王冰老师

三、分析与指导练习

练习1:图形宝宝

认识圆形、正方形、三角形是小班科学领域的教育内容之一,因此我组织了认识图形的活动。活动前我为每位幼儿准备了一份包含有不相同大小、颜色的圆形、正方形、三角形图形硬纸卡若干。在我分别出示这三种图形,请孩子们一一为它命名后,我以游戏的口吻请孩子们从自己的盒子里找出相应的卡片。

在孩子们找卡片的时候,我发现毛毛小朋友寻找卡片的速度总是比其他的小朋友慢,有时看到旁边的小朋友找到卡片后,才开始在自己的盒子里寻找。集体活动后我拉着毛毛的手来到磁板前轻声说："你能告诉老师哪一个是圆形吗？"她用小手指了一下圆形磁卡。我用同样的方法请她指认了正方形和三角形，她都指对了。"你真棒，三种图形你都指对了。"毛毛的脸上露出了自豪的笑容。我将这三个图形重新调换了位置。"你能告诉老师，这是什么图形吗？"我指着正方形问道。毛毛想了一下回答："正方形。""这是什么图形呢？"我指着圆形问道。"圆形。"毛毛很快回答出来了。"这是什么图形呢？"我指着三角形磁卡问道。毛毛一边用一根手指在头上转着，一边断断续续地说："三……三……三什么形。""这是三角形。""对，对，对，是三角形。"毛毛一边点头一边说。"你知道它为什么叫三角形吗？"毛毛摇摇头。"来，我们一起摸摸看。"说着我把三角形磁卡从磁板上拿下来，请她伸出右手的食指，沿着三条边划过。每摸完一条边都停顿下来请她数一下："一条边"、"两条边"、"三条边"。"三角形一共有三条边。""我们再摸摸这个地方，尖尖的，有点扎手，这是角。我们一起数数，三角形有几个角。""一、二、三。""对，因为它有三个角所以它是三角形。""三角形。"毛毛主动重复了一遍。

案例来源：天津市幼儿师范学校附属幼儿园王冰老师

幼儿掌握图形的顺序是怎样的？毛毛小朋友对图形的认知处于什么阶段？老师在引领幼儿认识图形时采用了哪些方法？请运用心理学原理对老师的做法进行分析。

练习2：小飞机

一天，我在组织孩子们进行户外集体游戏时，一架飞机从操场上空飞过。"飞机，飞机。"孩子们兴奋地叫着、跳着。飞机已经飞远了，孩子们的情绪还没有平静下来，依然沉浸在飞机掠过的兴奋状态中。

我没有强制孩子们安静下来，而是对孩子们说："刚才谁看到了飞机是怎样飞行的？"有的孩子回答"我！"有的孩子张开双臂用动作模仿。"我们一起来模仿飞机飞行好吗？""好！""飞机起飞啦。"随着我的口令孩子们都伸开双臂在操场上跑起来。"注意手臂要伸平，飞机的机翼是平的。"孩子们调整着自己手臂的位置。"飞机开始减速，慢慢降落了。"一架架"小飞机"停落在操场上。之后我原定的教学计划顺利地开展了下去。

案例来源：天津市幼儿师范学校附属幼儿园王冰老师

结合案例说一说，幼儿注意的特点是什么？如何根据幼儿注意发展特点组织教学活动？

练习3：苹果长在哪里？

幼儿对事物的认识和解释、所获得的知识经验，受到其原有经验和思维水平的直接影响，形成幼儿期所独有的"天真幼稚的理论"和"非科学性的知识经验"。孩子们通过直接经验来认识事物，因此教师要多为幼儿提供亲自动手操作和亲眼所见的机会，拓展幼儿的原有经验，提高幼儿的认知水平。

秋天是收获的季节，对于生活在城市里的孩子们来讲这只不过是一个空洞的概念。于是，我组织孩子们去农场秋游。在秋游之前，让中班的孩子们纷纷猜想苹果、梨等水果都是长在哪里的。有的孩子猜想它们长在树上，有的猜想它们长在泥地里，有的猜想长在麦芽上，有的猜想长在草里，还有的猜想长在水里。我没有立即告诉孩子们正确答案，而是想等到幼儿亲自到果园观看、亲自采摘获得直接感知后，验证自己的猜想。于是，孩子们带着好奇心上路了。

案例来源：天津市幼儿师范学校附属幼儿园王冰老师

如果你是老师，面对孩子们的这些"天真幼稚的理论"你会怎么做？如何利用这个契机促进幼儿认知的发展？

四、实务操作——设计一个促进儿童注意发展的教学环节

1. 自选一个年龄段的幼儿，在充分了解该年龄段幼儿注意力发展特点的基础上，运用幼儿注意力

测评工具记录其成绩,并对幼儿注意力发展现状进行分析。

2. 提出下一步的教育建议,尝试设计一个教学环节,鼓励幼儿积极思维,并以适宜的方式进行表达。

3. 实施教育计划,体会实施过程,观察幼儿在该活动过程中注意力发展水平的表现,分析影响幼儿注意发展水平的主要因素,思考如何调动积极因素,避免消极因素,促进幼儿注意力的发展。

思考与讨论

1. 名词解释:认知发展、感知、注意、记忆。

2. 学前儿童感知觉发展的特点有哪些?

3. 幼儿注意的发展特点是什么?

4. 如何培养幼儿的观察力?

5. 幼儿记忆的发展特点是什么?

6. 怎样引导幼儿进行有意识记和意义识记?

主要参考书目

1. 庞丽娟,李辉.《婴儿心理学》[M].杭州:浙江教育出版社,1993.

2. 朱智贤.《儿童心理学》[M].北京:人民教育出版社,1994.

3. 林崇德.《发展心理学》[M].杭州:浙江教育出版社,2002.

4. 陈英和.《认知发展心理学》[M].杭州:浙江人民出版社,1996.

5. 高月梅,张泓.《幼儿心理学》[M].杭州:浙江教育出版社,1993.

学前儿童认知发展主题（二）
思维与想象

学习目标

通过本单元的学习,你应该能够:

- 掌握思维和想象的含义、产生的过程及其标志。
- 掌握学前儿童思维和想象发展的年龄特征。
- 理解思维、想象在儿童心理发展中的意义。
- 能够运用理论对学前儿童思维与想象发展状况进行观察。
- 掌握简单的思维发展水平的测评方法和小实验。
- 能够运用所学理论对相关案例进行分析,并提出促进儿童思维和想象发展的指导对策。

学习单元一 ● 发展解读

冬冬今年三岁多了,活泼可爱,特别喜欢画画和拼图。每次画画总是拿起笔来就画,偶尔画出一种图形,就高兴地说:"哈,小鸟,看,我画了小鸟。"画出来的像什么就说是什么。拼图也是这样。爸爸见了很不满意,每当冬冬要画画了,他总是要求冬冬说:"告诉爸爸,你想画什么,想好了再画!"冬冬不听,还是拿起笔来就画。冬冬爸爸非常生气,经常批评冬冬"做事之前不动脑筋"。其实,爸爸对冬冬的要求和批评是不合理的,也是错误的。他不了解冬冬这个年龄阶段思维的特点和发展趋势。冬冬的行为体现了这个年龄段儿童的思维对动作的依赖性还是很强,不过随着年龄的增加,思维对动作的依赖性会逐渐减少,而对语言的依赖性逐渐增加。这是学前儿童思维发展变化的趋势。

一、思维发展概述

1.思维的界定

思维是人脑对客观事物概括的、间接的反映,是以词为中介,通过概念、判断和推理的形式反映事物的本质属性和内在规律。

学前儿童心理学里面思维的概念要比上面的定义更宽泛,不仅包括上述定义讲的抽象逻辑思维,还包括思维的萌芽以及向抽象逻辑思维发展过程中的各种过渡形态。

思维发展是一个从无到有、从萌芽到成熟的发展过程,抽象逻辑思维只是思维的一种形式,也是最高级的思维形式,其间经历了从低级向高级发展的一系列演变。演变的历程主要表现在以下三个方面。

- 思维工具的变化,从主要借助于感知和动作,到主要借助于表象,再过渡到借助于概念。
- 思维方式的变化,从直觉行动思维,到具体形象思维,再过渡到抽象逻辑思维。
- 思维内容的变化,从反映事物的外部联系、现象到反映事物的内在联系、本质;从反映当前事物过渡到反映将来事物。

2. 思维的概括性、间接性和问题解决

概括性和间接性是思维的两个基本特性。

所谓概括,是指在大量感性材料的基础上,把一类事物共同属性或规律提取出来。正是因为思维具有概括性,人才能揭示事物的本质和规律性联系,对未来进行预测。我们可以从一个人对概念的掌握上了解其概括的水平,儿童掌握概念的特点直接受他的概括水平高低所制约,儿童的概括水平是衡量儿童思维发展的重要指标。

所谓间接,是指借助一定的媒介或一定的知识经验对事物进行间接的反映。思维之所以有间接性关键在于知识与经验的作用,没有知识经验为中介,思维间接性就无法产生。正是由于思维具有间接性,所以人才能反映不在眼前的事物、未曾经历的事物,才能超越感知觉,认识看不到的事物,才会扩大认识的范围和深度。

所谓解决问题,是指人们在活动中面临新情境与新课题,又没有现成的有效对策时,所引起的一种积极寻求问题答案的心理过程。思维活动主要体现在解决问题的活动中。问题解决是人类思维活动最一般的形式,人的思维活动常常是由一定的问题引起的,并指向问题的解决。思维的作用也就突出地表现在这里。也就是说,思维产生于问题,表现在解决问题的过程中,思维的主要作用在于解决问题。

3. 思维对儿童心理发展的意义

思维的产生使儿童的认识过程发生重要质变:知觉不再单纯反映事物的外部特征,而开始反映事物的意义和事物之间的联系;记忆不再是无意记忆,而开始出现有意识记、意义识记、语词记忆。思维自身的概括性和间接性使儿童认识事物的能力大大提高了。

思维的影响并不局限在认知领域,它还渗透到情感、社会性和个性等发展领域。思维的产生和发展使儿童的个性开始萌芽;使儿童的情感逐渐深刻化;使儿童能够对自己的行为独立作出决断而逐渐摆脱对成人的依赖;对自己行为的后果产生认识,萌发了责任感和自制力;对他人的理解、对自己与他人的关系有了认识,使得儿童的同情心、自我意识有了进一步的发展。

4. 学前儿童思维发展概况

学前儿童思维发展的总体趋势和概况如下。

(1)思维对动作的依赖性逐渐减少,对语言的依赖性逐渐增加。

(2)思维的工具从借助动作和感知发展到借助表象和形象,最后语词的作用逐渐加强,逐渐摆脱表象、形象的束缚,开始成为独立的思维工具。总体来说,形象在学前期儿童思维中始终占优势地位。

(3)从思维方式上,婴儿期主要是直观行动思维;幼儿期主要是具体形象思维,幼儿末期会出现抽象逻辑思维的萌芽。直观行动思维、具体形象思维、抽象逻辑思维是学前儿童思维发展要经历的三个阶段,这三个阶段是不可逆的,而且在学前阶段(特别是幼儿阶段),这三种思维方式明显地同时并存。

(4)学前儿童思维发展过程中有几个明显的质变,在学前儿童思维发展的进程中,以下三个飞跃期应该得到特别关注(林崇德,1987)。

- 出生后8、9个月,是思维发展的第一个飞跃期,直观行动思维从这个时期之后获得发展。
- 2岁至3岁(主要是2.5岁—3岁),是思维发展的第二个飞跃期,这个时期是从直观行动思维向具体形象思维发展的一个转折点。
- 5.5岁至6岁,是思维发展的第三个飞跃期,从具体形象思维向抽象逻辑思维过渡正是从这个

时期开始的。

对于儿童思维发展的解释，为世人公认的是皮亚杰理论。他认为，0—2岁儿童的思维处于"感知运动阶段"，这种思维的突出特点是思维离不开动作，完全是无意识的；2—7岁儿童的思维属于"前运算阶段"，其最突出的特点是儿童具有了表征或符号，即儿童能够利用语言、心理表象来思考客体和事物。

二、婴儿期思维的发展

1. 思维的发生

刚出生的儿童是没有思维活动的，只有与生俱来的无条件反射，他借助这些无条件反射维持生活。思维发生的时间是在1—2岁。

思维发生的指标有3个：概括性、间接性和解决问题。由于婴儿最初对客观事物的反映是依靠动作实现的，所以思维发生的表现主要体现在婴儿的动作上，当婴儿出现以下三类动作的时候，说明思维产生了。

（1）表意性动作

所谓表意性动作就是指用动作表达意愿，用间接的手段达到自己的目的。11—12个月大的婴儿会用手向成人指出他想要的东西或想去的地方。这种司空见惯的动作包含着婴儿对一系列关系的认识：自己的目的（或是拿取物体，或是出门玩耍），但依靠自己的力量还达不到目的；成人有能力且会帮助自己。于是，用动作表明自己的目的，发出向成人求助的信号。这时，手便成为一种具有象征功能的、类似语言的符号，使得心理有了初步的间接性，即利用别人的力量达到自己的目的。这也就是皮亚杰感知运动阶段完成的两个重要任务之一：表征。表意性动作说明婴儿对客观事物开始能够做出初步的间接性反映。

（2）工具性动作

所谓工具性动作是指按照物体的结构特征和功用来使用物体的动作。当婴儿拿到物品不再盲目地敲敲打打，而开始按照它们的功用进行活动，这时可以说他对物品的功用有了理解，反映出婴儿对于"类"概念的朦胧意识，即对同类物体使用同样的动作。这是思维概括性的反映。工具性动作说明，婴儿对客观事物开始能够做出初步的概括性反映。

（3）用"试误"方法解决问题

1岁以后的儿童开始能够用尝试错误的方法来解决问题。例如，一个娃娃放在毯子上，婴儿够不到毯子上的娃娃。开始时她尝试很多办法都没有拿到娃娃，一个偶然的、拉动毯子的动作使她发现拽拉毯子能使娃娃向她移动，于是她会有意识地拉动毯子拿到娃娃。这里，婴儿认识到了动作与物体之间的关系，通过尝试错误找到了解决问题的方法。以后她还会把拉毯子方法迁移到其他场景中，这种智慧性动作的出现标志着个体思维的发生。

2. 婴儿期思维发展的特点

直观行动思维是在对客体的感知中、在自己与客体相互作用的行动中进行的思维。其思维工具是动作和感知，活动过程即思维过程。它是儿童最早出现的思维形式。

我国心理学家林崇德认为，3岁前儿童思维的主要特点是直观行动性。这就是说，儿童进行思维的时候是跟对物体的感知、跟儿童自身的行动分不开的，思维是在动作中进行的。这时，儿童只能考虑自己动作所接触的事物，只能在动作中思考，而不能在动作之外进行思考，更不能预计自己动作的后果。例如，请一个2岁左右的儿童想一想："怎样才能把放在桌子中央的玩具拿下来？"听到任务，儿童没有任何"想"的表现，而是马上去拿。他伸长胳臂去拿，拿不到；围着桌子转，踮起脚尖，再伸手，还是拿不到；偶尔扯动桌布，桌子上的玩具移动了一点，儿童马上用力一拉，玩具就被拉到手边。

所以，直观行动思维又被称作"手和眼的思维"，其含义是，这种思维一方面离不开对具体事物的直接感知，另一方面离不开自身的实际动作。

心理学家非常重视儿童动作的研究,尤其是3岁前动作发展的研究。许多心理学家编制的婴幼儿智力发展量表都将动作发展作为重要的指标之一。心理学家对婴儿动作的测查项目主要是两大项:全身动作和手的动作。之所以重视动作,是因为动作对儿童心理,特别是思维发展具有重要意义。

儿童的独立行走使儿童能够主动地去接触、探索外部世界,扩大认识范围,开阔视野,为思维发展提供感性基础,为有目的的活动准备条件;双手运用物体能力的发展,特别是拇指与其余四指的协调配合、双手合作动作的发展、手眼协调能力的发展等等,有利于儿童更好地认识事物之间的各种关系,使儿童活动的目的性加强,加之与语言发展相协调,为思维发展提供良好条件。我们在探讨学前儿童思维发生和发展时,不能忽略儿童动作的发展。

3. 皮亚杰对婴儿期思维发展的解释

2岁前儿童思维发展的过程是怎样的,不同的心理学家有不同的描述,这里主要介绍皮亚杰的观点。

感知运动阶段(0—2岁)是皮亚杰对儿童思维发展划分的第一个阶段。皮亚杰指出:儿童最初的世界完全以他自己的身体和动作为中心,称为"自我中心主义",他完全是无意识的,因为这时的儿童还不能意识到自己。

感知运动阶段正是思维开始萌芽的时期,其主要行为特征是:(1)婴儿开始能区分自己和物体,逐渐认识到动作本身与动作结果之间的关系。刚出生的婴儿主、客体不分,把两者溶合在一起。由于儿童用自己的动作接触外界事物,使客体发生了移动或变化,例如,手摇动小铃使其发出声音,或是把一件物品推到桌边,使它掉到地上……这样通过手的动作使外界事物发生了变化,婴儿才知道手是他自己身体的一部分,才能开始区分自己和物体,并进一步发现了动作与结果之间的关系(因果性的萌芽)。(2)此时,儿童对消失的物体开始去寻找,大约4个半月的婴儿开始寻找在他视野内看得到的事物,将近1周岁时开始能寻找被幕布遮盖着的物体。儿童知道物体在眼前消失或被其他物体掩盖时并非不存在,而是仍然存在着,他总是要找到这物体。这时的儿童开始知道了客体的永久性。(3)这个阶段的儿童只有动作活动,并开始协调感知觉和动作间的活动,还没有出现表象和思维,也还没有出现语言。这个阶段的智慧还没有"运算"的性质,因为儿童的动作尚未内化为表象的形式。

皮亚杰将2岁前思维发展划分成六个子阶段,从这六个子阶段我们可以看到思维是怎样发生发展起来的。在这个过程中,有几个我们可以观察到的、值得注意的发展要点。

(1)客体永久性

在皮亚杰的理论中,客体永久性是一个重要概念。客体永久性的获得是婴儿心理发展的一种重要里程碑。

所谓客体永久性是指当客体从视野中消失时,儿童知道这个客体依然存在。

皮亚杰认为,8个月之前的婴儿世界是一个没有客体的世界,物体出现后就完全消失,在这个世界上不再存在了。在5—7个月的时候(第三子阶段),当婴儿正要抓住一个客体时,你用一块布把它盖住,或把它移动到幕布后面,他只是缩回他已伸出的手;如果客体是他心爱的东西(例如他的奶瓶),他就因失望而大哭大叫。从他的反应来看,客体好像已消失了;或许他对已消失的客体虽是知道它仍存在原处,但他不能有效地寻找这客体,也不能移开这块幕布。

9个月的婴儿开始形成了客体永久性认识。爸爸妈妈离开了,但婴儿相信他们还会出现;被大人藏起的玩具还在什么地方,翻开毡子,打开抽屉,还可以找到。这些行为标志着客体永久性认识已经形成。婴儿客体永久性认识的形成与婴儿语言及记忆的发展有关。

皮亚杰认为8个月以前的婴儿认为看不见的物体就是不存在的。但是,近期心理学家研究发现,

3个半月的婴儿就对物体的永久性有所认识。

（2）A非B寻找错误

A非B寻找错误是婴儿客体永久性认识发展过程中出现的一个现象。8—12个月的婴儿在寻找藏起来的物体时，常常会犯一种错误：如果当着婴儿的面，将一个东西先藏在A处，婴儿寻找并立即找到；然后再当着他的面藏在B处，这时婴儿大多还会到A处寻找。皮亚杰认为，这是因为婴儿还不能保持物体清晰的表象。当代心理学家有不同的解释，一种解释是其原因在于婴儿无法克服先前方案的影响（Diamond et al., 1994），另一种解释是婴儿在12个月之前，要将他所掌握的一个物体从一个位置移到另一个位置转化为寻找策略是很困难的，这种将知识转化的行为要依赖第一年结束时大脑皮层前额叶的发展成熟（Nelson, 1995)。

（3）因果性认识的萌芽

动作有目的是解决问题的基本要素，而认识到因果关系才能做出有目的的动作，而婴儿最初对因果关系的认识产生于自己的动作与动作结果的分化，然后扩及客体之间的运动关系。当婴儿能运用一系列协调的动作实现某个目的（如拉枕头取玩具）时，就意味着因果性认识已经产生了。

（4）解决问题能力的发展

婴儿在成长发展的过程中，总是不断地遇到一些没有现成解决办法的新问题。例如，一个4个月的婴儿得学会怎样努力去抓握一个物体；一个8个月的婴儿得努力尝试如何将一只手里的东西交换到另一只手里；12个月时，婴儿已能在围栏内直立行走，这时又想伸手拿到栅栏外边的物体。在每一个这样的情境下，婴儿总是能发现一些问题，并努力寻找克服问题的某些方法。

9—10个月：目的性是问题解决行为的基本要素。皮亚杰认为，5个月以前的婴儿不存在问题解决行为。因为这一时期，婴儿的行为还不具备明确的目的性，不能理解行为与后果之间的因果关系。但到了5—9、10个月时，开始认识自己的动作与结果之间的关系，动作开始有目的性了。例如，他可以有意识地拉动绳子，使摇篮上方的拨浪鼓发出他所感兴趣的布隆布隆声。

9—18个月：这一阶段婴儿产生了为达到某一特定结果而选择方法的、初步的、有计划的行为。例如，婴儿能寻找不在眼前的物体，可以排除眼前的障碍，或采取某种工具（绳子、棍子等）来够远处的物体，这时解决问题的策略很简单，主要是采用搜索法。

18—24个月：这个阶段婴儿产生了心理表象（在知觉的基础上头脑内所形成的感性形象），具备了一种能力，即利用头脑中的符号或表象进行思考，找到解决问题的方法。这是一种真正意义上的思维。例如，皮亚杰曾观察到一个婴儿有一次想把一长串项链放进一个小盒子里，三次都失败了。这时她停下来，把项链放在盒子旁边的地板上滚成球状，然后成功地将项链放入盒子里。12—18个月婴儿解决这个问题则尝试了22次。

三、幼儿期思维的发展

1. 幼儿思维发展的趋势

（1）幼儿思维发展逐渐以具体形象思维为主

与婴儿期相比，幼儿期的思维不再依赖动作和感知，而是凭借事物的具体形象或表象。不过，幼儿思维始终处于发展变化过程中的。在整个幼儿期内，思维的特点又总是不断发展变化的，表现在幼儿初期还保留着相当大的直觉动作思维的特点，幼儿末期抽象逻辑思维开始萌芽，而在整个幼儿期，具体形象思维占主导地位。

（2）幼儿末期抽象逻辑思维开始萌芽

5—6岁是幼儿思维活动水平发展的关键年龄，这就是说，从5、6岁起，儿童的抽象逻辑思维开始较迅速地发展起来。在日常生活中，我们也可以看到幼儿简单的逻辑思维的表现，例如，4岁的幼儿认为"球之所以从斜面上滚下来，是它不愿意待在那上面"；而5岁的幼儿已经知道"把桃核种在地下可以长出桃树来"这一类因果性的联系。但是，这种初步的抽象逻辑思维只能在儿童知识经验所涉及的范围内。对于那些他们不熟悉的事物,要发现它们之间内在本质的逻辑关系,就显得比较困难了。同时,幼儿思维的自觉性还是比较差的,他们还不能像学龄儿童那样自觉地调节和支配自己的逻辑思维过程。

（3）言语在幼儿思维发展中的作用不断增加

随着儿童年龄的增长,动作和语言在其思维过程中的作用和相互关系不断变化。起初,动作在前,言语在后,思维依靠动作进行,而言语只是行动的总结;其后,边行动边言语,动作和言语紧密联系,似乎是用语言总结每一步动作,同时又计划下一步动作;最后,言语在前,动作在后,思维主要依靠语言进行,言语计划行动,而动作实现计划。总之,在儿童思维发展的过程中,思维对动作的依赖性逐渐减少,对语言的依赖性逐渐增加。

知识链接 语言与儿童思维发展的关系

儿童思维的发展与语言密不可分。皮亚杰从个体心理发生的角度对语言和思维的关系进行了论述,他的观点能够帮助我们更好地理解儿童思维的发展。

第一,思维和语言是异源的。从发生的起源上看,思维是从个体对物体的动作中抽绎出来的,而语言产生于经验。因而,逻辑的起源要比语言更深远,时间也更早些。逻辑运算从属于普遍的动作协调规律,这种规律协调控制着所有的活动,也控制着语言活动本身。通俗地说,思维不能归结为语言,也不能用语言去解释思维。

第二,语言是构成逻辑思维的必要条件。"信号性功能把思维从动作中分离开来,同时信号性功能又是表象的根源。在这形成过程中,语言显示出特别重要的作用。"这就是说,思维在从感知运动阶段向更高级阶段发展过程中,语言起到了非常重要的作用,"因为它给思维提供了无限广阔的应用领域,而动作和感知活动则局限于极狭窄的范围"。不过,虽然"语言能在广度和速度上增强思维的能力",但它只是符号系统中的一个部分。除了语言,符号系统还包括延迟模仿、心理表象、象征性游戏和初期绘画等内容。所以,思维不单是体现在语言中,也体现在延迟模仿等其他符号系统中。

第三,语言不是思维本身,它只不过是思维的工具。思维结构越精密,就越需要语言来帮助完成。"从某种意义上来讲,语言之于思维,就像数学之于物理学,它是一个工具,一个婢女而不是主人……在语言的帮助下,思维就能做许多它先前不能做的事情。"

2.幼儿期思维发展的特点

我国心理学家林崇德认为,幼儿思维的主要特点是:具体形象性以及进行初步抽象概括的可能性。

（1）什么是具体形象思维?

所谓具体形象性思维,是指儿童的思维主要是凭借事物的具体形象或表象,即凭借具体形象的联想来进行的思维。这种思维必须借助具体实物或头脑中的表象,离开了具体形象,幼儿的思维就难以进行。因此,事物具体而形象的外部特征影响着幼儿的思考。

（2）具体形象思维的表现

幼儿思维的具体形象性主要表现在概念、判断、推理三个方面。

● 幼儿最初掌握的、最容易掌握的概念主要是日常概念（非科学概念）、具体概念（非抽象概念）,难以掌握抽象概念,对抽象概念的理解只是出于感知水平。每一个词,基本上只代表一个或某一些具体事物的特征,而不是代表某一类的大量的事物的共同特征。

● 幼儿获得概念的方式是通过实例获得,即幼儿是通过词（概念）与各种实物的结合,逐渐理解和掌握概念的。幼儿在日常生活中经常接触到各种事物,成人在教给幼儿概念的时候大多采用列举实例的方法,例如,带孩子在街上走,迎面开来一辆汽车,就告诉孩子"这是汽车";在小区散步指着院子里的植物说"这是树叶""这是小草"；在屋子里指着天花板"这是电灯"；指着书上的画片说"这是马，那是牛"……儿童就是这样逐渐获得了事物的概念。但是，这种对概念的掌握只是初步的，只是日常概念，不是科学概念。

知识链接 了解儿童掌握概念水平的常用方法

概念的掌握受概括能力发展水平的制约。概括水平一般有3种：动作水平的概括、形象水平的概括、抽象水平的概括。儿童的概括水平属于前两种。有3种方法可以用来测查儿童的概念水平。

分类法。在儿童面前随机摆放好若干张图片，图片上画的都是儿童熟悉的事物（内含几个种类），如麻雀、大象、小狗、老虎、苹果、西瓜、西红柿、茄子、白菜、皮球、图书、玩具熊等。请儿童把自己认为有共同之处的放在一起，并说明理由。根据儿童图片分类情况和说出的理由，我们可以了解其掌握概念的水平。

排除法。它实际上是分类法的一种特殊形式。依次在儿童面前放若干张图片。每组4—5张。其中有一张与其他几张是非同类关系，要求儿童将这一张找出来。待儿童找出后，再继续出示下一组。

解释法。说出一个儿童熟悉的词，请他加以解释。例如，问儿童：你说说"动物"这个词是什么意思？根据其解释的程度确定对概念掌握的情况。

● 数概念的掌握：掌握数概念是逻辑思维发展的一个重要方面。数概念比实物概念更抽象，掌握起来更困难。学前儿童数概念发展经历三个阶段：第一阶段，对数量的感知阶段，2—3岁的特点是对明显的大小、多少能区分，能唱数但不超过10，能点数但不超过5也不能说出总数。第二阶段，数和量之间建立联系阶段，3—5岁的特点是点数后能说出总数，中期能认识顺序，能按数取物，有了数序的概念。第三阶段，数运算初期，5—7岁的特点是大多数儿童对10以内的数保持守恒，计算能力提高很快，从表象运算向抽象数字运算过渡，幼儿晚期可以学会100以上的计数和20以内加减运算。总之，最初从对实物的感知来认识数（感知阶段），其后凭借实物的表象来认识数，最后开始能在抽象概念的水平上真正掌握数概念。

● 判断不合逻辑，常常以事物外在的特点、自身经验作为判断依据。比如，把一些形状、大小、颜色、质地各不相同的物体放在水里，让儿童观察后概括地说出什么样的东西能浮起来，3—4岁的儿童基本上倾向于根据知觉特征进行判断，例如，他们回答"红的东西会浮上来"，"方的东西能浮上来"，"大的东西会浮上来"，极少数能说出木头做的东西能浮上来。5—6岁的儿童有的可以正确回答，说明他们已有了间接判断的能力。此外，儿童还往往依据自身经验进行判断，例如，有的孩子认为给书包上皮是因为"它怕冷"，球从桌子上滚下来是因为"它淘气，不想待在上面"。这些回答明显带有自我中心特点。

● 对事物的理解往往要依靠事物的具体形象，词的描述必须能在儿童头脑中引起生动形象才能帮助理解；对事物的理解表面化、简单化，孤立地理解事物，不能发现事物之间的内在联系，不能理解事物的内部含义；对事物的理解比较固定、绝对，难以理解事物的中间状态或相对关系。

3. 皮亚杰对幼儿期思维发展的解释

前运算阶段是皮亚杰对儿童思维发展划分的第二个阶段，皮亚杰认为，2—7岁儿童的思维属于"前运算阶段"，其最突出的特点是儿童具有了表征能力。所谓表征是指使用符号代表其他事物、各种经验，即儿童能够利用语言、心理表象来思考客体和事物。这个时期儿童的心理表征能力发展了。

（1）前运算阶段儿童思维的特点

● 自我中心性。儿童把注意力集中在自己的观点和自己的动作上的现象，皮亚杰称之为自我中心。儿童只能站在自己的角度看问题，不能站在别人角度看问题；认为别人对世界的理解、思考和感受与自己是一样的；认为外部世界就是他直接感知到的那个样子，而不能从事物的内部关系来观察事物。"自我中心性"是儿童思维的核心特点,以下论述的特点都是由这个特点引申出来的。

知识链接 皮亚杰的三山实验

皮亚杰用三山实验证明儿童思维的自我中心特点。实验材料是一个包括三座高低、大小和颜色不同的假山模型。实验首先要求儿童从模型的四个角度观察这三座山,然后要求儿童面对模型而坐(如右图),同时放一个玩具娃娃在山的另一边,要求儿童从四张图片中指出哪一张是玩具娃娃看到的"山"。结果发现幼童无法完成这个任务。他们只能从自己的角度来描述"三山"的形状。皮亚杰以此来证明儿童思维的"自我中心"特点。

Piaget's Mountain Task

- 相对具体性。儿童运用符号的能力得到发展,开始用表象、语词进行思维。
- 不可逆性。不能反过来考虑问题,在儿童看来事物关系是单向的、不可逆的。例如,他只知道他有个哥哥,但不知道他自己就是他哥哥的弟弟。
- 没有守恒概念。所谓守恒,是指儿童认识到事物的本质不因外部现象的变化而变化的能力。前运算阶段的儿童是没有守恒概念的,思维受到眼前的实际事物表面特征的影响,例如,给儿童看两个同样大小、用橡皮泥捏成的圆球,他会说两个一样大,所用的泥也一样多,但是当着他的面把一个圆球拉成香肠的形状再问他,他会说现在比另一个大,用的泥多了。
- 刻板性。当儿童注意集中在某个方面时,他就不能同时关注其他的方面。只能把握事物的静态,而很难理解事物是发展变化的、有中间状态的,很难理解事物的相对性。
- 泛灵论。自我中心的特点常使儿童由己推人,自己有意识有情感有语言,就以为万事万物也和自己一样有情感、有语言,为无生命的事物赋予生命。

知识链接 对前运算阶段的近期研究

对前运算阶段的近期研究表明,皮亚杰对儿童思维发展的描述大体上是可信的,但在有些地方低估了儿童的能力。当代研究者认为,皮亚杰给儿童的任务过于复杂了,如果将实验任务简单化之后,许多儿童能够很顺利地完成任务。许多实验向皮亚杰提出了挑战,有研究发现,18个月的儿童开始理解他人的情感反应与自己的不同;也有研究显示,4岁儿童善于有意改变信念来欺骗他人,4岁儿童可以对简单的题目做出可逆判断,年幼的儿童很少认为他们熟悉的物品,如岩石、蜡笔是有生命的,等等。

(2)前运算阶段值得我们去观察的几种行为模式
- 延迟模仿。所谓延迟模仿是指对一段时间之前出现的他人动作进行的模仿。在感知运动阶段,当原型在眼前时儿童才进行模仿;但到了前运算阶段,当原型消失不存在时儿童也能继续模仿。要想完成延迟模仿,儿童必须形成对动作的心理表征,并把它储存起来,以便在一段时间后可以提取出来并将其再现。延迟模仿的一个最重要的指标是,儿童的模仿行为与被模仿的动作之间要有足够的时间间隔。
- 象征性游戏。象征性游戏也叫假装游戏,之后发展成角色游戏。
- 初期的绘画。儿童绘画是儿童早期另一种重要的象征性表达形式。典型的儿童绘画经历了以下三个阶段:乱涂、开始用线条表示物体的边界、更现实的绘画。这个年龄段的儿童并不特别反映现实,他们的图画看起来富于幻想和创造。

● 初期的语言。在这个阶段语言能力有了巨大发展。皮亚杰认为语言是最灵活的心理表征方式。当儿童能够用词来进行思考时,思维就不再受感知的局限。

知识链接 对延迟模仿的近期研究

皮亚杰认为,延迟模仿要到18个月之后才会出现。但是,目前的很多研究发现延迟模仿能力出现的时间比皮亚杰所认为的要早。根据迈尔佐夫和莫尔的研究(1994),6个星期大的婴儿就能模仿成人吐舌头的动作,即使这个动作是他们几天前看到的。卡佛和鲍威尔观察到,9个月的婴儿就能对5个星期前的动作进行模仿(1999)。Meltzoff(2004)研究发现,婴儿从很小开始就能对以前某个时间感知到的东西进行记忆表征的存储,并在随后的某一个时间中进行提取。

四、学前儿童想象的发展

1. 想象的界定与种类

想象是在头脑中对已有的记忆表象进行加工改造,创造新形象的心理过程。

想象的种类有三种划分方法如下。

根据新形象的形成有无目的性,可以把想象分为无意想象和有意想象。无意想象也称不随意想象,它是没有预定目的,在一定的刺激影响下不由自主地引起的想象。有意想象也称随意想象,它是有预定目的、自觉进行的想象。

根据新形象的新颖性、独特性和创造性的不同,又可分为再造想象和创造想象。再造想象是根据词语的描述或非语言(图样、图解、符号等)的描绘,在头脑中产生有关事物新形象的过程。再造想象的特点是:再造想象中形成的新形象只是对自己来说是新的,是根据别人的描述或制作的图表、模型等在头脑中再造出来的。创造想象是不依据现成描述而独立地创造出新形象的过程。它的特点是新颖、独创、奇特。

根据有无实现的可能性,把想象划分为幻想、理想和空想。

2. 想象对儿童心理发展的意义

想象的产生是学前儿童认知发展的标志之一。想象的产生标志着儿童认知开始进入一个新的发展阶段:只能对具体事物进行直接反映的局面开始被打破,以反映事物的联系为特征的高级认知机能开始萌芽。

想象是理解的基础。儿童对事物的理解常常依靠联想,即把当前感知的事物与已有经验联系起来,利用旧经验来同化新事物(联想)。想象是学习新知识所必需的认知基础,没有想象就没有理解,没有理解就更不可能会有想象。例如,欣赏音乐,如果不能随音乐展开想象,就只有对音乐的感知,而没有对音乐的理解,也不能产生相应的情感体验,无理解、无感悟地感知就不是欣赏。想象也是理解他人的前提,只有借助于想象才能“设身处地”地明白他人的处境和心情,并产生相应的情感体验。想象的发展对儿童入学准备具有重大意义,因为很多知识的学习和技能的掌握有赖于有目的的再造想象和创造想象。

想象是维护儿童心理健康的重要手段。想象中的伙伴能补偿儿童缺少游戏伙伴的现实,排除寂寞感。西方盛行不衰的游戏疗法证明,想象有宣泄不良情绪、减轻压抑和挫折感,维持心理平衡的作用。

3. 学前儿童想象发展概况

想象萌芽在婴儿期,在1—2岁的儿童身上可以看到想象的最初形态。在整个婴儿期,想象的水平是很低的,表现在:第一,想象的内容总是非常简单贫乏;第二,想象经常缺乏自觉的、确定的目的,因而总是零散片断的。幼儿期想象发展与其语言发展、经验积累、活动复杂化,特别是游戏活动的发展紧密相关。幼儿想象的特点是:无意想象占优势,有意想象正在初步发展;再造想象占优势,创造想象初步发展。

4. 婴儿期想象的发生

想象不是与生俱来的,而是心理发展到一定阶段的产物。想象产生需要两个最基本的条件:一是头脑中要有相当数量的记忆表象;二是要具备一定的内部智力操作能力,即对记忆表象进行加工改造的能力。婴儿刚出生时,产生想象的两个条件都不具备。不过,婴儿一出生就具有原始的感知和记忆形式,能够获得某些客观事物的映像。但是,这种映像很不稳定,保持的时间很短,而且缺乏对事物的概括。到了1.5—2岁,婴儿才可能形成具有一定稳定性的记忆表象。至于内部智力操作能力,婴儿最早出现的是感知动作,随着手的动作的出现和发展,才开始形成带有解决问题性质的实物操作动作。随着经验的积累,这些外显的实际智力动作可以逐渐"内化"——转化为隐蔽在头脑中的内部智力动作,而这种转化是需要一定时间的。1.5—2岁的婴儿运用内部智力动作加工旧表象的能力开始萌芽。

想象产生的时间在2岁左右。想象的萌芽主要是通过动作和语言表现出来,具体表现在两个方面:相似性联想和象征性游戏。

相似性联想就是在两个带有相似性的不同事物之间进行简单的联想。例如,一个2岁的婴儿正在吃饼干,忽然他举着咬了一口的饼干对妈妈说:"妈妈,月亮!"这种想象加工改造成分很少,基本上是记忆表象的简单迁移。

象征性游戏就是假想游戏。例如,一个1岁多的女孩把布娃娃当作孩子,自己扮演"妈妈",给她穿衣、洗脸、喂饭。这个时期的象征性游戏很大程度上是日常生活的简单再现,婴儿将生活中的某个场景迁移到游戏中。3岁左右,随着经验和言语的发展,逐渐产生了带有最简单的主题和角色的游戏活动。在这种游戏活动中,想象就开始形成和发展起来了。

总之,儿童最初的想象基本上是记忆表象的简单迁移,想象更多的是一种经验的重现,加工改造的成分很少。

5. 幼儿期想象的发展

婴儿期只有初级形态的想象,简单贫乏,有意性很差。在教育影响下,随着儿童活动的复杂性增加、言语的发展和经验的扩大,2岁以后想象逐渐发展起来。学前期的儿童最喜欢想象,所以有人把学前期看作是儿童想象最发达的时期。事实上,幼儿的想象只是处于初级形态,水平并不高。幼儿期想象发展特点具体表现在以下三个方面。

(1)以无意想象、再造想象为主

幼儿想象的无意性具体表现在以下三个方面:① 想象活动没有目的。幼儿的想象往往是在外界事物的直接影响下产生,没有预定目的,年龄越小这个特点越突出。活动之前,他们不能设想出自己将要创造什么形象,只是在行动中无意识地摆弄着物体,自发地改变着物体的形状。当物体发生实际变化时,幼儿感知到这种变化了的实际形状,才引起头脑中有关表象的活跃。 ② 想象的主题不稳定、易变化。由于幼儿的想象没有明确的目的,是在外界事物的直接作用下产生的,所以想象活动常常没有主题,不能按一定的目的坚持下去,很容易从一个主题转到另一个主题。例如,在游戏中,一会儿喜欢玩"娃娃家",一会儿又喜欢玩"搭积木";在画画时,一会儿画一朵花,一会儿又画一座房子。③ 常常以想象的过程为满足。这一特点在小班表现尤为明显,想象常常并不指向于某一预定的目的,而是以想象过程本身为满足,因而富有幻想的性质。到了大班,幼儿已不仅仅满足于想象过程,开始追求想象的结果。

从想象的创造性来看,幼儿想象的再造成分很大,创造性成分很小,具体表现为:① 想象常常依赖于成人的言语描述,或根据外界情景而变化。 ② 想象中的形象多是记忆表象的极简单加工,缺乏新异性。由于幼儿的想象常常在外界刺激的直接影响下产生,因此这种想象的形象与头脑中保存的有关事物的"原型"形象相差不多,很难具有新异性、独特性。

(2)有意想象、创造想象初步发展

幼儿的有意想象是在无意想象的基础上发展起来的。开始时,幼儿的想象还是自由联想,无意性的成分很大，但逐渐开始具有一定的目的。在教育的影响下，大班幼儿想象的有意性逐渐增长起来，他们不但想象内容更加丰富，而且想象的独立性和目的性也逐渐增大。想象逐渐成为一种相对独立的心理过程，并能服务于一定的目的。有意想象是从事任何实际创造活动所必需的，成人应该注意对幼儿进行有意想象的培养。成人可以给幼儿提出一些简单的任务，让他为了完成任务而展开积极的想象。任务的难度可以根据孩子的年龄特点以及个体发展水平而定。此外，按主题讲故事和续编故事结尾，也是发展有意想象和创造性想象的有效途径。

随着知识经验的丰富和抽象概括能力的提高，幼儿的再造想象中逐渐出现了一些创造性的因素。他们开始能够独立地进行想象，虽然想象的内容还带有浓厚的再现性质，但其中也具有一些独立创造的成分，具有一定的新异性。小班幼儿想象的创造性很低，基本上是重现生活中的某些经验；中班幼儿的想象开始有了一些创造，如在游戏中不单纯重复成人提出的主题，而是通过自己的构思来加以补充；到了大班，幼儿想象的创造性显著地发展起来，大班幼儿对教师提出的游戏主题能通过自己的想象加以充实。例如，对老师提出的"开超市"游戏，就能主动地提出游戏的情节、角色的分配及其玩法等等。

（3）想象常常脱离现实或与现实相混淆

这是幼儿想象的突出特点。幼儿想象脱离现实，主要表现为想象具有夸张性。例如，幼儿很喜欢"拔大萝卜"这类的故事。在形容一个事物或表述一件事情时，幼儿有时喜欢用夸张的说法，如"我家的电视和房子一样大""我也有一辆会跑的汽车"等等。幼儿这样说只是满足于表达时的那种情感体验，对于这些说法是否符合实际并不关心。幼儿还常常把想象的事情当作现实中存在的，这是由于幼儿认识水平不高，有时把想象表象和记忆表象混淆了；有时是把自己心中的愿望当作现实了；有时是把发生在别人身上的事情说成是发生在自己身上的。例如，一个大班的幼儿告诉其他小朋友，"琪琪明天就不来幼儿园了，因为她要出国了。"事实上是班里另外一个小朋友和父母一起移民了。

总之，学前期是想象非常活跃的时期，丰富的想象力可以使儿童走出狭小的生活空间，摆脱已有经验的束缚，超越时间和空间的限制。

学习单元二　行为观察

一、工具性动作和表意性动作的观察

【观察指导】

思维的发生最初表现在动作上。表意性动作就是用动作表达意愿，它是思维间接性的表现；工具性动作是指按照物体的结构特征和功用来使用物体的动作，它体现的是思维的概括性。这两种动作是儿童动作发展的重要里程碑，同时也是思维发生的标志。我们可以通过观察这两种动作来了解思维是否出现。

【目的与要求】

1.学会识别表意性动作，对其进行观察，并做好观察记录。

2.学会识别工具性动作，对其进行观察，并做好观察记录。

【内容与步骤】

1.表意性动作的观察。表意性动作是在9个月左右出现的行为。我们可以采用事件观察法进行观察，用表格记录的形式记录下儿童这种行为出现在哪些场合，儿童都采用了哪些方式来表征。请参考以下表格，自行设计一个观察记录表；选取3名一岁以内的儿童，用事件观察法观察他们一天中出现的表意性动作，并填写观察记录表。

观察日期:		观察者姓名:		
儿童姓名:		儿童年龄:		
事件序号	时　间	表征方式	儿童的目的	
1	上午9:20	用手指	要食物	
2	上午10:10	摇头,手指	要玩具	
3	下午3:30	张开双臂,眼睛看着成人	要让人抱起	
4	下午5:00	被成人抱着,用手指	要按电灯开关	

2. 工具性动作的观察。为儿童提供一些日常生活用品给他们玩,如木汤匙、平底锅、盖子和塑料容器等,观察儿童如何模仿或真实地反映成人的行为,观察他们是怎么按照物体的功用使用它们的。参考以下表格,自行设计一个观察记录表;用事件观察法观察他们一天中出现的工具性动作,并填写观察记录表。

物　品	幼儿A		幼儿B		幼儿C	
	年龄	性别	年龄	性别	年龄	性别
药瓶、盖子						
木汤匙						
平底锅						
钥匙和锁						
塑料碗						
遥控器						
电话						
衣服架						

二、"试误"方法解决问题的观察

【观察指导】

1岁以后的儿童开始能够用尝试错误的方法来解决问题,这是儿童认知发展过程中典型的行为和事件。由于"试误"方法解决问题的行为是偶然出现的,所以我们采取轶事记录法进行描述性记录。首先,这份记录应当尽可能是客观具体的原始记录,是观察者直觉到的整个过程,没有为追求其完整性而对儿童的动机、目的和感受妄加揣测的成分。其次,在做观察记录时,既要交代事件的背景、过程和结果,又要有中心人物的行动、表情、语言和对环境的反应,还有这一环境中与他相互交往的人物的反应等等。例如,我们在自由游戏中选择一名儿童进行观察,只要观察到儿童出现"试误"行为就对整个事件进行全面、客观的记录。

【目的与要求】

学会运用轶事记录法对儿童"试误"行为进行观察。

【内容与步骤】

1. 学习以下范例。这是对松松在建构游戏中的观察记录。我们观察到松松在解决"搭桥"的问题的事件中，他尝试了哪些方式，结果是什么，在这个过程中松松与其他人的互动有哪些，最后问题是不是解决了，是以什么方式解决的。

> 幼儿姓名：松松（5岁4个月）
>
> 时间：2002年10月14日上午9点35分
>
> 地点：结构区
>
> 事件实录：松松用纸卷了两个长短不一的桥墩，然后将积塑拼插成的桥面放到桥墩上，桥塌了。他又试了两次，桥还是塌了。松松停了下来，拿起"桥墩"看了看，又竖着比了比，试了又试。接着，他站起身，左右瞧瞧，最后眼光停在了明明搭的桥上。一会儿，松松举起"桥墩"对老师说："王老师，我想要杯子。"松松将老师给的纸杯排起来，再把桥面小心地放上去。这一次，桥没有塌。
>
> 解释：松松发现了桥塌的原因，并能通过尝试错误、观察、借鉴别人的经验，向老师寻求支持的方式解决问题。由此可以看出儿童的解决问题的方式。

2. 参照以上范例，用轶事记录法观察一名正在对物体进行分类的儿童。观察儿童是否在按某种特殊方式（如颜色、大小、形状）等进行分类，观察他怎么样发现分类的标准，观察他尝试了哪些方法，记录儿童的面部表情、手势和身体语言，以及他是否尝试寻求帮助等。或者你也可以选择观察一名正在拼图的儿童。

3. 参照范例，撰写观察记录。

三、角色扮演中思维发展状况的观察

【观察指导】

儿童思维的发展可以从他的语言中表现出来，所以通过对儿童在角色游戏中语言的观察记录，我们可以初步了解其思维发展状况。

【目的与要求】

学会观察游戏中反映儿童思维发展状况的语言。

【内容与步骤】

1. 学习以下范例。这是一个4名年龄在3岁4个月到3岁7个月之间的幼儿在玩角色扮演的游戏，观察的行为是幼儿在游戏中对数学语言运用的情况。

> 甲、乙、丙、丁正在角色区的厨房里"做饭"。
>
> 甲："丙，请给我一些土豆。"
>
> 丙："你要多少啊？"
>
> 甲："我要4个。"
>
> 乙："还有吗？"
>
> 丙数了数土豆，说："你要4个，还剩2个。"
>
> 丁开始摆放有能坐四个人的桌子。她用手点数盘子："我们还缺一个盘子，现在我们只有三个盘子。大叉子太多了，我们有1，2，3，4，5个！"
>
> 甲开始把土豆放在盘子里，她说："我们的土豆多了。"
>
> 丁回答说："那是因为我们的盘子不够，我们还需要一些盘子。"

2. 选取一个角色游戏场景，对角色扮演的儿童进行观察，并记录下其对话言语。

四、游戏中想象力发展的观察

【观察指导】

儿童的很多行为都能体现想象力的发展状况。绘画时,儿童可以给马画一双翅膀;搭建时,儿童可以用沙土造一座城堡;角色游戏时,儿童可以把一个香蕉变成电话,把一个纸盒变成卡车等等。

【目的与要求】

学会使用轶事记录法观察记录儿童游戏中体现想象力发展的行为。

【内容与步骤】

1. 学习以下范例。

观察时间:上午自由游戏环节
观察地点:中2班
观察对象:大洋、博博
观察项目:角色游戏中以物代物的想象行为

上午自由游戏环节,老师在巡视指导。当她走到积塑区时停了下来,因为她发现有两个男孩子在用彩色积塑做了几个一面开的立方体和长方体,并用它们在玩角色游戏。大洋问博博:"你要喝点什么?"博博想了想说:"橙汁吧。"大洋拿起一个橙色的正方体,在开口的那一面,假装往里面倒了一些粉,然后用手摇匀,递给博博说:"给你,三块钱。"博博掏出一个红色花型的积塑片递给大洋,大洋说:"我还要找你两块钱。"说着,大洋拿出一个绿色花型的积塑递给博博。在这个游戏中,儿童用一种事物代替另一种事物的行为就属于想象活动。

---

2. 仿照上述范例,在幼儿自由活动期间,选取一个游戏场景,对幼儿游戏进行观察,并做好观察记录。

学习单元三 实验与测评

一、守恒实验

【目的与要求】

学会运用简单的实验考察前运算阶段儿童思维发展的特点。

【材料准备】

纽扣、木棒、杯子、橡皮泥、水。

【内容与步骤】

1. 数量守恒实验:向儿童呈现两排一模一样的纽扣,在儿童回答两排纽扣的数量是一样的之后,将其中的一排纽扣间的距离拉开或压缩,问儿童两排的纽扣数量是否相同。记录下儿童是怎样回答的。

2. 长度守恒实验:在儿童面前并排呈现两根长度一样的木棒,在儿童回答两根木棒长度相等后,把其中一根向右(或向左)移动一段距离,问儿童两根木棒的长度是否相等?记录下儿童是怎样回答的。

A. 并排两根同样的木棒   B. 其中一根向右移

3. 液体守恒实验：向儿童呈现两个一模一样的杯子，把两个杯子装入相同数量的液体。在儿童认为两个杯子装有相同数量的液体后，将一个杯子中的液体倒入一个又高又细的杯子里，并问儿童"这个杯子（较高的一个）里的水与这个杯子（比较矮的杯子）的水一样多吗？为什么？"记录下儿童是怎样回答的。

4. 重量守恒实验：先把两个大小、形状、重量相同的橡皮泥捏成球，给儿童看，在儿童认为两个泥球一样重后，把其中一个做成薄饼状或香肠状，问儿童：大小、重量是否相同？记录下儿童是怎样回答的。

【结果与评估】

1. 数量守恒：在主试将其中的一排纽扣间的距离拉开或压缩后，如果儿童回答两排的纽扣数不相同，说明儿童还没有达到数量守恒；如果回答相同，则说明已达到数量守恒。

2. 长度守恒：在主试把其中一根木棒向右（或向左）移动一段距离后，如果儿童回答两根木棒的长度不相等，说明儿童还没形成长度守恒；如果回答两根木棒长度相等，则说明长度守恒已形成。

3. 液体守恒：在主试将一个杯子中的液体倒入一个又高又细的杯子里后，如果儿童回答两个杯子的液体不一样多，说明儿童还没形成液体守恒；如果回答两个杯子里的液体一样多，则说明儿童已形成液体守恒。

4. 重量守恒：在主试把其中一个泥球做成薄饼状后，如果儿童回答两个泥球不一样大或不一样重，说明儿童还没形成重量守恒；如果回答两个泥球一样大或一样重，则说明儿童形成了重量守恒。

二、三山实验

【目的与要求】

通过简单的实验，验证前运算阶段儿童思维的自我中心性。

【材料准备】

用素描图片或硬纸板模型做成的三座高低、大小和颜色不同的假山模型，洋娃娃。

【内容与步骤】

把大小不同的三座山摆放在桌子中央，四周各放一张椅子；带领儿童围绕三座山的模型转一圈，让儿童可以从不同角度观察这三个模型形状；然后，让儿童坐在其中的一张椅子上，洋娃娃依次放在桌边其他椅子上；问儿童："娃娃看到了什么？"然后向儿童出示从不同的角度拍摄的"三座山"的照片，让儿童挑出娃娃所看到的那张照片。最后给儿童三张硬纸板，要儿童按娃娃所见把三座山排好。

【结果与评估】

让儿童辨别在三个不同位置上洋娃娃看到的山外形的图片。如果儿童只能从自己的角度出发，而不是洋娃娃的观察角度来描述"三山"的形状，就视为不能成功完成任务，说明儿童在对事物进行判断时，是以自我为中心的，不具备采择别人观点的能力，即从他人的角度来看待事物的能力。

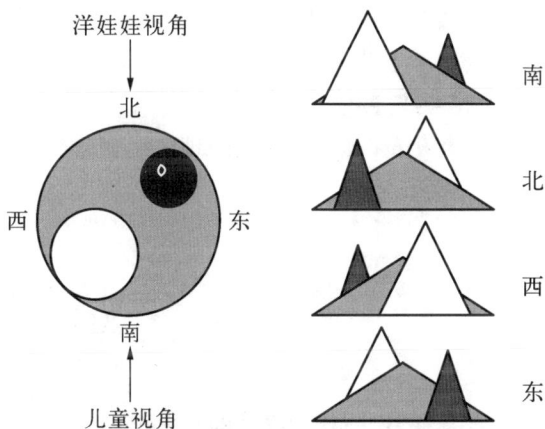

三、客体永久性实验

【目的与要求】

通过简单的实验了解儿童是否掌握了客体永久性概念。

【材料准备】

玩具若干，一块纸板，秒表。

【内容与步骤】

1. 选取3名一岁前的儿童。

2. 先让儿童找好位置坐好,以便看清玩具。

3. 然后主试用一块纸板将其挡住,遮挡的时间分别为1.5、3、7.5或15秒。

4. 主试拿走纸板,把玩具留在原位数次,再把玩具拿走数次,观察婴儿在这两种不同情形下做出的反应。

【结果与评估】

依据儿童的表情测查儿童是否掌握客体永久性概念,没有掌握永久性概念的儿童会表现出惊奇的面部表情,且不会去寻找。

四、沉浮实验

【目的与要求】

通过简单的实验了解儿童判断能力的发展水平。

【材料准备】

红积木块、黄色木球、蓝色塑料片、玻璃球、钉子等形状、大小、颜色、质地不同的物品,大的盛满水的玻璃缸。

【内容与步骤】

1. 将上述物品一起放进盛满水的玻璃缸里。

2. 让儿童观察这些物品的沉浮。

3. 请儿童说出哪些物品能够漂浮起来,并说出自己的理由。

4. 记录下儿童的回答。

【结果与评估】

根据儿童的回答,对判断理由进行分类,并对儿童的判断进行分析。

学习单元四　分析与指导

一、思维与想象发展指导建议

1. 思维发展指导建议

(1)感知、记忆是思维发展的基础,丰富儿童的感性经验是发展儿童思维的第一步。

(2)儿童思维的发展与其思维的积极性主动性密切相关。儿童好奇好问就是思维积极性的表现,成人应该保护并加以利用。同时,要培养儿童勤动脑、善思考的习惯。

(3)思维是在解决问题过程发展起来的,成人要有意识地为儿童设置一些"问题情境",让儿童动手动脑独立去寻找答案,成人给予必要的指导,如解决问题的方法等。

(4)多做思维训练的游戏。

2. 想象发展指导建议

(1)儿童的想象要以记忆表象为基础,所以要尽可能地丰富儿童的记忆表象。通过多种活动扩大眼界,丰富儿童感性知识和生活经验。

(2)想象发展的第二个条件是要具备对记忆表象进行加工改造的能力,所以要多通过音乐、绘画、语言等方面的活动训练儿童的思维。例如,在教学活动中多给儿童讲故事,能促进幼儿的创造性想象;语言教学中的创造性讲述,能激发儿童广泛的联想,在原有情节的基础上经过构思加工,创造出自己满意的情节内容。

（3）注重培养儿童的有意想象。例如，准备玩具和材料时，围绕一个主题来进行准备，这样使儿童想象的方向逐渐能稳定在固定的主题上；或者直接向儿童提出一个想象主题，让他们围绕这个主题进行各种活动，如按主题绘画、按主题建筑、按主题编故事、编故事结尾等。在此基础上，培养儿童自己确定想象主题的能力。

（4）教给儿童表达想象形象的技巧。儿童表达想象形象的技巧是多方面的，教师可以从绘画技巧、音乐表演技巧、建筑技巧、角色游戏技巧等方面入手，教给儿童这些技巧，让儿童学会运用多种途径进行表达。

3. 想象力训练方法

（1）给儿童讲故事和神话传说是培养想象力的最佳手段。

（2）填补成画。例如，给大班儿童每人一张画有许多圆圈的纸，让它们进行添画，把这些圆圈改画成各种物品。

（3）按主题编故事。

（4）续编故事结尾。

（5）录声音，放给儿童听，让儿童猜想发生了什么事。

（6）看图说话、看图讲故事或看图编对话。

（7）联想游戏。让儿童自由联想，鼓励儿童尽可能多地说出与众不同但又合理的想法和答案。可以采取以下多种方式：

- 看着天空飘着的朵朵白云，和儿童一起想象它们像什么。
- 尽可能多地说出纸、水、球等物品的用途。
- 给儿童看"一个人在奔跑"（或一个人在雨中、一个人在海边）的图画，让孩子想象"他为什么奔跑"。
- 向儿童提出一些简单的问题，例如，"什么东西是圆的""这个图形像什么"。

二、案例学习

案例1：穿不过去的小孔

【引言】

陶行知先生曾说："我们要向小孩子学习，不愿向小孩子学习的人，不配做小孩的先生。一个人不懂小孩的心理、小孩的困难、小孩的愿望、小孩的脾气，如何能教小孩？"是啊，作为幼儿教师，一定要形成向孩子学习的观念，猜一猜孩子在想什么，听一听孩子在说什么，看一看孩子做了什么，学会用孩子的眼光看世界，用孩子的心灵感知世界，用孩子的语言表达世界。关注孩子，了解孩子，理解孩子是我们的责任。

【案例背景】

小班的孩子入园一个多月了，情绪已经基本稳定，愿意参与幼儿园的各项活动。如何进一步吸引幼儿对来园的兴趣，将孩子对家长的依恋转移到对老师的情感依恋上来呢？我想利用娃娃家活动在家园之间建立起一座桥梁，因此我尝试着挖掘娃娃家的教育价值，延伸娃娃家的教育功能。我设计了"为娃娃做礼物"的活动。

【案例描述】

在"为娃娃做礼物"的过程中，嘉嘉选择了为娃娃做绳画的活动。他挑选了一条特殊的绳子做穿线，这根绳子一头很粗、一头很细，如果用细的一头穿插很容易获得成功，但如果选用粗的一头就不能穿上了。嘉嘉正好选用了粗的一头进行穿插，但因为孔太小，没有成功，可他一直在坚持尝试。

于是,我引导他发现小孔和绳子之间粗细的关系,并提问:"这一头的绳子很粗,可是孔很小,这样能够穿过去吗?"他听了我的提问,没有说什么,还是依然如故地坚持着尝试。观察了一会儿,见他还没有成功,我又建议:"试试细的一头穿得过去吗?"他还是再次选择坚持原有的方法。于是,我用动作来示范正确的穿插方法。但是,他只是模仿着用细的一头穿了两个孔,又开始用粗的一头继续穿孔。

【案例分析】

为什么嘉嘉不愿接受我的建议呢?这引起了我的思考:首先,尽管嘉嘉在今天的操作活动中一直没有体验到成功的喜悦,但他始终能专注地进行穿插,说明他喜欢这个活动,参与活动的积极性很高。其次,他不断努力尝试用粗的一头穿插希望获取成功,说明他在认真的思考,想办法穿孔成功。然而,一再的重复错误,表现出他当前的认知发展水平——不能根据孔和绳子的粗细进行正确的匹配。

【发展指导】

在鼓励并帮助他享受到成功的喜悦的同时,我决定生成一个关于"对应和匹配"的计算活动,以补充幼儿在经验上的欠缺。第二天,我和孩子们共同收集了各种各样的瓶子,引导幼儿根据瓶口和罐口的特征来选择合适的盖子与瓶罐匹配,并将材料投放在活动区中,不久,嘉嘉的穿插问题得到了解决,同时也获得了关于正确匹配物体的经验。

其实,只要我们能够主动地关注、细致地观察孩子,能够站在孩子的角度去思考、解决问题,那么我们的教育就会充满智慧、充满魅力!

案例来源:天津市和平区第十一幼儿园王晓菁老师

案例2:"尿桶鱼"的故事

【案例背景】

小班第二学期,我带领孩子们参观了海洋馆。回来之后,孩子们对小鱼的观察兴趣更高了,孩子们自发带来了各种关于鱼类的图书,自由活动时间看照片、让老师介绍画册成了孩子们每天必做的事情。我顺应孩子们的兴趣要求,将他们在参观过程中收集的鱼类照片贴在墙面上,和他们商量怎样在班级中也建立一个漂亮的海洋世界。

【案例描述】

孩子们积极开动着小脑筋,很快,色彩鲜艳的蝴蝶鱼、会伪装的石头鱼、长翅膀的飞鱼、会唱歌的音乐鱼、会变身的孙悟空鱼——呈现在眼前。尽管小班的孩子画笔还很稚嫩,但他们对自己的作品情有独钟。大家纷纷介绍自己的小鱼,轮到辰辰了,他也兴奋地走上前来,指着一条不起眼的小鱼说:"这是我画的尿桶鱼……"还没等他把话说完,下面的小朋友们纷纷议论起来:"啊,尿桶鱼,真脏!""这个名字真难听!"听见小朋友们的议论,辰辰一下子变成了泄了气的皮球,难过地低下了头。

我知道孩子们的议论使辰辰的自尊心受到了挫伤。"一定是因为有一个特别的原因,所以才会有了这个特别的名字,对吗?"我轻轻地蹲到他的身边信任而期待地说。辰辰的眼睛里一下子充满了泪水,使劲地点点头。我接着说:"说出原因,我想这里肯定有一个有趣的故事。"我的话语里没有动听的赞扬,也没有更多的修饰,我只是想传达给辰辰这样一个信息:老师信任你,你肯定有自己的道理,你一定能行!辰辰挺直了腰板,鼓起勇气说:"在画画的时候,我想小便,如果有一条尿桶鱼游过来,我就能够边画画边小便了。"天呀,生理上的反应也能够激发孩子绘画想象的空间,我为孩子的天真话语所动容,也为孩子的奇思妙想所感动。正是倾听和鼓励,帮助我和其他孩子了解了"尿桶鱼"的有趣本领,大家不由自主地鼓起掌来。

【案例分析】

学前期是孩子想象力比较活跃的时期,在他们的世界里,想象中的事物往往与现实生活密不可分，甚至把想象当成现实。辰辰由于生理原因引发了想象，将自己当时的愿望（尿桶）与绘画（小鱼）联系在了一起，虽是简单的联想，但已经显露出难得的想象力了，因为尿桶与小鱼是距离很远的两个事物，但孩子能将它们巧妙地联系在一起，显示出难得的创造想象的萌芽。"尿桶鱼"中蕴含着孩子们的创造想象。

【发展指导】

老师要尽可能地丰富孩子的感知经验，让孩子头脑中积累尽可能多的记忆表象。平时，老师善于观察幼儿的兴趣点，不断地推进活动的深入开展。参观海洋馆、欣赏照片、搜集分享资料等，这样做不仅丰富了孩子们的经验积累，而且还为孩子们的绘画活动奠定了良好的基础，让幼儿充满了对绘画活动的期待。由于有了丰富的经验积累，所以大多数孩子在绘画过程中能够充分借鉴原有经验进行绘画想象。

对幼儿大胆的想象活动要给予保护、鼓励与引导。辰辰绘画的"尿桶鱼"是孩子们已有经验中所没有的，周围小伙伴的议论使辰辰的自尊心受到了挫伤，此时更需要倾听辰辰的真实想法，从而了解辰辰的绘画意图，进行准确的教育判断。教师的耐心倾听和及时鼓励使孩子敢于表达，并体验到被接纳的积极情绪，增强了孩子的自信心。

从辰辰娓娓道来的话语中，我们也不难发现，在儿童绘画时的想象活动会直接受到儿童的情绪状态、身体需求的影响。

案例来源：天津市和平区第十一幼儿园王晓菁老师

案例3：比比谁的弹力大

【案例背景】

生活中有哪些管子？它们的用途是什么？细细分析，即便是我也说不太清楚。孩子们对管子也是有一定的了解，但又知之甚少。于是，大班第二学期，我顺应幼儿的兴趣需求开展了以管子为主题的教育活动。

【案例描述】

最近班中发生了这样一件事情：哲哲带来了一根洗衣机的下水管，这根管子和另外一个孩子带来的下水管很相近，孩子们饶有兴趣地摆弄着，并自发开展了对两根管子的比较。幼儿在观察中发现，尽管两根管子的外形很相近，但是其中一根管子的终端没有接口，也不能够伸缩，可它却有一定的弹性，如果将这根管子折叠后，它还能够自动地弹回原来的角度。

原来管子也是具有弹性的物体，孩子们觉得既新鲜又有趣，生活中还有哪些物体有弹性呢？我没有打扰孩子们的议论，而是在科学区角中悄悄投放了一些皮筋、轮胎带和松紧带等带有弹性的物品，引导幼儿探究"谁的弹力大"。

这些材料很快引来了孩子们探究的兴趣。"皮筋的弹力最大。""不对，弹性最大的是松紧带。"孩子们争执不下，就向我寻求帮助。

【案例分析与发展指导】

当我正要开口说出答案时，面对一双双企盼的眼睛，要说的话停留在嘴边，我决定让他们自己寻找答案！新的教育观念倡导要让幼儿在实践探索中学习，因为幼儿学会学习比知识本身更重要。于是，我根据孩子们的提问，反问道："是呀，我们怎样才能知道谁的弹力大呢？"孩子们想了想说："比比看。"

围绕着怎样比，孩子们展开了实验。有人用尺子量，有人用重物垂挂的方法测量，还有的幼儿将皮筋缠绕在瓶子上，数数谁绕的圈数多……我发现这些方法有些不够准确，就设计了一个讨论、交流的环节，引导幼儿对各种方法提出疑问，讨论使用这些方法需注意的事项。这样不仅解决了孩子们的问题，保护了幼儿的探究热情，也使幼儿在活动的过程中体会到科学活动的严谨性和准确性。

活动之后,我对此次科学活动进行了分析与反思。

1. 关注幼儿的兴趣,让幼儿在积极主动的情绪状态中探究。衡量科学活动的标准之一是看孩子的投入和关注程度。能够让孩子长时间投入和关注的科学活动是有效的活动,因为这样的活动才能引起孩子的认知冲突,并能够让孩子们在其"最近发展区"内去探究、发现。在这样的探究过程中,孩子的内心深处是愉悦的,探究的发现也会让孩子们体验到成就感。

2. 营造激发提问的氛围,让幼儿在同伴的交流、分享中探究。在幼儿科学领域探究活动中,教师要善于营造能够激发幼儿提问的氛围,让幼儿感到他们可以提问、有权利提问。在活动中,当教师发现幼儿在弹力的比较过程中不够准确时,通过讨论、交流环节的设计,引导幼儿讨论使用这些方法需注意的事项,鼓励幼儿对各种方法提出疑问,大胆说出质疑、表达自己的独特见解。这样不仅解决了孩子们的问题,还营造了相互学习、合作探究的环境。这样的活动对参与合作的每一个孩子都有教育价值。

3. 及时到位的支持,尊重儿童个性化发展需要。在这个活动中,当孩子们用一种特有的方式表现出他们对弹性玩具的兴趣,并希望获得答案时,教师没有用简单告知的方式给予他们即时的满足,而是在孩子有疑惑时抛给孩子们一个问题,让他们用自己的方式去探究和发现答案,这样比直接告诉他们答案要有价值。在教学的组织形式上,教师充分考虑到孩子们在兴趣和需求方面的差异,以科学区域活动的形式满足了对"弹力"感兴趣的孩子们操作、探索的兴趣,突出了生成课程中的个性化建构成分,尊重了儿童个体的发展需要。

案例来源:天津市和平区第十一幼儿园王晓菁老师

三、分析与指导练习

练习1:铺小路

皮亚杰认为,数概念是幼儿在事物间建立两种关系的总和,其中的一种就是顺序关系,它是幼儿学数学的准备。排序活动不仅能培养幼儿的观察比较能力、简单的判断力、初步的推理能力,同时也是培养幼儿逻辑思维能力的有效途径。

依据小班第二学期科学领域的一个目标:"喜欢排序活动,能够发现简单的排列规律并按规律进行排序。"我组织了铺小路的活动。在集体引领孩子们共同感受了几种不同排序规律后,我开始请孩子们自由选择材料进行操作。我为孩子们设计了三种不同难易程度的材料。

第一层次的材料最容易,将排序规律显示给孩子,让孩子模仿排序。第一层次的材料如下图。

第二层次的材料稍难一些,没有给孩子显示出规律,而是让孩子自己找规律进行排序,排序维度是二维的。第二层次的材料如下图。

第三层次的材料最难，在没有向孩子显示出规律的同时，又增加了一个维度。第三层次的材料如下图。

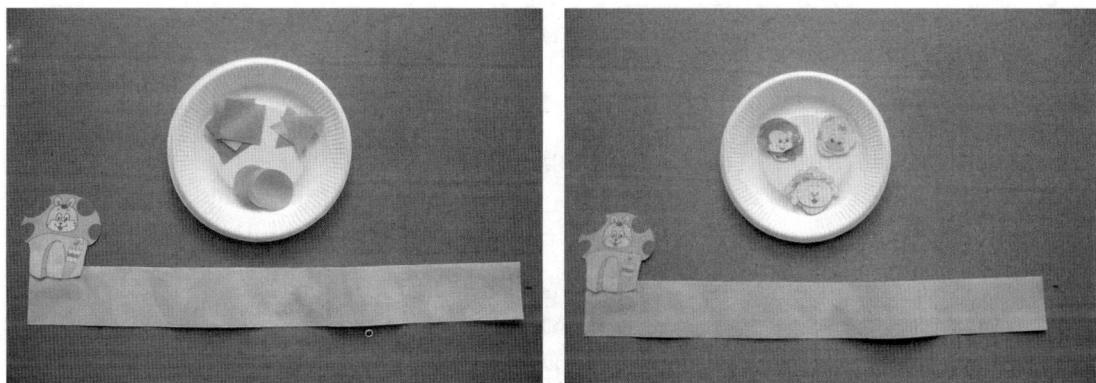

要求幼儿按顺序完成三个层次的排序活动，前一层次的材料操作完成，向老师讲述后，才可以选择更高一个层次的操作材料。

波波很快就完成了最简单的第一层次的操作：帮助小白兔铺路的活动后，开始选择第二层次的操作材料：帮助小黑兔设计小路。波波喜欢汽车，所以他选了娃娃、汽车图片的材料。他开始设计小路了：他先贴上一个娃娃再贴上一辆汽车；他又贴了一个娃娃，又贴了一辆汽车；他重复了一次这样的规律后，却在汽车后又贴了一辆汽车。此时他的图片排列顺序为：娃娃—汽车—娃娃—汽车—娃娃—汽车—汽车。

案例来源：天津市幼儿师范学校附属幼儿园王冰老师

请你运用思维发展理论对波波的排序操作进行分析。如果你是老师，你将如何帮助波波提高排序能力？

练习2：驼峰里面装的是什么？

记得在"认识维族"的活动中，我本想进行已经准备好的活动，但却发现孩子们围绕着一张骆驼的图片七嘴八舌的议论着什么。

我悄悄走到他们的身边，想听个究竟。"骆驼的身上有两个大疙瘩。""不对，那是驼峰，是储存食物的！""你说的不对，那是大疙瘩，里面都是肉！""肉就是骆驼的食物。""不对，骆驼不吃肉！妈妈说骆驼吃草，不咬人。""要不是食物，骆驼不早就饿死了？""那里面是什么？"……"问问老师去。"彬彬发现我站在他们后面，就第一个发问："老师，驼峰里面装的是什么？"

根据孩子们的提问，我转问道："是呀，我们怎样才能知道驼峰里的秘密呢？"孩子们想了想说："书上可能有。""爸爸妈妈可能知道。"平时最不爱说话的嘉嘉说："老师，我爸爸在动物园饲养动物。""真的，你爸爸在动物园工作？""是呀。""太好了，你爸爸要是能来给大家讲一讲多好呀！"孩子们听见我的建议高兴地鼓起掌来。

不久,孩子们相继带来了有关骆驼的书籍、光盘以及家长帮助下载的图片信息,嘉嘉的爸爸也来到了孩子们的中间,给大家讲述了有关骆驼的故事,介绍相关的知识,解答孩子们关于骆驼各种各样的问题。我们不仅知道了驼峰的用处,了解了驼峰中的营养是怎样被吸收的,还知道了骆驼有着一套可以适应沙漠生活的本领:有双重的睫毛和能开能闭的鼻孔,有又宽又大的脚掌,一次可以喝入 100 升的水,每天却仅排出 1 升左右的尿液……

案例来源:天津市和平区第十一幼儿园王晓菁老师

当孩子们问"老师,驼峰里面装的是什么",老师并没有直接给出答案,而是转问道:"是呀,我们怎样才能知道驼峰的秘密?"请你分析老师这样做的原因是什么? 老师又是如何一步步引导孩子们自己找到问题的答案的? 结合这个案例,请你谈一谈,引导儿童主动探究的教育策略有哪些。

练习3:甲龙是食肉的恐龙吗?

围绕"恐龙"进行的教育活动已经持续了一个多星期了,孩子们的兴趣越来越浓厚。自由活动时,孩子们摆弄的是恐龙,谈话中讨论的是恐龙,绘画、手工作品中表现的主要内容还是恐龙。

今天的早餐后,宾宾和李得意不知为了什么发生了争吵,两个人你一句、我一句吵得不可开交。我悄悄走过去,站在一边静静地听着:宾宾拿着一只玩具甲龙红着脸喊:"甲龙就是吃肉的动物!"而李得意也不甘示弱:"甲龙是好恐龙,好恐龙怎么是吃肉的动物呢? 甲龙是吃草的动物!""吃肉的动物也有好动物!"宾宾继续坚持着。他们的争吵声吸引了不少小朋友的参与,有的孩子支持宾宾的看法,也有的孩子同意李得意的意见。僵持不下,孩子们不由得把求助的目光转向了我。

案例来源:天津市和平区第十一幼儿园王晓菁老师

如果你是老师,你会怎么做? 并说说你这样做的道理。

四、实务操作——设计一个促进儿童想象力发展的教学环节

1. 从小、中、大班中选择出一个年龄班,搜集一组具有典型意义的幼儿美术作品,分析这些作品中所反映出来的儿童想象力的发展特点。

2. 在分析的基础上,提出下一步的教育建议,尝试设计一个美术教学环节,鼓励幼儿积极思维,并以适宜的方式进行表达。

3. 实施教育计划,体会计划与实施的过程,并观察幼儿在该活动过程中想象力的发展表现,分析制约和激发幼儿想象力发挥的主要因素有哪些? 思考如何调动积极因素,避免消极因素,促进幼儿想象力的发展。

思考与讨论

1. 解释概念:思维、想象、直觉行动思维、具体形象思维、客体永久性、延迟模仿、守恒、无意想象、有意想象、再造想象、创造想象。
2. 思维、想象的种类有哪些?
3. 思维、想象发生的时间及其表现。
4. 思维、想象对儿童心理发展有哪些重要意义?
5. 婴儿期思维、想象发展的特点是什么? 有哪些表现?
6. 幼儿期思维、想象发展的特点是什么? 有哪些表现?
7. 如何促进儿童思维与想象的发展?

主要参考书目

1. 朱智贤，林崇德.《思维发展心理学》[M].北京：北京师范大学出版社,1987.

2. 陈帼眉，冯晓霞，庞丽娟.《学前儿童发展心理学》[M].北京：北京师范大学出版社,1995.

3.〔美〕劳拉·E·贝克.《儿童发展》[M],吴荣先,朱永新,吴颖等译.南京：江苏教育出版社,2007.

4.〔瑞士〕皮亚杰.《儿童心理学》[M].吴福元译.北京：商务印书馆,1986.

5. 周宗奎.《现代幼儿发展心理学》[M].合肥：安徽人民出版社,1999.

6. 林崇德.《发展心理学》[M].北京：人民教育出版社,1994.

7. 桑标.《当代幼儿发展心理学》[M].上海：上海教育出版社,2003.

学前儿童言语发展主题

学习目标

通过本单元的学习,你应该能够:

- 掌握言语的界定及种类。
- 理解言语在儿童心理发展中的意义。
- 了解言语发展的阶段划分。
- 掌握不同年龄阶段言语发展的特点及规律。
- 理解儿童言语获得的不同理论观点。
- 能够运用所学理论对学前儿童的言语行为进行观察。
- 掌握简单的言语测评方法。
- 能够运用所学理论对学前儿童言语发展的案例进行分析,掌握促进不同年龄阶段的儿童言语发展的有效策略。

学习单元一 发展解读

在早教中心的教室里,一岁的格格想骑上充气小马,小马和格格一样高,但是只要格格一碰小马,小马就人仰马翻,格格急得不停地发出"eng"、"eng"、"eng"的声音,向妈妈求助。

两岁的格格和妈妈一起读书。

格格:妈妈,讲这(jie)个!

妈妈:这是"我的一家人",你们家都有什么人呀?

格格:不知(ji)道。(格格没听懂。)

妈妈:怎么不知道呢? 咱们家有谁呀?

格格:格格、奶奶和妈妈,还有爸爸,还有奶奶!

妈妈:松鼠家有谁呀?

格格:松鼠妈妈、格格。

妈妈:松鼠家?

格格:还有松鼠爸爸、松鼠格格。

短短一年,格格由只会发出个别词,发展到能讲出一些结构简单的完整句,同时她的心理也发生了质的变化。

人与动物的根本区别之一是人有语言能力,人不仅会走、会跑,能完成各种复杂的动作,而且还具有言语交际的能力。正因为人有语言,人不仅可以接受各种具体刺激物的作用,而且可以接受词的作用,进行抽象逻辑思维,形成意识和自我意识,并且通过内部言语自觉调节自己的行为。所以言语活动对于我们人类是非常重要的,语言的获得与发展是学前儿童所面临的最重要、最复杂的任务之一。

一、言语发展概述

1. 言语的界定及种类

言语是人们在各种交际和活动中应用语言的过程。

语言(language)是以词为基本单位、以语法为构造规则、约定俗成的符号系统。

言语与语言既有联系又有区别。语言是人类在社会实践中逐渐形成和发展起来的交际工具,是一种社会上约定俗成的符号系统;而言语是运用语言工具进行交际的过程。言语是个人的;语言是社会的。言语是具体的;语言是抽象的。语言制约着言语,指导人们进行言语实践;语言存在于言语之中,存在于人们的交际过程之中,存在于言语行为和言语作品之中。语言不能够脱离言语;言语也不能脱离语言,它们是不可分离的。语言和言语的分立,是语言学家索绪尔对语言学界最重要的理论贡献之一。语言存在于言语之中,言语是语言的一种表现形式。言语的最基本含义就是对语言的运用。

言语的种类:言语的活动通常分为外部言语和内部言语两类。

外部言语包括口头言语和书面言语。口头言语又分为独白言语和对话言语。

内部言语是指不出声的言语,是言语的一种特殊形式,其特点是发音隐蔽,语句简略。内部言语是一种不起交际作用的言语过程,是个人思考时的言语活动。内部言语不发出声音,但言语运动器官实际上仍在活动,它向大脑发送动觉刺激,执行着和出声说话时相同的信号功能。内部语言与思维密不可分的联系;主要执行自觉分析、综合和自我调节的机能,同人的意识的产生有着直接的联系。

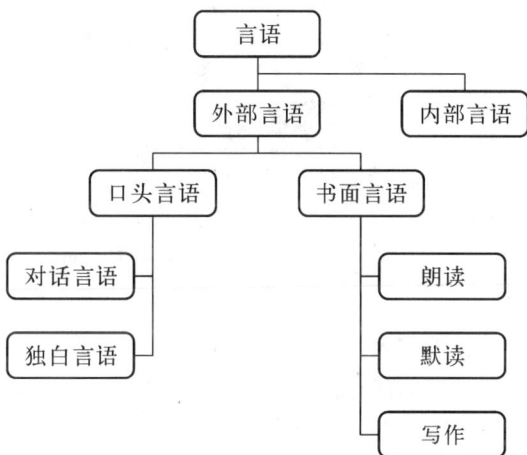

2. 语言的构成

从儿童语言学习的角度来看,语言主要由语音、语义、语法和语用四个方面构成。要想达到有效的口头言语交流,儿童必须把这四个组成部分联合起来。语用是指在社会环境中有效地使用语言,如参与对话的规则(轮流)、安排语句顺序、恰当回应等。实际上,语用指的是个体对语言的有效使用,语言能力强并不等于沟通能力强,语言能力指的是对语言本身的掌握,而沟通能力则是运用语言达到有效交流的能力。

3. 言语在儿童心理发展中的意义

儿童认识世界,获得知识,与人交往都要借助于语言。掌握言语之后,儿童的心理机能发生了重大变化,形成了新的意识系统。具体体现在以下两个方面。

(1)高级心理机能开始形成,低级心理机能得到改造

所谓低级心理机能是指人和动物共有的心理机能,如感知觉、无意注意、无意记忆、与生理需要相联系的情绪情感等。儿童从初生到掌握语言之前,只具备这些低级的心理机能。

高级心理机能是人类特有的,受人的意识支配,如思维、想象、有意注意、有意记忆、意志、社会性、情感等。高级心理机能是以词为中介的。儿童掌握语言之后,高级心理机能才开始出现。这些心理机能之所以在这一阶段产生,是因为儿童的语言恰恰在此期间真正形成。

语言形成之后,儿童的心理活动不仅出现了新的品质,原有的低级机能也得到了改造,感知活动不再是单纯地反映事物的外部特征,而能同时反映事物的"意义"。例如,在看到苹果的颜色、形状,闻到它的香味的同时,确认"这是国光苹果"。语言的参与使感知活动成为思维指导下的感知,使感知到的事物成为"可理解"的。

（2）自我意识产生，个性开始萌芽

语言产生之前，尤其是在学会说"我"之前，儿童还没有真正形成自我意识。他们还意识不到自己的心理活动和行为，当然更谈不上自觉地分析、调节自己的心理及行为。言语产生之后，儿童借助于词开始能够像反映客观事物那样反映自己的主观世界（心理活动），从而能够自觉地调整自己的心理和行为，使自己的心理和行为逐渐表现出一种比较稳定的独特倾向，即逐渐形成自己的个性。

知识链接 言语与大脑

言语是一种极为复杂的过程，它涉及人的活动的许多层面。言语活动受大脑皮质的调节和控制，是大脑整合的结果，同时大脑的特殊部位又具有特殊的功能。大量的研究表明，成人的言语活动与大脑左半球有关（右利手者）。

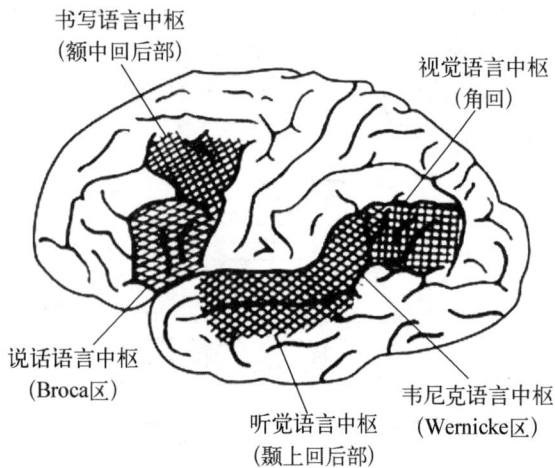

书写语言中枢
（额中回后部）

视觉语言中枢
（角回）

说话语言中枢
（Broca区）

听觉语言中枢
（颞上回后部）

韦尼克语言中枢
（Wernicke区）

1. 言语表达（包括说话和书写）

言语表达包括说话和书写。说话是由中央前回下方的44区即布罗卡区（Broca）控制的。该区受损的病人虽能看懂文字和听懂别人的谈话，甚至能唱歌，但却丧失了说话能力，话语中缺少了语法成分。

而书写则是由额中回后部的艾克纳尔（E-cuer）区控制的。该区受损的病人能听懂别人的话和看懂文字，自己也会说话，手部肌肉虽能活动但却丧失了书写能力。说话和书写开始于意图或思想，因而大脑额叶必然参与言语表达。大脑额叶严重损伤（涉及两半球）的病人缺少言语的意图或思想。言语表达的神经冲动是通过锥体系和锥体外系传达到效应器（发音器官和手部的肌肉）的。锥体系控制着言语活动的随意动作，锥体外系则起着调节言语器官肌肉紧张度的作用。

2. 言语的感知和理解

言语的感知和理解包括听话和看书。听话是由颞上回的韦尼克（Wernicke）区控制的。该区受损的病人可以说话、书写并看懂文字，也能听到别人的发音，但却听不懂别人说话的含义。

看书是由顶下叶的角回控制的。该区受损的病人视觉良好，其他言语活动的功能也健全，但却看不懂文字的含义。听话、看书不仅在于理解话语的意义，而且还要理解"言外之意"。在这方面，大脑额叶起着决定性的作用，额叶受损伤虽然不影响理解词和简单句子的能力，但却严重影响理解复杂的句子的能力，特别是无法理解复杂话语的弦外之音。

左半球的布罗卡区、艾克纳尔区、韦尼克区和角回是主要的四个言语机能区，但不能认为人的言语活动仅仅是由这些有限部位孤立地起作用的。大脑皮质的这些区域存在着广泛的水平和垂直的神经联系。例如，布罗卡区和韦尼克区有着广泛的神经联系，如果这种神经联系（上纵束）受到损害，就会出现传导性失语症，病人能理解言语，说话流利，但没有什么内容，不能重复听过的言语，因为到韦尼克区的听觉信息无法传递到布罗卡区。因此，完整的言语活动是整个大脑皮质的功能。

4. 学前儿童言语发展概况

儿童掌握语言是一个连续发展的从量变到质变的过程。从出生到1岁左右，是言语发生的准备阶段，当儿童在1岁左右讲出了第一批具有最初意义的真正的词时，标志着儿童开始进入正式学说话阶段，此后至2—3岁是语言发生的阶段。到了幼儿期，语言的发展进入了基本掌握口语，这个时候是语言不断丰富化的时期，是完整的口头语言发展的关键期，也是连贯语言逐步发展的时期。到了幼儿末期，儿童已经基本上掌握了本民族的口头语言。

二、婴儿期言语的发展

1. 言语发展的准备

一般地,我们把婴儿从出生到第一个真正意义上的词产生之前的这一时期称为言语发展的准备期。研究表明,婴儿的第一个词语产生于10—14个月之间,由于个体之间的差异较大,我们取中间值即12个月作为前言语阶段的下限。在准备期,婴儿言语的发展主要包括言语知觉和发音准备、理解的准备和初步的言语交流。

(1) 准备期的言语知觉发展

言语知觉主要是指对口头言语的语言知觉。综合近20年来的最新研究成果,我们认为婴儿言语知觉的前言语发展可分为以下四个阶段(林崇德1995年)。

● 新生儿期(0—1个月)

婴儿刚出生就能对声音进行空间定位,能根据声音的频率、强度、持续时间和速度来辨别各种声音的细微差别,表现出对语音和母亲语音的明显偏爱,并能经学习记住自己"名字",且大多只对母亲的唤名做出反应。

● 发音游戏期(2—3、4个月)

2个月左右婴儿开始理解言语活动中的某些交往信息。例如,当听到愤怒和讲话声时,婴儿往往会出现躲避行为;对友善的语声则往往报之以微笑,咿咿呀呀"说"个不停。

到了3、4个月时,婴儿就能和成人进行"互相模仿"式的"发音游戏"。例如:母亲对婴儿哼一声,婴儿也会对母亲哼一声,这时,婴儿已能够区分并模仿成人所发出的语音,并能够辨别清浊辅音,获得了语音范畴性知觉能力。

● 语音修正期(5—8、9个月)

5—6个月时,婴儿学会了辨别几种不同的言语方面的信息,他们已能鉴别言语的节奏和语调特征,并开始根据其周围的言语环境改造和修正自己语言体系,而那些母语中没有的语音在这一阶段逐渐被"丢失"。

● 学话萌芽期(9—12个月)

这时婴儿已能辨别出母语中的各种音素,能把听到的各个语音转换为音素,并认识到这些语音所代表的意义。这使得他们能够经常、系统地模仿和学习新的语言,为言语的发生做好了准备。

(2) 准备期的发音发展

语音发展是言语发展的前提。准备期的发音是指儿童正式说话之前的各种语音发声,类似于说话之前的语音操练。对于前言语阶段语音的发展,不同的研究者又将其划分为不同的阶段。吴天敏和许政援根据研究将语音的前言语期的发展分为3个阶段。

● 第一阶段(0—3个月):简单发音阶段

哭是婴儿出生后最初的发音,但这时哭声是未分化的,婴儿一个月内偶尔会吐露[ei][ou]等音,二个月时会发出[m-ma]声音,三个月中出现更多的韵母[a][ai][e][ou][ai-i][hai-i]等和少量声母辅音,如[m][h]。

● 第二阶段(4—8个月):连续音节阶段

这一时期发音明显增多并发出连续音节,同时可听到不少近似于词语的声音。例如,这一时期婴儿会发出[b][d][g][p][n]等声母,还会发出a-ba-ba-ba,da-da-da,na-na-na等重复的连续性音节。他们发出的某些近似词语的声音,如ba-ba,ma-ma等,常被成人误以为是在呼叫爸爸妈妈,实际上这只是前言语阶段的发音现象。

● 第三阶段(9—12月):学话萌芽阶段

这个时期婴儿语音除继续增多以外,发生了一些质的变化。例如,明显增加了不同音节的连续发音;从同一音节来说,音调也经常变换;能够经常性地、系统地模仿和学习新的语音。有一些语音开始与具体的事物联系起来,语音开始获得了其应有的语义,词语开始真正发生。

（3）准备期言语的理解

研究表明,婴儿从9个月开始真正地理解成人的言语,并按照成人的言语吩咐去做相应的事情,做相应的动作。例如,对婴儿说"跟阿姨再见"他就会摆摆手。但是,这都是在成人的不断重复的吩咐和带领下才会做出的动作。到11个月时婴儿能对成人的吩咐马上作出反应,当听到妈妈说"跟爷爷奶奶说再见吧"的时候,婴儿就会马上伸出小手做"再见"状。到12个月左右,婴儿对词语的理解和表达能力相互联系,促进了言语的产生。

（4）准备期言语交流的发展

语言是人际交流的重要工具,那么在语言产生之前处于前言语阶段的婴儿有无交流能力呢？回答是肯定的。大量研究表明,婴儿在能够用语言进行交流之前的这一年里,一些特别的声音和姿态成了他们用来进行信息交流的重要手段。例如：母亲在喂奶时就与婴儿之间有"无词对话",即姿态交流；当婴儿停止吮吸时,母亲就用手摇摇他；当母亲停止摇晃动作时,婴儿又开始吮吸；当婴儿感到困倦、饥饿时,母亲则主要以抚摸、搂抱、拍打、摇晃等动作来安慰婴儿。

2. 言语的发生

关于言语发生及其标志问题,目前仍存在激烈争论。欧美心理学家认为,言语发生的标志是婴儿说出第一个与某一事物有特定指代关系的母语中的词,言语发生的时间是在出生后9—11个月。我国心理学家则认为,婴儿最早说出的具有概括性意义的词才是言语发生的标志,时间在11—13个月。由于个体间有着较大的差异,综合多种研究材料,我们认为,言语发生的时间在10—14个月。

3. 婴儿期言语的发展

10—15个月的婴儿平均每个月掌握1—3个新词。随后掌握新词的速度显著加快,19个月时婴儿已能说出约50个词。此后,婴儿掌握新词的速度进一步加快,平均每个月掌握25个新词,这就是19—21个月时的"词语爆炸"现象。在此后的2个月内,婴儿说出第一批一定声调的双词句,从而结束了单词句阶段,进入词的联合和语法生成时期。

婴儿期言语的发展过程大致经过以下三个阶段（吴天敏,许政援 1979年）。

（1）单词句阶段（1—1.5岁）

单词句是指用一个词代表的句子。单词阶段儿童言语具有以下特点。

● 单个字或单音重复。此阶段儿童最易掌握的是他们经常接触到的、最熟悉的、只有一个字的词。例如：鸡、猫、狗。对那些包括两个不同发音的词,例如"汽车",他们都自行进行简化,简化为"汽"或"车"；对于单音重复的词也较易掌握,例如"妈妈"、"爸爸"、"狗狗"、"宝宝"等。

● 一词多义。由于这个年龄的孩子对词的理解不准确,说出的词往往代表多种意义,故称为多义词。例如,见到猫,叫"猫猫"；见到带毛的东西,如毛毛领子一类的生活用品,也都叫"猫猫"。

● 以词代句。这阶段的儿童不仅用一个词代表多种物体,而且用一个词代表一个句子,如"妈妈"一词可以代表多种意思,包括妈妈抱、妈妈来、找妈妈等,听者需借助情境才能理解。

（2）双词句阶段（1.5—2岁）

双词句是指由两个或三个单词组成的不完整句,也称电报句。

1.5岁以后,儿童说话的积极性提高,说出的词大量增加。2岁时,可达270个词。儿童在20个月左右说出第一批双词句,他们学会把两个词放在一起表达明确的思想。例如："明明奶"、"娃娃掉"、"踢球"等。双词组合能更完整更确切地陈述思想,而且使用了简单的语法。随后还出现了三词组合在一起的句子,这种句子的表意功能虽然比单词句明确,但其表现形式是断续的、简略的,结构不完整,好像成人的电报式文件,故称为"电报句"。双词句阶段儿童言语具有以下特点。

● 句子简单。这一阶段的儿童说出的句子都很简单,只有几个字,如"奶奶来"、"妈妈抱"、"要妈妈"等。

● 句子不完整。如"妈妈糖"（妈妈我要吃糖）、"爸爸,汽车"（爸爸开汽车来的）。

● 词序颠倒。如"不拿动"（拿不动）、"知不道"（不知道）、"牛奶没有"（没有牛奶）。

（3）完整句阶段（2—3岁）

婴儿到2岁左右终于把那些句法上不完整、不连贯的句子扩展成包括主语、谓语和宾语的完整句子。而且，学会使用一些介词、冠词、助动词、感叹词，他们会说"这是明明的"、"猫猫爬在床上睡觉"、"咳，小汽车坏了"。这个时期儿童言语具有以下特点。

● 句子从混沌一体到逐渐分化。儿童早期的言语功能有表达情感的、意动的和指物的三个方面，最初三者紧密结合，而后逐渐分化。婴儿早期的语词是不分词性的，而后逐渐分化。

● 句子结构从松散到逐步严谨。结构松散是指缺乏连词，只是2个简单句之间在意义上的结合，如"妈妈上班，我上幼儿园"。结构严谨实际上指的是复合句，如"小兔子把萝卜放在筐子里"。

● 句子结构由压缩、呆板到扩展灵活。例如，从说"呜呜呜"到说出"爸爸坐火车去北京"。

研究指出，20—30个月是儿童掌握语言特别是基本语法和句法的关键期，到36个月即3岁时，儿童已基本掌握了母语的语法规则系统。

三、幼儿期言语的发展

随着儿童的成长，其言语能力迅速发展起来。幼儿期是儿童言语不断丰富的时期，是熟练掌握口头言语的关键时期，也是从外部言语逐步向内部言语过渡，并初步掌握书面言语的时期。幼儿期言语的发展主要表现在语音、词汇、语法、口头表达能力及语用技能的发展等方面。

1. 语音的发展

随着发音器官的成熟、语音听觉系统的发展以及大脑机能的发展，幼儿发音能力迅速加强，发音机制开始稳定和完善，基本能够掌握本族的全部语音。

根据我国心理学工作者的研究，我国3—6岁幼儿语音的发展的五个特点如下。

（1）幼儿发音的正确率与年龄的增长成正比

幼儿正确发音的能力是随着发音器官的成熟和大脑皮层对发音器官调节机能的发展而提高的。3—4岁的儿童由于生理上不够成熟，不能恰当地支配发音器官，不善于掌握发音部位和发音方法，发音的错误主要集中在辅音，如zh、ch、sh、z、c、s等音。幼儿在把音拼成音节时出现的错误，也往往出于未掌握发音方法，如把"老"说成"袄"。

（2）3—4岁是语音发展的飞跃期

发音水平在整个幼儿期是逐步提高的，但4岁时进步最为明显。4岁以上幼儿一般能掌握本民族语言的语音。此后，发音开始稳定，趋于方言化，即开始局限于本民族或本地的语音。因此，4岁前后是培养正确发音的关键期，在这期间，儿童几乎可以学会世界各民族语言的任何发音，而在4岁以后，由于发音逐渐趋向于方言化。例如，南方儿童在学普通话时"en"和"eng"，"in""和"ing"等有无鼻音的韵母就较难区分。这和成人在学外语或其他方言时常带乡土口音的情况是类似的，因此，必须注意学前儿童，特别是3—4岁儿童的正确发音。

（3）幼儿对韵母的发音较易掌握，正确率高于声母

在儿童的发音中，韵母正确率较高，只有"O"和"e"音容易混淆，原因是部位相同。儿童对声母的发音正确率较低，主要是一些发音方法还没有掌握，某些发音器官不会运用。"g"和"n"以及舌面音、翘舌音和齿音的发音率低，4岁以后发音正确率有显著提高。

（4）幼儿语音的正确率与所处社会环境有关

虽然发音器官的成熟度决定了幼儿的发音水平，但社会环境也严重影响着幼儿发音的准确性。例如，重庆的幼儿感到困难的是n等唇音，他们常常把n音发成l，如"奶奶"说成"来来"；而北京3—4岁的儿童则全部能够说出类似的音节来。同时城乡幼儿的发音正确率也有较大的差异。

根据我国的研究发现，在跟随成人发音时，幼儿对不少音素的发音是正确的，然而当他们独自背诵学会的材料时，不少原来能正确发的音却又变得不正确了。这说明，当发音器官已基本成熟之后，

当地语言的发音习惯对幼儿的正确发音产生了严重的障碍作用,除此之外,教育条件和家庭环境也会影响幼儿的正确发音。

对3—4岁的儿童可以用说儿歌、绕口令等方法引导他们多做发音练习。在日常生活中要求幼儿发音要清楚,说话时要张开嘴,吐字要清楚,但不要大声喊叫,以保护幼儿嗓音,避免沙哑。

（5）语音意识的出现

所谓语音意识是指对语音的自觉态度。随着年龄的增长,儿童逐渐能够调节自己的语音机制,即能够有意地掌握自己的发音活动。语音意识的发生发展,使儿童把语言活动作为自觉的活动,这对于幼儿学习正确的发音,学习普通话乃至外语都有重要作用。

幼儿期,主要是4岁左右,语音的意识明显地发展起来,逐渐开始能自觉地、有意识地对待语音。这表现在:他们对别人的发音很感兴趣,喜欢纠正、评价别人的发音;也表现在对自己的发音很注意,积极努力地练习不会发的音;学会后十分高兴,如果别人指责他发错的音,他就感到生气;对难发的语音常常故意回避或歪曲发音,甚至为自己申辩理由。这些都说明他们已有正确发音的听觉表象,并实际掌握了发音标准,自觉主动地学习语音。

2. 词汇的发展

各种语言都是由词以一定的方式组成的,因此词汇的发展是语言发展的重要标志,词的多少直接影响到儿童言语表达能力的发展。词汇量也是智力发展的重要标志之一,儿童智力水平高,其词汇量一般也较多。我们将从以下四个方面来讲述幼儿词汇的发展。

（1）词汇数量的增加

幼儿期是人一生中词汇增加最快的时期。在20世纪的80年代,我国心理学家曾对十个省市两千余名学前儿童掌握的总词汇量进行统计,研究表明:3—4岁儿童的词汇量为1 730个,4—5岁的儿童为2 583个,5—6岁儿童为3 562个。这表明4—5岁是词汇增长的活跃期。另有研究表明,7岁儿童所掌握的词汇大约可增长到3岁时的4倍。儿童词汇量增长有其规律,但由于时代不同、民族语言和受教育的差异,也存在着个体差异。

（2）词汇类别的扩大

词从语法上可分为实词和虚词两大类。实词指的是意义比较具体的词,包括名词、动词、形容词、代词、副词等。虚词指的是意义比较抽象的词,一般不能单独作为句子成分,包括介词、连词、助词、叹词等。国内外的研究材料都表明,幼儿掌握词的类型由少至多,体现了一定的顺序,其规律如下:

幼儿一般先掌握实词,再掌握虚词。

实词中最先掌握名词,其次是动词、形容词和其他实词。

虚词在幼儿词汇中占的比例很小。

名词在幼儿的词汇中占主要地位,比例最大,但需注意的是,3—6岁期间名词的绝对量有所增加,但在词汇总量中的比例有递减趋势。这是由于其他词类数量的增加,使得名词比例相对减少。

另外,据我国学者史慧中等人的研究表明,实词在3—4岁时增长的速度较4—5岁迅速;而虚词则在4—5岁时增长较为迅速。由此可见,4—5岁是词汇丰富的活跃期,而5岁是幼儿语言能力朝着连贯、简练进展的转折点,也是言语的质量提高的重要时期。

（3）词汇内容不断丰富

在掌握词的类型由少至多不断扩大的同时,幼儿掌握同一类词的内容也在不断地扩大,随着年龄的增长,幼儿从掌握与日常生活直接有关的词汇,扩大到与日常生活距离稍远的名词。例如,儿童最初掌握的词主要是"日常生活用品类"、"日常生活环境类"、"人称类"、"动物类",之后出现了"政治军事类"、"社交"、"个性类"等;随着年龄的增长,从掌握具体的词汇扩大到掌握较为抽象概括的名词。动词主要是反映人物动作和行为的,而反映人物心理活动和道德行为等还是比较少的。形容词中反映外形特征、颜色的词汇使用频率比较高。

（4）词义理解逐渐确切和加深

儿童在最初掌握词时，对词义理解往往是笼统的，常常用一个词代表多种事物。然而，有时又很具体，常把词的含义理解得过宽或是过窄。例如，"狗狗"可能是"狐狸"、"狗"、"猫"的统一称谓。幼儿认为的"勇敢"就是打针不哭，"团结"就是小朋友之间不打架。

儿童言语的发展是理解词先于说出词。幼儿对于词义的理解有以下发展趋势：先理解的是意义比较具体的词，然后才是意义比较抽象的词；先理解的是词的具体意义，然后是比较深刻的意义，如词义的隐喻和转义。

儿童的词汇可以分为积极词汇和消极词汇。儿童能正确理解又能正确使用的词叫积极词汇。有时幼儿能说出一些词，但并不理解，或是理解了，却不能正确使用，这样的词叫做消极词汇。

所以，在教育上应注重幼儿的积极词汇，促进消极词汇向积极词汇转化，不要仅仅满足于幼儿会说多少词，而更重要的是看幼儿是否能正确理解和使用这些词。

幼儿的词汇虽然有了以上多方面的发展，但总的来说，这个时期的词汇还是贫乏的，概括性还是比较低的，理解和使用上常发生错误。例如，把"粗"说成"胖"，把"解放军"一词与"军队"混用，以致把敌军说成"敌人解放军"。

3. 语法结构的发展

儿童在学习语言的过程中，不但要掌握语音、一定数量的词汇，还要掌握本民族语言的基本语法结构形式。语法是组词成句的规则，根据我国心理学工作者的研究，儿童掌握语法结构的过程大致表现出以下的趋势和特征。

（1）从不完整句到完整句

儿童最初的句子是不完整的，这个阶段包括单词句和电报句。2岁以后逐渐出现比较完整的句子。随着年龄的增长，句子结构逐渐完整起来。缺漏句子成分的现象逐渐减少，次序排列越来越恰当，句子成分之间的制约关系加强了，儿童的言语越来越能准确地反映他们的思想。

（2）从简单句到复杂句

儿童说出的句子的结构是一个逐步分化和发展的过程，从最初出现的主谓不分的单词句发展到双词句，而后又发展到简单句，最后出现结构完整、层次分明的复合句。

简单句是句法结构完整的简单句。复合句是指两个以上意思关联比较密切的单句组成的句子。整个幼儿期，简单句的比例较大，复合句数量较少，结构松散，缺乏连词。并列复合句较多，偏正复合句较少。

（3）从陈述句到多种形式的句子

儿童最初掌握的是陈述句；到幼儿期，疑问句、否定句、祈使句、感叹句逐渐发展起来；不过，到幼儿期末，陈述句仍然占有三分之一左右，并且对被动句、反语句、双重否定句等形式复杂的句子仍难以正确理解。

（4）幼儿理解语句的三种策略

在语句发展过程中，幼儿对句子的理解先于说出语句而发生，也就是说，幼儿在理解自己尚未掌握的新句型时，已能理解这种句子的意义，但他的理解是按照自己的策略进行的。幼儿常用的理解策略有三种：事件可能性策略、语序策略和非语言策略。

事件可能性策略。儿童常常根据事情发生的可能性来理解句子，而不是根据语法规则去理解。例如，把"张老师被小红背着去教室，他的腿跌伤了"这句话理解成张老师背着小红；对于"小明把王医生送到医院里"这句话，很多幼儿认为是小明生病了，王医生送小明去医院，因为在幼儿的经验中，医生是看病的人，只有小明生病了，王医生送他去看病才是合情合理的。事件在现实生活中发生的可能性是幼儿理解句子的"钥匙"，不去考虑语法的作用。

词序策略。这是幼儿理解句子的另一个策略，即幼儿往往根据句子中词出现的顺序来理解它们之间的关系，来理解句义。例如，把"小明被小华碰了一下"这句话理解成小明碰了小华；把"小班的小朋友上车前,大班的小朋友先上车"这句话理解成小班孩子先上车,大班孩子后上车。

非语言策略。幼儿根据自己的经验而不是语言信息、语法规则去理解句子。例如,给年纪较小的幼儿一些玩具和可以放置玩具的物品时,物品的性质和特征会影响到他对指示语的理解,如果给他的是盒子、箱子等容器类物品,幼儿就倾向于把玩具放置在容器的里面,而不管指示语是"放上面"还是"放旁边";如果物品是一个有支撑面的小桌子,他则倾向于把玩具放在"上面",尽管指示语是"放下面"、"放旁边"。

4. 言语交往功能的发展

（1）从情景性语言过渡到连贯性言语

情景性言语是指只有在结合具体情景时,才能使听者理解说话者的思想内容,并且往往还需要用手势或面部表情甚至身体动作辅助和补充。

连贯性言语是指句子完整,前后连贯,逻辑性强,使听者单从语言本身就能理解所讲述的意思,不必事先熟悉所谈及的具体情景。

3岁前儿童的语言主要是情景性语言。3—4岁幼儿的语言带有情景性,他们在说话中运用许多不连贯,没头没尾的短句,并辅以一些手势和面部表情。4—5岁幼儿说话常常还是断断续续的;不能说明事物、现象和行为动作之间的联系,只能说出一些片断;6—7岁幼儿才能比较连贯的说话,开始从叙述外部联系发展到叙述内部联系。

（2）从对话言语逐渐过渡到独白言语

3岁以前儿童的言语基本上都是采取对话形式,往往只是回答成人提出的问题,有时也向成人提出一些问题和要求。到了幼儿期,随着独立性的发展,幼儿常常离开成人进行各种活动,从而获得了一些自己的经验、体会和印象。这样,独白语言也就发展起来。当然,幼儿独白言语的发展水平还是很低的,尤其在幼儿初期。3—4岁的幼儿虽然已能主动讲述自己生活中的事情,但由于词汇贫乏,表达显得很不流畅,常有一些多余的口头语。4—5岁的幼儿能独立地讲故事或各种事情。在良好教育条件下,5—6岁的幼儿能够大胆而自然地、生动而有感情的进行讲述。

（3）讲述的逻辑性逐渐提高

幼儿独立讲述时,逻辑水平逐渐提高。主要表现在讲述的主题逐渐明确,层次逐渐清楚。有的幼儿在讲述时用的语句很多,表面上看来讲话流利,似乎很能说,但是如果仔细分析,他们讲述的常常是主题不明确,甚至离题很远、层次和顺序不清楚、事物之间关系混乱,使人无法了解其讲话的内容。这种情况在3—4岁儿童中常见,随着年龄增长,情况有所改善。

（4）逐渐掌握语言表达技巧

言语表达技巧主要表现在语音的高低、强弱、长短、停顿、节奏、速度等方面。

幼儿最初不会小声说话,以后才学会在必要时小声说话,幼儿常常分不清大声说话和喊叫之间的区别,在努力学习或表演朗读时,常常用很大的力量喊叫。有的幼儿由于胆小而说话声音很小。经过教育,幼儿才逐渐学会用大家都能听得见的正常的语音语调说话。

知识链接 口吃的表现与干预

口吃是指说话时以言语中断、重复、不流畅为主要症状的语言障碍,在儿童中比较常见,患病儿童约占儿童总数的5%。大约一半的口吃儿童是在5岁以前发病的。口吃多在幼儿期形成,也最容易在幼儿期纠正,如果得不到纠正,则可能伴随终身。

口吃是由于心理原因所导致的言语障碍,形成原因有以下四点。

1. 因模仿而导致口吃。口吃的感染性很强,由于儿童的语言机能还不完备,容易受其他口吃的人的影响,如孩子们之间的模仿,经常和口吃的人接触,均可能导致口吃。

2. 父母在儿童学说话阶段要求过急,孩子发音不准或咬字不清楚时,父母急于做过多的矫正,甚至在孩子一句话还没说完的时候就经常打断进行矫正,给孩子心理上造成压力,孩子在说话的时候就容易紧张,害怕说错,越怕说错,心理压力就越大,精神紧张,就会失去说话的信心而导致口吃。

3. 突然的精神刺激,如受惊吓、环境突然改变等造成心理紧张,没有得到有效的缓解,也可能导致口吃。

4. 遗传因素。口吃与大脑两半球优势或某种脑功能、语言器官功能障碍有关。

有了口吃怎么办呢?

1. 以平常心对待。如果你紧张了,说话的语速、语调会流露出来,孩子受到暗示,也会紧张,说话就更不流利了。

2. 绝对不要取笑、表示厌恶、恐吓甚至打骂孩子。

3. 孩子在场时,不要和别人议论他,不要模仿他的口吃,要保护他的自尊心。

4. 对孩子讲话时,成人要放慢速度,每个字说清楚,同时也要求孩子讲得慢,不要着急。但是,当他讲话有些拖长音或者重复,你就听着,不要模仿他,等他讲完,过一会儿让他再说一遍。有了一次经验,第二次再讲同一句话,就会好得多。

5. 让孩子在说话之前先唱歌,这是日本育儿之神内藤寿七郎博士提倡的矫治口吃的方法。这种方法曾对许多口吃的孩子有所帮助,效果很好。一旦孩子说话有不口吃的体会,就会对说话产生自信,经过多次练习,就能治愈。

6. 当孩子有一点改进时,就大大表扬,这可增加他说正常话的信心。

5. 言语调节功能的发展

言语的调节作用主要是靠内部言语来完成。内部言语的对象不是他人而是自己,是自己思考问题时所使用的一种言语形式。幼儿的内部言语产生后,言语的自我调节功能才逐渐发展起来。

内部言语是在外部言语的基础上形成的,是言语的高级形式。

处在直觉行动思维阶段的儿童没有内部言语,他们不能"默默地"思考,而是在做中想。只有到了幼儿期,在外部言语充分发展的基础上,内部言语才会出现。

内部言语一般在4岁左右产生,其标志是出声的自言自语。这是一种介于有声的外部言语和无声的内部言语的过渡形式,它既有外部言语特点(说出声),又有内部言语的特点(对自己说)。

幼儿的自言自语有两种形式:游戏言语和问题言语。

游戏言语,也就是边做边说,用语言补充和丰富自己的游戏活动。这种言语完整、详细,有丰富的情感和表现力。例如:幼儿在游戏时,常常一面做动作,一面说话,用语言补充和丰富自己的行动。

问题言语,语言简短零碎,常常在遇到问题或困难时出现,表示困惑,怀疑,惊奇等等。儿童常在自言自语中表现出自己解决问题的思维过程和采取的办法。4—5岁幼儿的问题语言最丰富,6—7岁幼儿已能默默地用内部语言进行的思考,所以问题语言相对较少,但在遇到较难任务时,问题语言又活跃起来。

6. 书面言语的发生发展

书面言语包括认字、写字和阅读、写话。儿童书面言语的学习是先会认字,后会写字;先会阅读,后会写作。书面言语产生的初期,儿童只会认字和阅读。

(1)幼儿认字的特点

字是视觉形象。儿童对视觉形象的感知服从于从笼统到分化的规律。儿童倾向于把字形作为整体形象来感知。儿童最初把字当作图谱来认识,而不是符号。儿童把这些字作为图画来认识,虽然会读,但对字的细节不易把握。儿童容易把相似的字混淆,如水、木。虽然儿童会在上下文中认识他们,但把他们放在一起后,却分辨不清;儿童甚至常常把两个经常组成一个词的字混淆,如"体"读成"身"。因此,如果字比较大、清楚,与语音同时出现,有形象作为辨认的支柱,字形比较简单、多次重复,与儿童的情绪兴趣相联系的字,幼儿容易辨认。

不摘花

公园里，花儿多，
小蜜蜂，花上落，
蜜蜂有刺我不怕，
我不摘花它不蜇。

(张春明)

（2）幼儿的早期阅读

早期阅读是指儿童从口头语言向书面语言过渡的前期阅读准备和前期书写准备，它是指0—6岁的儿童运用视觉、听觉、触觉、口语，甚至还有身体动作等综合手段来理解对色彩、图像、声音、文字等多种符号的所有活动。

有人认为识字就是阅读准备，其实阅读和识字并不是简单的联系。阅读的准备包括掌握有关词汇、掌握语法和表达能力、掌握基本阅读技能和培养阅读兴趣等。

早期阅读包括：认识图书和文字的重要性，让儿童明了书的构造有封面、有封底、有书名等；阅读的方向性是从左到右，从上读到下；文字是一个字对应一个语言，不同字组合起来会产生不同的意义；故事都有开始和结局；故事里的字可以用在生活上；有些字有相同的部首或构造等相关知识。

不同年龄段孩子的特点，其阅读的特点也不相同：3岁儿童开始对儿歌、韵文感兴趣。这个时期可以为他选择措词简短、易于吟诵的读物，同时可以利用附有连续性图片的读物，训练儿童的推理能力；4岁儿童的语言能力发展迅速，开始对各类故事产生浓厚兴趣。应该多选择一些富有想像力和创造力的故事，或需要一定观察能力的图画书；5岁儿童的词汇已相当丰富，可以开始选择较复杂或拟人化的故事，增加儿童的生活经验和处理问题的能力，并可适量加入浅显的科普读物；6岁儿童的接受能力和理解力都有了长足进步，开始为入学做准备，这个时期可以给儿童多层面的选择，扩大他的阅读兴趣，在阅读中训练他自觉学习和总结归纳的能力。

四、我们是怎么获得语言的？

一些研究表明，在语言获得的过程中确实存在着一些特殊的先天的机制。但是，儿童语言的获得与发展是主体与客观环境相互作用的结果。儿童的先天素质、生理成熟、认知发展和学习都对儿童言语获得与发展起着十分重要的作用。

1. 后天论

后天论强调环境和学习对语言获得起着重要的作用，其代表学说有以下三类。

（1）模仿说

奥尔波特认为儿童学习语言是对成人语言的临摹，儿童的语言只是成人语言的简单翻版。怀赫斯特（1975）认为儿童学习语言并非是对成人语言的机械模仿，而是有选择的。婴儿对成人的言语不必是一对一的完全临摹，只要功能相似就可以了。成人与婴儿双方的言语行为，在时间上不是即时的，在形式上也不是一一对应的，而是有所创造地选择。

（2）强化说

新行为主义者B·F·斯金纳认为，言语行为也与其他行为一样，是通过操作性条件反射学得的，强调成人的选择性强化对儿童语言学习的作用。言语的操作性条件反射建立在由环境引起的、声音和声音联结的选择性强化的基础上。例如，儿童在咿呀学语期间，会自发、无目的地发出各种声音，其中有些声音近似于成人的说话声，于是父母就对这些声音加以强化，使这些声音逐渐在儿童发声中占了优势地位。

这一学派的代表还有"传递理论"及"模仿—强化说"等等。这两种学说对语言学界和心理学界都曾发生过很大的影响，但从20世纪60年代开始，已越来越多地受到批评，主要批评意见为：强化理论不能充分说明儿童理解和使用语言时的惊人的发展速度；更重要的是它只是强调外部影响，忽视了儿童是一个积极的主体。事实上，在发展与习得言语的过程中，儿童的主观能动性是一个非常重要的因素。

（3）社会学习和社会交往说

美国心理学家A·班图拉强调社会语言模式和模仿在儿童言语发展中的作用。社会交往说认为，儿童不是在隔离的环境中学语言，而是在和成人的语言交流实践中学习。T·布鲁纳等人认为，和成人语言的交流是儿童获得语言的决定性因素，如果从小剥夺儿童和成人的语言交流，儿童就不可能学会说话。

研究者发现，一名自身听力正常而父母聋哑的儿童，父母希望他学会正常人的语言，但由于身体不好，不能让他外出，就只能整天在家里通过看电视学习。由于只能单向的听，没有语言交流实践，缺乏应有的信息反馈，最后该儿童终究没有学会口语，而只能使用从父母那里学来的手势语。

知识链接　儿童言语学习中的不解现象

现象一

一个儿童一般在五六岁时就可以掌握母语，而这个年龄的儿童的智力还很不发达，学习其他知识（如数学、物理）还相当困难，但学习语言却很容易。

第一，这个过程时间短，母亲或周围的人都不对儿童进行系统训练，至少没有课堂上的那种系统讲授和操作。

第二，他们所处的语言环境是杂乱无序的。父母和周围的人并不回避在孩子面前说不规范的语言，而且各家各户的语言环境不一定完全相同，但最终小孩说出来的都是合乎语法的。另外，小孩在五六年时间内所接触的话语毕竟是有限的，而小孩学到的句子却是无限的。儿童可以说出从来没有说过的句子，也可以听懂从来没有听到过的句子。总之，儿童从有限的说话中学到的是一套完整的语法知识，用有限的手段表达无限的思想。

第三，儿童习得语言的方式是自然的，毫不费力的。儿童在学习其他的知识时常常表现出天赋方面的差别，有人擅长学数学，有人善于学习技术操作。但在学习母语上，这种差别十分少见，五六岁儿童的语言水平基本上相仿。还有，儿童的生活环境是千差万别，物质上和精神上的经验也各不相同，而这种差别不影响他们对母语的习得，环境悬殊很大的儿童达到的语言水平也大致相同。

现象二

一个小孩和一只狗，同时生活在人类的语言环境，最后，小孩可以习得语言，但和人类最亲近的动物——狗，却无论如何学不会语言。

现象三

儿童在母语习得的过程中，往往有相同的习得过程，如错误地泛用语法规则的错误。例如，把I took a cookie，说成I taked a cookie；把He has got a book，说成He have got a book。如果像行为主义心理语言学家所解释的那样，儿童听到什么就说什么，那么他们就不会说出"taked"或"he have got"一类的错误。

2. 先天论

在对以上现象质疑与分析的基础上，美国语言学家乔姆斯基提出了新的语言理论，即转换生成语法，形成了一个语言学的新派别，即转换生成语法学派。被人们称为先天论的代表者。乔姆斯基的主要理论观点如下。

（1）语言的本质特征不是外在的，而是内在的、遗传的、物种的属性，人类具有获得语言的先天装置——"语言习得装置"（Language Acquisition Device，简称LAD）。

儿童可以学会说话，而再聪明的动物也不能习得像人类语言这样复杂的交际系统。无论对动物进行多长时间的训练，也无法使它掌握人类的语言。之所以存在这种现象，乔姆斯基认为，儿童生来就具有一种学习语言的装置，即"语言习得装置"（LAD）。他假设儿童一降生大脑里就存在这种装置,使得儿童从周围听到有限的句子却能说出无限的句子。他还提出一个语言习得的公式:最初的语言资料→LAD→语言能力。

虽然这是一种假说,但如果没有这种假设,儿童习得母语的过程便无法得到解释。正因为有这样一种机制,一切正常儿童只要生活在正常的语言环境中,就能在短短几年内习得母语;也正是这种机制,使人与动物相区别。因此,语言是一种物种属性,是人类的一种遗传特征。正如儿童似乎不用学,最终都能学会走路一样,儿童不用有意识地去学母语,最终也会获得语言能力。

(2)在初始状态中表现为"普遍语法"(univeral grammar)。儿童在人类的语言环境中用五六年时间将普通语法转换成"特殊语法"(particular grammar),从而获得了语言能力——习得了母语。

人的LAD在儿童出生时已体现在其大脑的初始结构中了。乔姆斯基认为,人脑的初始状态应该包括人类一切语言共同具有的特点,即"普通语法",它是语言发展的基础。在生活中,随着儿童接触大量的语言材料,而后将之内化为语言规则,即"特殊语法",进而发展出语言能力(competence)。后天的语言经验十分重要,后天的语言环境在语言习得中起了一个"触发"的作用(triggering effect),即先天的LAD需要语言环境、交往经验作为其开关,并给语言生长提供"养料"。

虽然乔姆斯基的LAD理论都还未从解剖学上得到证实,但这套理论的解释足以让人们看到其科学性的存在。

3. 环境与主体相互作用论

皮亚杰认为,儿童的认知结构是言语发展的基础;言语发展同认知结构一样是通过遗传、成熟和环境够相互作用而实现的。言语发展同认知能力发展同步。皮亚杰学派以主客体之间的相互作用来说明儿童认知能力、言语能力的发展,有其合理的方面。但是,在他们过分强调认知发展是言语发展的基础时,必然要遇到认知发展和言语发展的关系是否是直接的和单向的等等难题。

以鲁利亚为代表的语言发展的相互作用论认为,与他人交流的强烈愿望与丰富的言语、社会环境联合起来,可以帮助儿童去发现语言的功能和规则。一个积极的有获得语言天赋能力的孩子会观察并参加到与他人的社会交流中,从这些经验中孩子就建立了一个将语言的形式和内容与它的社会意义联系在一起的交流体系。

学习单元二 行为观察

一、3岁前儿童言语行为的个案观察

【观察指导】

3岁前儿童语言发展的观察要点

年　龄	语言理解	语言表达
1—2岁	• 理解能力高于表达能力 • 能明白日常生活的指令及常用物品的名称	• 能模仿动作及简单的声音 • 开始说出不同的单词 • 会用动作和近似单字来表达特定意思
2—3岁	• 能明白简单的句子 • 能明白两部分组成的指令(例如"爸爸吃"及"推车") • 能回答生活化的问题 • 能听懂不同的词(代名词、形容词及副词)	• 能运用简单句 • 会运用双词句 • 会运用不同的词(代名词、形容词及副词) • 喜欢模仿及问问题

【目的与要求】

1. 学会选取言语发展的观测点。

2. 学会在日常生活中观察3岁前儿童的言语行为。

【内容与步骤】

1. 学习以下范例。

一个2岁儿童言语发展的个案观察

观察目的：了解2岁儿童言语的发展特点。

观察方式：轶事记录法。

观察对象：珠珠，女，2岁。

观察记录1：珠珠还不到2岁，珠珠入园的第一天非常兴奋，一进教室就立即挣脱了妈妈的怀抱，一个人来到教室一角高兴地玩起了雪花片。这时一个小朋友看见她手里的玩具，很快抢了过来，珠珠一看玩具没了，就拉着妈妈的衣服哭闹了起来。不停地说着："花……花，没！"妈妈对珠珠说："没关系，我们去玩别的游戏。"可是，小女孩仍然哭闹不已。

观察思考1：由于珠珠还处在电报句阶段，不能用语言表达出自己的想法，所以与人交流很费力。当小朋友拿了她的玩具时，她只能拉着妈妈的衣服，用动作和单词来代替她想表达的语句。

观察记录2：老师请小朋友们到卫生间洗手，准备吃饭，当请到珠珠时，珠珠来到保育老师的身边，一边洗手，嘴里不停地唱着："洗手手，洗手手，洗手手。"刚开始，保育老师不知道珠珠唱什么，便问："珠珠，你唱的什么歌呀，老师怎么没听过？"珠珠笑眯眯地，做出一副得意的样子说："洗手手歌。"老师又问："是珠珠自己编的呀？真能干。"珠珠使劲地点头。

观察思考2：孩子到一定时候，都会有一个语言的爆炸期，在言语生成过程中，头脑中的概念是冒泡出现的，随着一个概念的冒出，其附属概念也一同被牵出。语词之间的逻辑关系，往往只有说话者自己清楚，但是如果听者不能通过句子本身或环境（语境和情境）来正确推断，则可能造成误解。同时也表明珠珠进入了双词句阶段。

2. 复习3岁儿童言语的发展特点。

3. 学习并熟悉观察指导中的观察要点，根据观察对象的年龄，参照观察指导，确定其言语发展的观察要点。

4. 选取2名儿童进行言语活动观察，参照以上范例记录其言语活动情况。

二、社会互动中的言语行为观察

【观察指导】

游戏是儿童最主要的活动，儿童言语的发展状况可以从游戏过程中、儿童之间的社会性互动中充分地表现出来。儿童的游戏类型有很多，常见有以下三种。

游戏的种类

游戏类型	操 作 定 义
单独游戏	儿童独自游戏，专注于自己的活动，根本不注意别人在干什么。
平行游戏	儿童能在同一处玩，但各自玩游戏，既不影响他人，也不受他人的影响，互不干扰。
互动游戏	儿童在一起玩同样的游戏或类似的游戏，相互追随，但没有组织与分工，每人做自己想做的事。

对4岁儿童在游戏过程中的互动行为,我们可以从以下几个观察要点进行观察:身体的动作、言语、是否需要成人的帮助与介入等。

【目的与要求】

1. 学会在游戏活动中,观察儿童互动过程中的言语行为。

2. 观察目标儿童在与另外一位年龄相近的儿童游戏时的社会互动,以及互动时使用的语言。

【内容与步骤】

1. 在幼儿园的区角,选取一名目标儿童。

2. 观察这个目标儿童在游戏过程中与同伴、老师之间的言语行为及互动情况。

3. 观察方法建议使用时间抽样法。

4. 填写以下观察记录表。

4岁幼儿社会性互动中的言语行为观察记录表

观察的日期:　　年　　月　　日
开始时间:　　　　　　　　　　结束时间:
成人数目:　　　　　　　　　　儿童数目:
儿童姓名:　　　　　　　年龄:4岁　　　　　　性别:
地点:区角

时　间	活　动	代　码	语　言	社会性

三、儿童阅读行为的观察

【观察指导】

快照法观察是对特定区域、特定时间段里某一时刻发生的事进行抽样。这种观察方法很灵活,你可以拍一张或一系列的照片,改日再研究这些照片;你也可以画一张环境图,在图上标上儿童在某一时刻处于何处;你也可以用文字描述;你还可以事先做好行为核查表,在观察时,看到出现的行为就可以在对应的行为处画"√"。对幼儿个别阅读的行为观察可以采用这种行为。

对于幼儿的阅读行为,我们可以用快照法进行观察,记录的方式可以是文字描述,也可以使用行为核查表,按照以下行为核查表中列出的观察要点进行观察。

阅读行为核查表

一级指标	二级指标	是	否	有时
感兴趣的书中内容	角色			
	场景			
	文字			
	色彩			

(续表)

一级指标	二级指标	是	否	有时
阅读时的身体动作	倾听他人讲			
	自己随意翻阅			
	玩书			
阅读时的言语行为	自言自语			
	别人问会指认			
	主动说给旁人听			
翻阅图书的手的动作	有顺序,从头开始			
	手指灵活性			
	一页一页地翻			

【范例】文字描述记录举例

午睡后,老师给格格穿好了衣服,她便一个人走到图书角拿起了一本书,坐在地上看了起来。一只手指着图书,一边嘴里还不停地念叨着什么,当看见小朋友来了的时候,她就拿了一本书给小朋友,说:"你……看书书。"

老师走到了格格身边,问格格:"格格,你在看什么书?"格格回答说:"嘟嘟熊。"他拉起老师的手说:"老师,讲。"于是,老师便坐在她身边,把她抱了起来,一边指着书一边给她讲,她听得认真极了,还不时发出"打针、搭积木"等与书里内容相同的短语。

观察要点:可参阅阅读行为核查表。

【目的与要求】

1. 了解儿童在阅读时的阅读内容、身体动作与语言表达以及阅读的技巧。

2. 学习用快照法进行观察。

【内容与步骤】

1. 学习并熟悉《阅读行为核查表》。

2. 在图书区或阅读区选取一名目标,依据核查表中的观察要点进行观察。

3. 填写以下观察记录表,或采取文字描述法进行记录。

阅读行为核查观察记录表

地点:阅读区
开始时间:　　　　　　　　　　结束时间
儿童姓名:　　　　　　　儿童的年龄:　　　　　　性别:

一 级 指 标	二 级 指 标	是	不	有时
感兴趣的书中内容				

（续表）

地点：阅读区 开始时间：　　　　　　　　　　结束时间 儿童姓名：　　　　　　　　儿童的年龄：　　　　　　　　性别：				
一 级 指 标	二 级 指 标	是	不	有时
阅读时的身体动作				
阅读时的言语行为				
翻阅图书的手的动作				

四、儿童口语表达能力的观察

【观察指导】

幼儿语言表达观察要点

观 察 目 标	一 级 指 标	二 级 指 标	三 级 指 标
是否能围绕主题	中途跑题	能围绕主题	——
情节	贫乏	较丰富	丰富
语言是否恰当	不恰当	借助于动作	语言恰当
音量	较小	适宜	较大
音调	无变化	有变化	——
语气	过慢	过快	适宜
语言完整、流畅	不完整、流畅	较完整、流畅	完整、流畅
态度	胆怯	较大方	大方

【目的与要求】

了解儿童口语表达能力。

【内容与步骤】

1.学习并熟悉观察指导中的观察要点。

2.准备材料：记录的纸笔、录音笔。

3.给儿童提供一定的图片材料，或不提供图片材料只限定主题，让幼儿根据要求自行表述该主题事件。（必要时可提示：是怎样去的？在那里做了什么事情？）

4. 记录下儿童的语言。

儿童口语表达能力记录表

观察者		观察日期	
观察对象	姓名:	性别:	年龄:
观察目标			
观察的起止时间			
环境描述			
儿童讲述记录			
结果分析			

5. 根据观察记录对目标儿童的口语表达能力做出评定。填写以下评定量表。儿童的语言表达能力在不同方面的评估可以分为三个等级。

观 察 目 标	一 级 指 标	二 级 指 标	三 级 指 标
是否能围绕主题			
情节			
语言是否恰当			
音量			
音调			
语气			
语言完整、流畅			
态度			

学习单元三 实验与测评

一、儿童语音的测查

【目的与要求】
测查儿童声母、韵母的语音与声调。

【材料准备】
《汉语拼音方案》、记录的纸笔、录音笔。

【内容与步骤】
1. 跟读成人的音素发音(参阅《汉语拼音方案》)。成人领读《汉语拼音方案》中的声母、韵母,儿童复述跟读。

2. 儿童独自背诵两首。

3. 记录检查儿童发对和发错音素的类型和次数。

【结果与评估】

3—6 岁儿童声母、韵母因素发音正确率：3 岁为 10.1%，4 岁为 32.0%，5 岁为 57.7%，6 岁为 69.2%。依据以下对照表，对该儿童进行评估。

普通话的音素发音进程对照表

年龄(岁)	90% 标准	75% 标准
1 岁 7 个月—2 岁	d m	d t m n h
2 岁 1 个月—2 岁 7 个月	n	b g s k x j q
2 岁 8 个月—3 岁	b r f h x	l
3 岁 1 个月—3 岁 7 个月	g k	
3 岁 8 个月—4 岁	p	
4 岁 1 个月—4 岁 7 个月	i s j q r l	t s sh z
4 岁 8 个月以上	sh zh ch z c	zh ch z c

二、儿童量词的测查

词汇是语言的基本单位，儿童词汇量的增长是语言发展的重要标志。儿童词汇的发展主要表现在词汇数量的增加、词类的扩大、词义理解的深化等几个方面。量词是儿童较难掌握的词类，正确地使用量词反映了儿童对名词和数量词的配对掌握情况。

【目的与要求】

了解 5 岁儿童量词掌握的数量。

【材料准备】

各种物品的图片或实物，记录的纸笔、录音笔。

【内容与步骤】

1. 测查指导语："请你看完图片后告诉我，每张图片上的东西是多少？比如这张图（范例：猫），你就应该说一只猫，不能说是一个猫，现在我们开始看看这些图片。"

2. 逐次向幼儿出示以下各种物品的图片或实物并提问：

有多少娃娃？（个）

有多少书？（本）

有多少鞋？（双）

有多少衣服？（件）

有多少汽车？（辆、部）

有多少花？（朵）

有多少积木？（块）

有多少飞机？（架）

有多少树？（棵）

有多少笔？（支）

有多少帽子？（顶）

3. 记录下幼儿的回答。

【结果与评估】

幼儿量词的发展分为三个等级：能说对3个以上为第一等级；能说对5个以上为第二等级；能说对7个以上为第三等级。如果儿童处于第三等级说明量词发展较好。

本测试改编自：白爱宝，《幼儿发展评价手册》，教育科学出版社，1999年版

学习单元四　分析与指导

一、学前儿童言语发展指导建议

1. 提供适当的语言环境

根据婴儿很早就对人类语音特别敏感的特性，为婴儿提供语音和语言感知的环境，丰富婴儿的语言刺激，让婴儿充分地感知语言。父母的语言是婴儿最熟悉也是最能影响婴儿语言发展进程的。父母若能在照顾婴儿时多与之说话，充满爱心和关怀，会更多地刺激婴儿调动各种感官感知父母的语言，促使婴儿积极地模仿成人的语言，从而促进婴儿语音和语言感知能力的发展，这样在今后的发展中与父母间往往有更为丰富的语言交流和情感交流。对孤儿院孤儿的研究发现，在孤儿院长大的儿童因缺少父母充满爱子之情的精心照料，多有语言发展迟滞或有不同程度的语言障碍问题。

2. 激发儿童言语交往的兴趣

家长或教师选择儿童感兴趣的内容引发话题，应在随意、自然、无拘无束的气氛中激发儿童说话的兴趣，采用多种形式调动儿童说话的积极性，鼓励他们尽情地表达，大胆地说话，使其感受到与人交流的乐趣，家长或教师自己可以以大朋友、大伙伴的身份平等介入，成为他们的热心听众，经常给予微笑、赞赏表示鼓励，适时地给予积极的回应和指导，并注重与儿童的互动，使他们在运用语言的过程中，学会倾听，主动表达，乐意交谈，无任何拘束感，这样做可以使儿童始终处于积极主动的状态，并让儿童感到谈话时没有压力、没有恐惧。从而使他们想说就说，畅所欲言，满足儿童的言语需求，增强儿童说的能力和说的信心。

3. 创造儿童言语交往的机会，加强语言练习

家长可以通过各种生活场景，如散步、吃饭时、劳动时、游玩时等场景把握时机，渗透教育，随机练习，丰富儿童的词汇，发展儿童的口语。

随着儿童年龄的提高，儿童进入幼儿园等教育机构，在教育机构中教师可以组织儿童收听广播、看电视、阅读图书、朗读文学作品等丰富多彩的活动，使儿童广泛地认识周围环境，扩大眼界，丰富知识面，增加词汇量。

在一日生活中，通过随时的观察、交谈等来获得大量的感性认识，并同时复习、巩固和运用在专门的语言活动中所学过的词汇和句式，更多地学习新的词汇，学会用清楚、正确、完整、连贯的语言描述周围事物，表达自己的情感和愿望。

同时，要提供更多的交往机会，尤其是和同龄孩子的交往，并重视儿童在交往中用词准确和说完整的句子。当孩子"见多识广"，语言自然也就丰富了。

在练习说的同时，倾听的良好习惯也是要注意培养的。良好的倾听习惯有助于儿童听清楚、听准确、听懂。例如，给儿童听录音故事，给儿童讲故事；邀请儿童谈话，互相倾听、交谈；带领儿童聆听乐器、动物等多种声音，让儿童听后模仿、想象，并讲出他们听到的声音好像在说什么。让儿童多听可以发展儿童听觉器官，培养他们良好的倾听习惯。

二、案例学习

案例1："和我一起玩（wa）吧"

【引言】

幼儿正确发音的能力是随着发音器官的成熟和大脑皮层对发音器官调节机能的发展而提高的。3—4岁的儿童由于生理上不够成熟，不能恰当地支配发音器官，不善于掌握发音部位和发音方法。幼儿发出元音错误较少，发音的错误主要集中在辅音，如 zh ch sh z c s 等音。2—6岁幼儿语音的发展体现在发音能力发展和语音意识产生这两个方面。

【案例背景】

齐齐，男，4岁。在活动区活动时，几个小伙伴一同选择了娃娃家，逼真可爱的小包子、小饺子、可拆装的比萨饼，还有灶台上丰富的烤串原料，都深深吸引着孩子们游戏的兴趣。小朋友们三三两两地分头在娃娃家和厨房里忙碌着……

【案例描述】

齐齐兴高采烈地戴上厨师帽、举起小铲子，俨然一副小厨师的样子。

文文扮作小客人来餐厅坐下点餐："服务员，我要一杯橙汁。"齐齐赶快拿起小纸杯，端着空水壶一边倒一边说："诺，给你，先（qian）给你这杯。"……

小朋友们吃过"饭"都陆陆续续地离开了，还剩下齐齐自己在餐厅，他到处转悠，想找几个小朋友一起玩儿："来餐厅吧，来和我一起玩（wa）吧。"还不时向周围小朋友显摆着："大家看，我用一只手（sou）就能掀起锅盖来。"

【案例分析】

经历了出生后第一年前语言阶段的储备，以及后两年的单词句阶段和多词句阶段，3岁左右的儿童就已经能掌握本民族语言中基本的语音了，4岁时应该能掌握全部语音。

案例中的齐齐小朋友就属于言语发展水平稍缓慢的情况，对于部分语音仍然处于尚未准确掌握的阶段。"先后"的"先"辅音为"x"而非"q"；"玩游戏"的"玩"元音应为"an"并加儿化音"r"而非"a"；手脚的"手"辅音为"sh"而非"s"。

在儿童语音发展的过程中，家庭、社区以及儿童个体自身都会对语音发展造成影响，因此，我们在分析儿童的语音发展时，应综合考虑各方面的因素。

【发展指导】

幼儿正确发音的能力是随着发音器官的成熟和大脑皮层对发音器官调节机能的发展而提高的，当然也离不开教师的准确示范、耐心纠正与指导。

教师在听到幼儿的错误发音后，既不要放任不管也不要呵斥纠错，而要耐心渗透正确的发音。放任不管会错过语音发展的敏感期，甚至使孩子的错误越来越多；呵斥纠错会挫伤孩子表达的信心，甚至使孩子不愿再讲……因此，老师最好先重复一遍孩子的话，但要用正确的发音，然后再引导幼儿尝试纠错，这样将逐步增加孩子对正确语音的积累，为其将来使用奠定基础。

案例来源：天津市和平区第十一幼儿园詹文燕老师

案例2："存我书包里……"

【引言】

各年龄阶段儿童心理发展水平不同，他们对词汇的理解水平也是不相同的。3岁前，对词义的理解常常不是失之过宽，就是失之过窄，即使是同一个词，不同年龄阶段儿童的理解也是不同的。

儿童理解词语是"由近及远"的,先理解与运用的往往是日常生活中常见的或是经常接触到的词汇;儿童理解词语是"固定化"的,往往与固定的物体或情境相联结,需要一定的积累后才会灵活使用。

【案例背景】

恬恬,4岁的时候语言发展迅速,语音与词汇方面每天都在进行丰富且快速的储备,但也经常闹出很多小笑话。无论如何,恬恬越来越爱说,喜欢表达自己的见解,也敢于表达,这些都显示着孩子在一步步地成长。

【案例描述1】

恬恬用电脑画图。只玩过一两次鼠标的她在妈妈告诉她点哪里换颜色之后,就自己画开了……过一会儿她来问:"妈妈,这是什么啊?"原来她误点了保存,妈妈告诉她说:"这是电脑问你要不要保存?"恬恬说:"要!"妈妈随口问了句:"存哪儿呢?"正要接着帮她操作,恬恬认真地告诉妈妈:"存我书包里!"

【案例描述2】

姥姥一直以恬恬能吃得比妈妈还多为荣,妈妈却始终觉得干吗要让孩子吃那么多呢?晚餐时,恬恬依然在努力完成姥姥交给的"任务"——当然是乐此不疲。看她那一碗稀饭着实不少,妈妈建议:"恬恬你吃得了吗?要是吃不了就跟姥姥说'您别揣我了'。"恬恬认真地低头看了看桌下姥姥的脚……(踹……)。

【案例分析】

案例1中的"存"属于多义词,"保存"的含义也有多种,恬恬理解得比较浅表,但也不失正确,因此我们应该加以鼓励和指导;案例2中的"踹"与"揣"属于同音字,恬恬听到"chuai"的发音就理解成了自己经验中最常用的动词"踹"。

【发展指导】

成人应努力理解儿童言语的涵义,才有可能给予幼儿准确有效的指导。在这两个案例中,成人听清了孩子的意思,因此就可以跟进后面的讲解与解释。如果日常生活中,我们没有足够地注意儿童言语中的疑问,没有及时发现孩子使用语言的问题,那么有可能就会失掉教育契机。另外,还应注意多义词的使用,给孩子提供理解与练习的机会,帮助孩子形成良好的语用的习惯,敢于用词,逐步提高言语能力。

案例来源:天津市和平区第十一幼儿园詹文燕老师

案例3:"我最高兴的事是……"

【引言】

儿童讲述的逻辑性逐步提高,主要表现为讲述的主题逐渐明确,层次逐渐清晰,同时也表现为儿童拥有自己的理解策略。讲述逻辑性是思维逻辑性的表现,言语发展水平好的幼儿,在讲述一件事情的时候,语句不一定多,但一定能抓住主要情节和情节之间的关系;用词不一定华丽,但一定很贴切。

【案例背景】

温馨、舒服的环境下,与5—6岁小朋友分别谈话,谈话主题是"我最高兴的事情"。老师引导幼儿自主表达自己的想法,按照自己的想法回答问题。

【案例描述】

回答1:我喜欢画画。

回答2:我能做值日生。

回答3:昨天,我从幼儿园回家的时候,我在回家路上跟小妹妹一起玩儿了。然后,妹妹就跟我一起回家了。我带妹妹在家里玩儿。后来,我去买东西,姥爷看着妹妹,我妈妈也带妹妹。

回答4：周末，我去姐姐家了，很高兴。姐姐家里有我最喜欢的玩具，妈妈有时让我和姐姐一起玩，我们还一起吃饭。

【案例分析】

回答1和回答2显然是不合讲话主题逻辑的，回答1的所属主题应该是"我喜欢做的事"，回答2的所属主题应该是"我能做的事"。

虽然在回答3和回答4中也有个别语句的语序不很准确，或句子逻辑性稍有欠缺，但是谈话整体内容的逻辑性是准确的，确实是围绕"我最高兴的事情"这个主题来展开的。

【发展指导】

能否有一定逻辑性的谈话与表达自己的思想，一定程度上取决于语言素材的积累，如词汇、语法、语言表达方式、语音等等；另一方面也取决于幼儿思维的发展与理解的发展，能否控制自己的思维按照一定的思路思考问题并表达等。因此，教师与成人应帮助幼儿逐步学会理解别人的讲话涵义、提炼其主题，训练幼儿学习围绕一个主题谈话，并在适当的时候渗透礼仪、礼貌等方面的良好习惯，引导幼儿不随意岔开话题。为了能够满足幼儿表达的需求，也应更多鼓励幼儿阅读、讲述，不断在日常生活中积累语言经验，经常与幼儿谈话也是锻炼的好方法。

案例来源：天津市和平区第十一幼儿园詹文燕老师

三、分析与指导练习

练习1："你求我点事儿……"

恬恬，4岁，女孩，是一个生活在宽松、平等的家庭氛围中的孩子，喜欢表达自己的想法，虽然齿音字、语序等方面均处于发展的过程中，但是家庭成员始终能够给予积极的鼓励与引导。

晚饭后，恬恬还想喝养乐多，家长认为这个要求不合理，原因是晚饭的丰盛、零食的丰盛。恬恬不干，先抱着爸爸大腿求爸爸，见爸爸没理会，又做出跳脚儿蹦上冰箱顶的样子，接着跑过来问妈妈："妈妈，你同意吗？"妈妈说："我不同意！你今天吃的零食太多了！"旁边的姨姥姥给她出主意："你去找他！"说着指指旁边的姨姥爷。恬恬看看姨姥爷，很担心他还是不同意，所以迟迟没动，姨姥姥继续教她："你跟他说——求您点儿事儿，他就答应了！"恬恬冲过去不假思索地说："你求我点儿事儿！"全家人哄堂大笑，姨姥爷镇静地问："我求你什么事儿？"恬恬说："养乐多在冰箱上！"大家继续笑……姨姥爷问："是你求我，还是我求你啊？"恬恬认真地说："你求我点事儿"——把"我"这个音故意拖得很长！

案例来源：天津市和平区第十一幼儿园詹文燕老师

请对恬恬的言语发展做出分析与评价，并提出促进其言语发展的指导建议。

练习2：我来扮演小蝴蝶

幼儿已经基本了解《叶子小屋》的故事情节，老师请小朋友们扮演不同的角色进行游戏活动。吕嘉铭（4岁11个月）大胆地举起了手想要扮演小蝴蝶。在角色选定后表演游戏开始。

教师旁白，小朋友们一个接一个地出场了，当老师说到小蝴蝶来了时，吕嘉铭没有反应，老师看着嘉铭一边做动作一边提醒她："小蝴蝶呢？谁是小蝴蝶？快来呀！"嘉铭笑了起来，一边笑一边模仿小蝴蝶的动作向老师飞来。

老师：小蝴蝶对小馨说，说什么呀？

嘉铭：谢谢！

老师：还说什么了呢？

嘉铭：不客气。

老师：谁说不客气？

嘉铭：小馨说。

老师：那小蝴蝶说什么了？

（吕嘉铭没有反应。）

小蝴蝶看着小馨飞进了叶子小屋,她飞进去之前先说什么呀？

嘉铭：我要进去！

老师：小馨请小蝴蝶进去了吗？

嘉铭：没有。

老师：没有,你应该要先说什么？

（吕嘉铭无反应。）

我能……我能进……我能进去……

（吕嘉铭一直没有回答老师的问题,只是用眼睛看着老师,张开嘴没出声音又闭上了。这样反复了三次。）

进去做什么？（吕嘉铭无反应。）

做什么呀？外面下着什么呀？

嘉铭：雨。

老师：外面下着雨。（嘉铭点点头,不说话。）

下雨了,小蝴蝶要进去干什么？（吕嘉铭无反应。）

那个词叫"避雨"。

嘉铭：避雨。

老师：我能进去避雨吗？

嘉铭：我能进去避雨吗？

老师：小馨应该说什么？（老师转身对扮演小馨的刘梦迪说。）

嘉铭：小馨应说什么？（吕嘉铭继续跟着老师学话。）

老师：这是老师说的话,你不用学这句话。

刘梦迪：请进。

吕嘉铭没有说话,走进了叶子小屋。

案例来源：天津市幼儿师范学校附属幼儿园陈露老师

请对案例中吕嘉铭小朋友的言语发展状况进行分析,并在此基础上提出发展指导建议。

练习3：图书区里传来讲故事的声音

区域活动开始了,小朋友们都有序地进行着自己的活动。在图书区,我听见了嘉铭（5岁4个月）在给她的好朋友讲故事。由于嘉铭的语言发展较慢,以前很少选择图书区,总是在娃娃家游戏,现在到了大班没有了娃娃家,嘉铭在好朋友的引导下走进了图书区。

梦迪：吕嘉铭,咱们今天选图书区吧。

（嘉铭点点头,梦迪和嘉铭手拉手,一起来到图书区。）

梦迪：咱们看哪本书？

（嘉铭笑着看了看梦迪,没有说话。）

看《金鸡冠的公鸡》好吗？昨天老师讲的,还可以表演呢。

嘉铭：行。（边说边点头。）

（梦迪拿起书,两个人一起看了起来。梦迪大声地讲着故事,嘉铭坐在旁边认真地听着,有时帮梦迪翻书。梦迪讲完故事,把书放到了嘉铭的面前。)

梦迪:你讲讲吧,我讲完了。

　　(嘉铭接过书,有模有样地讲了起来。梦迪在嘉铭停顿的时候提醒她,就这样,嘉铭在梦迪的帮助下讲完了故事。区域活动结束的音乐响起……)

案例来源:天津市幼儿师范学校附属幼儿园陈露老师

吕嘉铭小朋友的言语比4岁时有了进步,在促进儿童言语发展方面,这个案例给你带来哪些启示?

四、实务操作——设计一个促进儿童言语发展的教学环节

自选中、大班的幼儿各3名,在充分了解该年龄段儿童言语发展特点的基础上,让幼儿围绕一个主题讲述自己的经历。用录音设备记录下来,并进行详细的言语发展现状分析。

思考与讨论

1. 语言和言语有什么不同? 言语的种类有哪些?

2. 言语在儿童心理发展中的意义有哪些?

3. 简述婴儿期言语发展的阶段与特点。

4. 简述幼儿期言语发展的阶段与特点。

5. 结合儿童思维发展特点,思考为什么儿童最容易掌握且掌握最多的是名词和动词。

6. 言语发展理论给你带来哪些启示?

7. 如何促进儿童言语发展?

主要参考书目

1. 林崇德.《发展心理学》[M].北京:人民教育出版社,2002.

2. 陈帼眉.《学前心理学》[M].北京:北京师范大学出版社,2002.

3. 高月梅.《幼儿心理学》[M].杭州:浙江教育出版社,1993.

4. 周念丽,张春霞.《学前儿童发展心理学》[M].上海:华东师范大学出版社,1999.

5. 白爱宝.《幼儿发展评价手册》[M].北京:教育科学出版社,2002.

6. 〔美〕Carole Sarman.《观察儿童》[M].单敏月等译.上海:华东师范大学出版社,2008.

学前儿童情绪情感发展主题

通过本单元的学习,你应该能够:

- 了解情绪情感的含义、种类。
- 理解情绪情感在儿童心理发展中的意义。
- 掌握学前儿童情绪情感发展的年龄特征。
- 能够运用理论对学前儿童情绪情感发展进行观察。
- 掌握简单的情绪测评方法。
- 能够运用理论对学前儿童情绪情感发展案例进行分析。
- 掌握促进儿童情绪情感发展的策略,以及帮助儿童有效调控情绪的方法。

学习单元一 发展解读

一个3岁的女孩正在家里发脾气,这时来了一位做客的叔叔,于是,女孩找到一个发泄对象。

"我讨厌你。"她大声说。

"嗯,我爱你。"叔叔有些不解,不过仍然笑着回答她。

"我讨厌你。"女孩仍就固执地大声说。

"我仍然爱你。"叔叔的笑容更灿烂了。

"我讨厌你!"女孩歇斯底里地喊着。

"嗯,我还是爱你。"叔叔更坚定地向她保证,并伸出双手拥抱她。

"我爱你。"女孩终于屈服了,脸上露出了笑容,投入到叔叔的怀抱。

学前儿童情绪的突出特点在这个案例中的女孩身上非常明显地显示出来,同时,案例里叔叔的行为也向我们展示了帮助儿童进行情绪调节、恢复平静的好方法。

一、情绪情感发展概述

1.情绪情感的界定

情绪和情感是人对客观事物是否符合自身需要而产生的主观体验。

情绪情感与人的需要密切相连。外界刺激引发人的情绪情感,但并不都能引起每个人的情绪反应,只有当它与人的需要有直接或间接关系的时候,人才会产生情绪反应。人类情绪情感与两种需要有关:生理需要和社会需要。

知识链接 情绪与情感的区别和联系

情绪与情感是不同的两个概念,但由于在现实生活中两者密切交织在一起,很难把他们区分开,只有在对情绪和情感进行研究时,才对之进行划分。

1. 情绪与情感的区别

首先,情绪出现较早,多与生理需要相联系;情感出现较晚,多与人的社会性需要相联系。婴儿一出生就有哭、笑等基本情绪表现,这些情绪多与食物、水、温暖、困倦等生理需要相关;情感则是随着儿童心智的成熟、社会认知的发展在幼儿期产生的,多与求知、交往、审美等社会性需要相关。情绪是人和动物所共有的,情感是人类所特有的。

其次,情绪具有情境性和暂时性;情感则具有稳定性和持久性。情绪常常由当时的情境所引起,经常随着情境改变而改变,所以很难持久;情感可以说是在多次情绪体验的基础上形成的、稳定的态度体验。例如,孩子的顽皮可能会引起母亲的愤怒,这种情绪具有情境性,但每一位母亲绝不会因为孩子引起的一次生气,就失去对孩子的母爱,母爱是情感,它是稳定、深刻且持久的。

最后,情绪有明显的外部表现;情感则比较内隐和深沉。情绪一旦发生,其强度大,且伴随机体生理上的变化,甚至人常常不能自控;情感则更多的是内心深处的体验,常常以内隐的形式存在或以微妙的方式流露出来,强度变化比较小,生理变化也不太明显。

2. 情绪与情感的联系

情绪和情感虽然不尽相同,但却不可分割。它们都是对自身需要是否得到满足所产生的体验,是同一类型的心理活动。一般来说,情绪是情感的基础和外部表现,情感是情绪的深化和本质内容。

2. 情绪情感的种类

（1）基本情绪

基本情绪是指那些与人的基本需要相联系,与生俱来的、不学就会的情绪。一般认为,快乐、愤怒、恐惧和悲哀是4种最基本的情绪;也有学者认为人类的基本情绪包括愉快、兴趣、惊奇、厌恶、痛苦、愤怒、惧怕、悲伤等8种。这些情绪与人的基本需要相联系。

（2）情绪状态的种类

情绪状态一般有心境、激情、应激和挫折感等4种。

● 心境。心境是在某一段时间内比较持久的、弥散的、富有感染色彩的情绪状态。"爱屋及乌"、"草木皆兵"反映的就是两种不同的心境造成的不同感受。造成某种心境的原因有时是明确的,有时则是难以确定的;有些是当前的,有些是从前的。心境是可以控制的,善于控制心境是一个人有良好修养的表现。

● 激情。激情是一种强烈、短暂,然而具有暴发性的情绪状态,如狂喜、暴怒、绝望等。引发激情的直接原因往往是生活中重大而又突然的事件。如果说心境主要影响人的感受,那么激情则主要影响人的行动,引起一些不假思索的行为,同时还伴随剧烈的生理变化。激情有积极和消极之分,良好的修养能在很大程度上控制激情。

● 应激。应激是在出乎意料的紧迫情况下引起的急速而高度紧张的情绪状态。也就是在千钧一发、刻不容缓的关键时刻,人们当机立断、奋不顾身、情绪激昂、能量突发的一种状态。应激状态是一种行为保护机制,不过,如果一个人长期处于应激状态,对健康是很不利的。

● 挫折感。挫折感是因目标没有达成而产生的一种持久的且消极的情绪体验,包括消沉、沮丧、怨恨、冷漠等。挫折感往往发生在那些对自己缺乏正确评价、对困难缺乏足够估计、对生活缺乏全面认识的人身上。

（3）情感的种类

人的社会情感主要包括道德感、理智感和美感3种。

● 道德感。道德感是由自己或他人的举止行为是否符合社会道德规范而引起的情感体验。道德感总是和一个人的道德认识、道德观念、道德评价相关联，如自豪感、责任感、义务感、同情心、羞耻感、自尊、懊悔、自责等都属于道德感。

● 理智感。理智感是由于是否满足认知探究的需要而产生的情感体验。例如，在探索过程中，探求新知时的惊讶和疑惑，获得成功时的愉快和喜悦，遇到困难挫折时的焦灼和烦恼等，都属于理智感。

● 美感。美感是人对美好事物所产生的情感体验。它是与一定的审美评价相关的情感体验。

3. 情绪情感在儿童心理发展中的意义

情绪情感是儿童心理发展中的重要方面，在儿童心理发展中起着非常重要的作用，对儿童的认知过程、意志行动、社会性发展以及个性形成均具有重大影响。

● 情绪对婴儿生长具有适应生存意义。

婴儿先天具有情绪反应能力，这种能力成为早期婴儿适应生存的重要手段。婴儿刚出生时不具备独立获得食物和寻求安全的能力，其生存依靠成人。然而，是什么使婴儿的自身需求与成人的照顾给予之间相沟通以达到配合得当、供求协调呢？沟通婴儿与成人之间的桥梁不是语言，而是情感性信息的应答，即婴儿把内在需求以情绪反应的方式表现于外，传递给成人，成人根据婴儿的情绪反应满足其需求、给予及时恰当的照顾。

● 情绪情感对儿童的心理活动和行为，特别是认知活动起到激发、推动或阻碍的作用。

情绪本身不是动机，但具有驱动作用。儿童做什么或不做什么，在很大程度上受情绪的支配。年龄越小，这种支配作用就越大。在愉快的情绪状态下，儿童愿意游戏、学习和活动，学东西也快；在不愉快的情绪状态下，常常导致各种消极行为。例如，如果儿童喜欢绘画，就会画个没完；不喜欢画画，怎么叫他画也不愿意画。儿童要是喜欢一个老师，她说的话特别爱听，让干什么就干什么，上课很专心投入；要是不喜欢一个老师，她说的话都不爱听，叫干什么偏不干，上课时不认真、不专心。儿童完全凭兴趣做事，情绪直接支配、左右着儿童的行为。

儿童的认知活动受情绪的影响、制约非常大，这就使得其认知活动带有明显的无意性。我国学者孟昭兰在情绪对婴儿认知操作影响的研究中发现，情绪体验对认知操作起到组织或干扰作用；兴趣和愉快交替出现和互相补充，为认知操作提供最佳背景，婴儿显示出最佳的操作效果；快乐和兴趣的相互作用和相互补充能支持婴儿游戏、操作和从事其他活动，兴趣的发生导致快乐，快乐又反过来加强兴趣，两者的相互补充是智力活动的最优情绪背景。

● 情绪情感是儿童人际交往的重要手段。

表情是情绪的外部表现，它在儿童人际交往中占有特殊重要的地位。在儿童掌握语言之前，成人与儿童之间的相互了解与沟通主要靠表情；在掌握语言之后，表情也始终是儿童重要的交流工具，它和语言一起共同实现着儿童与成人、儿童与同伴之间的社会性交往。情绪态度对儿童语言发展也有重要影响，儿童最初的话语大多是表示情感和愿望的，用情绪激动法可以促进儿童掌握某些难以掌握的语词。

● 情绪情感影响儿童个性形成。

首先，在生命的头几年，在与不同人、事、物的长期接触过程中，特别是成人对待儿童的态度方式，以及成人自身对待事物的态度，都会潜移默化地影响到儿童，儿童从中逐渐形成了对不同人、事、物的比较稳定的情感态度。其次，儿童由于经常反复受到特定环境刺激的影响，反复体验同一情绪状态，这种状态逐渐稳固下来，形成较为稳定的情绪特征，从而构成了个性结构的重要组成部分。

4. 学前儿童情绪情感发展概况

婴儿先天具有情绪反应的能力。新生儿刚出生后就有两种不同性质的情绪反应：一种是生理需要获得满足后出现的愉快情绪；另一种是由饥饿、寒冷、身体不适引起的不愉快情绪。在此基础上，各种基本情绪在2岁前就陆续出现了。

刚出生时的情绪反应有两个特点：一是都与生理需要是否得到满足直接相关；二是都是遗传本

能,具有先天性。

到了婴儿期,儿童情绪情感发展的特点是:随年龄增长,情绪的种类愈来愈多,从由生理需要引起过渡到由社会需要引起;婴儿末期出现羞怯、窘迫、内疚、自豪、移情等道德情感的萌芽。

在幼儿期,儿童情绪最突出的特点是易冲动、易变化、外露、易受感染。随着年龄增长,情绪情感逐渐丰富化、深刻化、社会化;情绪的自我调节也逐渐增强;道德感、理智感、美感以及移情等高级情感进一步发展起来。

二、婴儿期情绪情感的发展

婴儿先天具有情绪反应的能力。随着年龄的增长,在基本情绪基础之上,情绪的种类愈来愈多,而且从由生理需要引起过渡到由社会需要引起。

1. 情绪的表达与识别

（1）婴儿情绪的表达

情绪表达是指个体将其情绪体验,经由行为活动表露于外,从而显现其内心感受,并借以达到与外界沟通的目的。情绪表达有很多种不同的方式,如语言文字、图画符号、身体活动等。婴幼儿的情绪表达有很多不同的方式,如表情、身体活动、语言文字、图画符号等。这些既是儿童情绪表达的手段,又是成人识别儿童情绪的途径。

（2）婴儿情绪的识别

● 从面部表情识别。

面部表情是识别婴儿情绪的重要途径。在婴儿学会说话以前,其表情是他们传达意愿和需要的主要手段。婴儿和成人之间的交往就是通过表情进行的。如何识别婴儿的面部表情?每一种情绪都有特定的面部肌肉活动模式。面部表情主要通过额眉部、眼鼻部和口唇部的变化来呈现。每一种具体的情绪都是由这三个部位肌肉运动的不同组合构成的。

最常见的婴儿表情就是哭与笑。

第一,识别婴儿生理不适的啼哭:婴儿出生时就会哭,用以表示饥饿、寒冷、身体不适或疼痛,这种哭会伴有闭眼、号叫、蹬腿等反应。这种啼哭在婴儿早期发生频繁,随其生长而减少,半岁以后就很少出现了。

第二,识别婴儿心理不适的啼哭:这类啼哭主要发生在受到不良刺激而引起愤怒时,受到惊吓震动而引起的恐惧时。这类啼哭带有明显的面部表情,一般发生在2—3个月以后。半岁以后,婴儿在没有成人陪伴感到孤独时也会嘤嘤哭泣,显示出悲哀的表情,并流出眼泪。

第三,识别婴儿自发的微笑(0—5周)。这种微笑主要表现在嘴部,不包括眼睛和眼睑的活动。出生一个月以内的孩子睡着和觉醒时会出现类似微笑的表情,这种早期的面部反应是身体生理过程正常进行的自发反应,如果触动婴儿面颊也能引起这种"嘴的微笑"(普莱尔微笑),但这时的微笑并不含有明显的感情意义。它可以在没有外部刺激的情况下发生,与中枢神经系统活动的不稳定有关,是自发性的或反射性的,所以又叫"内源性微笑"。在儿童睡着时发生得最普遍。

第四,识别婴儿无选择的社会性微笑(第3、4周起)。这种微笑是由外界刺激引起的,所以又称"外源性微笑"。吃饱喝足、温柔的触摸、温和的说话声、轻轻的摇晃以及母亲轻柔的语音都会引起婴儿的微笑,同时还会舞动小手和小脚,这是一个小小的里程碑,标志着婴儿出现了由社会性需要引起的情感反应。不过,这个时候的婴儿还不会区分对他有特殊意义的个体。社会性微笑是情绪社会化开始的重要标志,从此以后,婴儿的社会行为反应日益增多和复杂起来。

第五,识别婴儿有选择的社会性微笑(第5周起)。婴儿的微笑开始有所选择,他会对熟悉的人微笑,对陌生人却带有警戒,不再轻易展示笑容。

第六,识别婴儿的大笑。大笑出现的时间在3、4个月,最初的大笑是对活跃刺激的反应。例如,玩躲猫猫的游戏、成人的逗引、母亲快乐的话语如"我就要抓住你啦"、"亲亲小肚皮"等。这种微笑成为一种明显的社会信号,强化了亲子关系。

知识链接　　学会翻译婴儿的哭声

哭声是婴儿的语言。婴儿的哭声有很多种,要学会从婴儿不同的哭声中发现他不同的需求。

哭 泣 表 现	哭 泣 原 因
喂奶前发生,声音洪亮、短促、有规律,间歇时有觅食吸吮动作。	饥饿
吃奶时,反复避开奶头边吃边哭。	乳汁过急或过少;或代乳品太甜、过稠;或鼻塞导致吸奶困难。
哭声小,哭哭停停。	要求抚爱。
喂奶后仍哭声不止。	口渴。
哭声先短后长,两声之间间隔较长。抽泣时短促有力。	尿便。
突然剧哭,先长后短。	突然的声光刺激,失去保护感。
哭泣多在出生后1—2周,每天傍晚发生,伴随烦躁不安,严重时有阵发规律的剧哭,持续数分钟后安静入睡。	阵发性腹痛。
哭声突发而出,节奏先长后短,剧烈而持久,常伴呕吐、便血等症状。	外科急腹痛(肠套叠)。
尖叫,喷射性呕吐。	颅脑疾病。
低弱的呻吟。	病情危重。

改编自:祖美德,《妈妈手记》,内蒙古人民出版社,1998年版,第19页

● 从肢体动作识别。

除了面部表情外,儿童还用动作表达情绪,例如,当他感觉舒适或听到音乐时,会舞动四肢;喝奶高兴时会伸手触摸母亲;对陌生人表现出惊奇不快时,会把身体转向亲人。

● 从言语表情识别。

言语表情是情绪在语言的音调、节奏、速度等方面的表现。言语不仅是交流思想的工具,也是传达情绪信息的手段。婴儿在学会说话后,成人就多了一条识别情绪的途径。例如,喜悦时音调高,言语速度较快,语音高低差别较大;悲哀时音调低,言语缓慢,语音高低差别较小,声音断续;愤怒时声音高而尖,且在颤抖。此外,到了幼儿期,儿童还能用词来表示自己的情绪,说出自己的情绪体验,这是言语表情的更直接方式。

2. 基本情绪的发生与发展

婴儿情绪发展经历了从单一到多样、从原始简单的基本情绪到复杂的高级情感的发展过程。

(1)新生儿情绪的分化

关于刚出生婴儿的情绪是否分化,心理学家的观点是不一致的。

● 不分化的观点。认为新生儿原始的情绪反应是笼统的,还没有分化。这种观点以加拿大心理学家K·M·布里奇斯为代表,认为刚出生婴儿只有皱眉和哭泣反应,这种反应是未分化的一般性激动,是强烈刺激引起的内脏和肌肉反应。从出生到3个月之间,由一种原始情绪分化为痛苦和快乐两种情绪反应,在一岁之内痛苦又分化为愤怒、厌恶和惧怕;快乐又分化为高兴、欢乐;到2岁左右,儿童已显示出大部分成人的复杂情绪。

● 高度分化的观点。以行为主义创始人、美国心理学家华生为代表,认为新生儿天生的情绪反

应有三种：怕、怒、爱。

● 认为有两种分辨得清晰的情绪反应。中国心理学家林传鼎对500名婴儿进行观察，提出与前两种观点完全不同的理论，认为新生儿有两种完全可以分辨得清的情绪反应，即愉快和不愉快，这两种情绪反应都是与生理需要是否得到满足有关的表现。到3个月末有欲求、喜悦、厌恶、愤怒、惊骇、烦闷6种情绪反应相继发生；到2岁时，已有了亲爱、尊敬、同情、好奇、羡慕、惭愧、失望、厌恶、愤怒、恐惧等20多种情绪反应。

（2）基本情绪的发展

我国心理学家孟昭兰在研究基础上提出，新生儿由遗传获得了愉快、兴趣、惊奇、厌恶、痛苦、愤怒、恐惧、悲伤等8种基本情绪。这些基本情绪的发生具有一定时间次序和诱因，既有普遍规律，又有个体差异。

知识链接 婴儿情绪发生时间表

情绪类别	最早出现时间	诱　因	经常显露的时间	诱　因
痛苦	出生后1—2天	身体痛觉刺激	出生后1—2天	身体痛觉刺激
厌恶	出生后1—2天	不良味刺激	出生后3—7天	不良味刺激
微笑	出生后1—2天	睡眠中，内部过程节律反应	1—3周	同前或触及面颊
兴趣	出生后4—7天	新异光、声刺激	3—5周	适宜光、声或运动物体
愉快（社会性微笑）	3—6周	高频率人语声（女声）、人的面孔出现	2.5—3个月	熟人面孔出现、面对面玩
愤怒	4—8周	持续痛觉刺激	4—6个月	同前以及身体活动持续受限制
悲伤	8—12周	持续痛觉刺激	5—7个月	与熟人分离
惧怕	3—4个月	身体从高处突然降落	7—9个月	陌生人或新异性刺激较大的物体刺激
惊奇	6—9个月	新异刺激物的突然出现	12—15个月	新异刺激物的突然出现
害羞	8—9个月	熟悉环境中陌生人接近	12—15个月	熟悉环境中陌生人接近

资料来源：孟昭兰，《婴儿心理学》，北京大学出版社，2001年版，第328页

● 兴趣

兴趣是先天性情绪，在婴儿早期就可以产生。除了睡眠和身体不适以外，婴儿看、听、发出声音和动作很大程度上是由兴趣所激起和引导着的。

兴趣的早期发展经历3个阶段。第一阶段：先天反射性反应阶段（1—3个月）。表现为感官对外界的声、光、运动刺激持续地反应。第二阶段：相似性物体再认知觉阶段（4—9个月）。适宜的声、光刺激的重复出现能引起婴儿的兴趣。这种相似性再认的发生是感情依恋的基础。第三阶段：新异性探索阶段（9个月以后）。这一阶段，持续存在的物体引起习惯化反应，婴儿不再注意它（如带响的彩色玩具），开始对新异性物体感兴趣，表现为主动做出重复性动作去认识新异物体本身。例如，婴儿不断地抛玩具，抛玩具的动作是兴趣—认知相互作用的表现。再有典型的表现就是拆卸玩具。到2—3岁，还会表现为模仿行为，例如，拍娃娃睡觉，喂小熊吃东西。

兴趣对于学前儿童具有重要的心理学意义。兴趣处于动机的深层水平,它可以驱使人去行动。兴趣还支配着感觉与运动之间的协调和运动技能的发展,为生长和发育打下基础。缺乏兴趣能导致严重的智力迟钝或冷漠无情。兴趣维持儿童的注意力。兴趣在个体认知和智力发展上起着重要的激励作用。儿童任何能力的发展是不可能在没有持续兴趣的情况下完成的。在认知活动中,兴趣和愉快的相互补充是智力活动的最优情绪背景。

兴趣的心理学意义对学前教育的启示在于,引起儿童的兴趣是教育教学过程获得成功的重要心理学依据之一;对于特殊才能的培养,兴趣是儿童在某一方面是否有发展潜力的试金石。儿童兴趣的发展给父母带来的重要启示是,敏感、好奇心强、好进取的父母比那些喜欢生活在秩序井然环境、事事按部就班的父母更容易培养和发展他们的孩子天然具有兴趣–认知倾向,给孩子游戏活动的自由对孩子的发展有决定性影响。

- 快乐

快乐与兴趣是两种儿童最基本的正面情绪,对儿童的发展有着巨大的意义。快乐的笑容是最有效的、最普遍的社会交往手段,它是人际交往的纽带,有助于依恋的形成,对健康人格的形成极为重要。

快乐不是教会的,也不是模仿学会的,快乐是从"成就"中获得的。婴儿在洗浴、游戏、同他人玩耍娱乐中都能体验到快乐,这样的快乐对婴儿是有益的,婴儿经常处于快乐状态之中,有助于身心健康。然而,更有价值的快乐是在自己的活动和活动成果中体验到的真正的快乐。因为这样得到的快乐不是"好玩儿"、不是"有趣"、不是"娱乐",而是从中得到对世界、对社会和他人的信心、对自己的自信、得到应付环境的能力。所以,快乐最重要的来源是通过自己的努力得到成就、创造成果以及完成有意义的活动,其中关键的因素不是"成就"而是自己的努力。例如,婴儿开始用几块积木搭起一个"高塔",或者从两米远的距离终于蹒跚地走到妈妈面前,他体验的是真正的快乐,因为他通过自己的努力完成了一件事,他得到了"成就"。真正的快乐还可以在人际间的相互依赖和信任中得到。

- 痛苦

痛苦是最普遍的负面情绪。引起婴儿痛苦的最基本和最普遍的原因是婴儿与母亲的分离,这种分离既包括身体上的,也包括心理上的。与亲人分离有许多形式,如感到被抛弃、不能得到同情、与母亲分开、被寄养或入托、被护理人员冷落而缺少爱抚、在团体中受排斥、不为集体接纳等。

- 惧怕

惧怕对儿童是具有伤害性的,由惧怕伴随而来的退缩和逃避,促成胆小和懦弱的个性。惧怕在全部情绪中是最有压抑作用的情绪,除了会引起行为上的退缩和逃避外,对认知也有影响,表现为十分惧怕时,感觉系统似乎是"盲"的,感知狭窄,思维刻板。但是,惧怕并不总是有害的,适度的惧怕可以作为警戒信号指导思维和行动,逃离危险以保个体安全。

半岁前引起婴儿惧怕的刺激多属于天然线索,例如,大声或从高处降落,但不会出现对陌生人的惧怕,因为婴儿这个时期区分熟悉和不熟悉对象的知觉能力还不成熟;从4个月开始,出现与知觉发展相关的惧怕,例如,随深度知觉的产生而开始出现"高处惧怕";6—9个月开始对陌生人发生警觉和拒绝接近,这种"认生现象"是伴随依恋情绪一起出现的;1岁以后,随着记忆、想象的发展,婴儿开始出现新的惧怕反应,即原先不害怕的事物,现在开始引发惧怕,这种惧怕反应一般是通过经典条件作用而形成的;2—3岁的,儿童开始出现由想象—认知引起的预测性惧怕,如怕黑、怕老虎、怕坏人、怕一个人在关灯的房间里睡觉等,这些是由想象引起的惧怕。

3. 婴儿期情绪情感的进一步发展

婴儿不仅能恰当地表达自己的情绪体验,同时也能逐渐感受并理解他人的情绪和行为变化,并作出回应。

(1) 识别他人情绪能力的发展

在面部表情识别方面,最初儿童只能识别面部表情的局部。

从第4个月开始,在面对面交往中,当儿童凝视、微笑、发声时,他们也期望对方以同样的方式反应。

到5—6个月的时候儿童会看成人的表情,会区分严厉和亲切的语调。

到了7—10个月,儿童能够把面部表情知觉为有组织的整体,并可以将语音中的情绪与面部表情匹配起来,也就是说,能够将成人的内在情绪体验与其外部表情结合起来,作为有组织的整体来认识。这意味着儿童能够对他人的情绪做出识别,能够匹配成人的情绪与表情,并在此基础上与成人进行互动,做出适当反应。

10个月左右的婴儿具备了社会性参照能力。所谓"社会性参照"是指儿童理解或解释他人面部表情的能力。大约从7、8个月开始,儿童在陌生环境中或遇到不熟悉的物品时,不能做出确定的反应,会主动从他人的面部表情中寻求情绪线索(如微笑、平静的表情、害怕的表情等),并依据这些线索做出相应的反应,调控自己的行为。此时,他人的面部表情就影响着儿童的情绪和相应的情绪反应。例如,1岁的儿童看到在一个陌生人旁边有一个新玩具,如果这个陌生人面带微笑,他会伸手将玩具拿来玩;如果陌生人做出严厉的表情,他则不敢拿这个玩具并倾向于回避。

2—3岁儿童对他人情绪的理解力开始发展起来了,开始理解情绪的原因、结果及其行为表现。

知识链接 看脸色行事

视崖实验是吉布森设计的研究婴儿深度知觉的经典实验。利用视崖装置同样也可以研究情绪的社会性参照作用。

研究者将12个月大的婴儿置于视崖装置中间的平台上,还是由母亲站在装置的一边鼓励婴儿拾取玩具。当将玩具放在"浅侧"时,婴儿很容易地取得玩具;当母亲站在"深侧"一边,而将玩具放在"深侧"的"断崖"处,婴儿的深度知觉使他对爬向"深侧"的行为和取得玩具的目的产生了犹豫。显然,这个犹豫是由于环境的不确定性造成的。于是,婴儿抬起头看着妈妈的脸。这时,如果妈妈的面部表情是正向的肯定和鼓励,婴儿就消除顾虑,爬向"断崖"处取得玩具;如果母亲的面部表情是负向的恐惧和威吓,婴儿就停滞不前,不去取玩具。可见,社会性参照作用直接影响着儿童的行为。

资料来源:王振宇,《学前儿童发展心理学》,人民教育出版社,2011年版,第117页

(2)自我意识情绪的出现

18—24个月的儿童开始出现羞怯、窘迫、内疚、自豪等自我意识情绪体验。当人做错了事或失败时,往往会对自己持有消极情绪,想要逃避以便他人不再觉察到我们的失败,这种体验就是羞怯和窘迫。1岁半以后儿童身上会表现出这种自我意识情绪,表现为当他们做错事时,会垂下头、低下眼帘、用手遮住脸。当觉得伤害了他人时,会感到内疚,并希望纠正坏事和修复关系。这种内疚心理在这个年龄段儿童身上也出现了。此外,当儿童取得成绩、获得成功时,会表现出喜悦,想与他人分享,这就是自豪的表现。

(3)移情的萌芽和发展

移情的英文empathy,也称同理心。移情就是"知人之所感",并同时能"感人之所感";既能分享他人情感,对他人的处境感同身受,又能客观理解、分析他人情感,从而做出相应的行为反应的能力。

移情是情感智商中最重要的能力,也是最基本的人际关系能力,同时也是高级情感发展的基础,如道德判断、道德行为、价值观等。有研究显示,移情是助人、分享等亲社会行为的直接原因。

移情能力是在自我觉知的基础上发展起来的,儿童对自我的觉知开始于1.5岁左右,随之出现移情的萌芽。

知识链接 对移情早期发展的研究

国内外许多研究者对儿童移情的早期发展进行了研究和阐述,其中马丁·霍夫曼的研究颇具影

响力。他认为,移情的萌芽可追溯到婴儿期,从婴儿很小的行为中可以看出移情的萌芽。霍夫曼将移情的早期发展分为以下4个阶段。

(1) 普遍移情(1岁之前)。出生后第一年为普遍移情阶段。此时,婴儿自我意识尚未形成,不能对他人和自己的情绪体验进行区分,因此常常把发生在别人身上的事情当作发生在自己身上一样来反应。例如,出生后不久的婴儿听见别的婴儿哭也会跟着哭泣;1岁左右的婴儿看见别人的手受伤了,马上会把自己的手指放进嘴里;看到别的孩子摔倒时,会把头钻进妈妈的怀里寻求安慰。

(2) 自我中心的移情(1—2岁)。出生后第二年为自我中心移情阶段。此时,儿童的自我意识开始萌芽,能意识到自己与他人的不同,但仍不能充分地把自己的内部状态与他人的内部状态相区分。例如,15个月大的婴儿可以把自己和他人区分,他们会努力安慰其他哭泣的婴儿,能把自己认为令人安慰的东西(食物、玩具娃娃)送给对方,或拥抱安慰对方;2岁的孩子能意识到他人的感受不同于自己的,为了不伤害其他孩子的自尊心,在别的孩子哭泣时,特意不去注意观看。霍夫曼认为,这个阶段的儿童还不能区分哪些方法可减轻他人的悲伤,哪些方法可减轻自己的悲伤,这与其角色采择能力还没有得到很好的发展有关。

(3) 对他人情感的移情(2—3岁)。移情真正出现的时间是在第三阶段。2—3岁的儿童已经能够区分自己和他人的情绪状态,开始能意识到别人具有与自己不同的情感、需要以及对事物的不同理解。因此,此时的儿童能够对他人的感受进行推断,做出更多的反应。3岁的儿童不仅能对简单情境中他人的快乐或悲伤进行辨认并产生移情反应,而且随着语言的发展,能够从情绪的象征性线索(如语言)中辨别出意义来,而不只是从他人的表情中辨别。甚至能在他人不在时,通过聆听有关他人感受的描述而产生移情。同时,能更熟练地以适宜的方式帮助别人。

(4) 对他人生活状况的移情(3岁以后)。3岁以后属于对他人生活状况的移情阶段。此阶段的儿童换位思考能力不断发展,从对他人即时痛苦的理解发展到对他人生活境遇的理解。此时的儿童已经能够理解痛苦并不是一种短暂的现状,而是一种持续的情绪生活。

移情的产生需要三个条件:第一,对他人情绪表达的知觉;第二,对他人所处情境的理解;第三,相应的情绪体验的经验。当儿童看到他人的情绪反应和所处的情境时,就会唤起自己生活经验中类似的情绪反应,进而产生移情。

移情真正出现的时间是在2、3岁左右。例如,一个2岁多的儿童会说:"他哭了,他想要糖。"在这句话里已表现出儿童对他人的需要和意向的理解和猜测,表明儿童在认知上并非完全自我中心化,已经能从他人的立场考虑问题,表现出明确的移情。3岁的儿童应该说已经有了一定的移情能力。

移情在开始时便显示出个体差异。儿童对感受他人情感的敏感性存在差异,一些孩子非常敏感,而另一些孩子却关掉了"心灵之窗"。儿童在移情方面的差异与成人的教养方式关系密切。如果成人在日常生活中,特别提醒孩子关注自己不良行为给他人造成的痛苦,例如,对他说:"你这样做让我好伤心!"就会促进儿童移情能力的发展。同时,身教重于言教,儿童通过模仿身边的人对他人痛苦的反应(尤其是向有困难的人提供帮助),移情能力自然就能发展起来。移情是在儿童与父母、老师、同伴的相互交往过程中逐渐形成的。

三、幼儿期情绪情感的发展

1. 幼儿期情绪的突出特点

(1) 易冲动

儿童易冲动具体表现在:人来疯;大哭大闹不能自控,无论成人怎么哄和吓唬他"不要哭、不许闹"也无济于事;行为过激,例如把书中的坏人抠掉。

易冲动的根本原因在于,儿童的情绪易受外界事物的影响而兴奋过度,大脑皮质的兴奋容易扩散,皮质对皮下中枢的控制能力发展不足。而负责控制情绪、让儿童平静下来的眶额皮层大约要在5

岁才开始迅速发育,这一过程一直持续到7岁,也就是说,5—7岁是孩子自制力开始快速发展、快速提高时期,这部分神经系统一直持续到25岁才能发育成熟。

（2）易变、不稳定

情绪易变是指两种对立情绪短时间内转换。例如,喜与怒、爱与恨的在短时间内转化。俗话说"六月的天,小孩的脸",讲的就是儿童情绪的易变性。破涕为笑是易变的最明显表现。我们还可以在刚入园的儿童身上看到这种易变,妈妈送来时大哭大闹,妈妈一走就高高兴兴玩起来。

（3）易受感染

所谓情绪感染是指儿童从别人的表情中提取信号意义,并引发自己相同的情绪反应。这个特点使得儿童的情绪带有明显的情境性,非常容易受外界情境及周围人的影响和支配。例如,新生刚入园时班里一个孩子哭,其他孩子也会莫名其妙地跟着哭;教师在组织教育活动时,自己的情感积极投入,孩子们也会受到感染,满腔热情地积极投入。所以,教师一方面要善于利用情绪的感染力,帮助儿童缓解冲动的情绪,使其尽快恢复平静;另一方面,不要将自己的消极情绪带到班里来,以免影响儿童的情绪。

（4）外露

学前儿童不能意识到自己情绪的外部表现,情绪完全表露在外,丝毫不加控制和掩饰。初上幼儿园的3岁孩子,由于离开家而哭起来,他一边哭一边自言自语:"我不哭。"这种矛盾的现象说明,儿童开始产生了要控制自己情绪表现的意识,但还不能完全做到控制调节自己的情绪表现,情绪情感仍然是外露的。只有到了5、6岁时,才能够做到在不愉快时不哭,或者在伤心时不哭出声来,但是家长接他出幼儿园门口时,他还是会立即大哭。儿童情绪外露有助于成人及时了解孩子的内心感受,但同时要帮助孩子学会控制调节自己的情绪表现,毕竟这是社会交往的需要。

2. 幼儿期情绪情感发展的一般趋势

（1）情绪情感趋于丰富化和深刻化

儿童情绪情感丰富化和深刻化表现在以下几个方面。

情绪越来越分化,幼儿期相继出现许多高级社会情感。以"爱"为例,儿童能对父母表现出亲爱、对老师表现出敬爱、对小朋友表现出友爱。又例如,对自己的行为可能表现出骄傲,而对别人的行为可能表现出羡慕。

涉及范围扩大,原先不能引起情绪反应的事物这时也能引起。表现为,不仅对自己活动的过程产生情绪体验,而且开始对活动结果产生情绪体验。例如,从原先不厌其烦地重复画画、开门,到画不好就放弃会有挫折感;做好了高兴,做不好就沮丧;动画片从不能吸引到成为生活中离不开的娱乐;不仅喜欢角色游戏,还热衷于智力游戏。

情感体验的深刻化。情感深刻化是指情感从指向事物的表面到指向事物更内在特征的变化。例如,5、6岁的幼儿受到别人嘲笑而感到不愉快,对活动的成功感到自豪,对别人感到妒忌等,都属于情感体验的深刻化。

（2）情绪的社会化

情绪社会化是指人在长期与他人的关系中,所体验到和表达着的情绪。具体地讲,人在社会交往中,有意无意地体验着由交往而引发的各种情绪、学习如何在不同场合表达自己的情绪,社会文化逐渐地附加到与生俱来的情绪中,形成了复合情绪,就是社会化的情绪。

幼儿期情绪的社会化具体表现在以下几个方面。

情绪中社会性交往的成分不断增加。美国心理学家爱姆斯用2年时间系统观察了儿童交往中的微笑,发现这种微笑可以分为三类:第一类,自己玩得高兴时的微笑,即非社会性情感;第二类,对老师微笑,即社会性情感;第三类,对小朋友微笑,也属于社会性情感。结果显示,非社交性微笑的比例逐年下降,社会性微笑的比例逐年上升。这说明儿童的社会性情感随着年龄的增长而不断增加。

引起情绪反应的社会性动因不断增加。学前初期,儿童的情绪反应由生理需要引发,如温暖、吃饱、睡眠充足、尿布干净、身体舒适等常常是引起愉快情绪的动因。婴儿喜欢被人抱,这能使他身体舒适,也是对他生理需要的一种满足。3、4岁的儿童仍然喜欢身体接触,刚刚进幼儿园的孩子愿意老师牵着他的手。之后,引起情绪的大都是与社会性需要相关的事物。社会性交往、人际关系对幼儿情绪影响很大,是左右其情绪情感产生的最主要动因。例如:幼儿最怕被送到外班,这是归属感的体现;怕小朋友不理他、怕妈妈不理他、怕受到排斥拒绝冷落,这些都是社会交往需求的体现;总想引起别人的注意,否则就不高兴;还出现了独自行走、独立做事的需要。

表情在社会交往中起着极其重要的作用。儿童表情社会化的发展主要包括两个方面:一是理解(辨别)面部表情的能力,二是运用社会化表情的能力。雅可布松通过研究发现:婴儿的情绪表达特点是毫不保留地表露自己的情绪,以后则根据社会的要求调节其情绪表现方式。2岁开始,已经能够用表情手段去影响别人,并学会在不同场合用不同方式表达同一种情感。随着年龄增长,表情在社会交往中起着越来越重要的作用,幼儿能够有意识地运用表情与他人交往,用表情表达自己的意愿。例如,边讲故事边做出表情,同时开始领会别人的表情,并作出相应的反应。

（3）情绪的自我调节逐渐增强

表现为情绪的冲动性逐渐减少,稳定性逐渐提高。儿童早期情绪往往受情境所左右,容易突发,又容易变动,随着时过境迁而改变。随着年龄增长,中枢神经系统功能的增强,在适当的教育下,幼儿调节情感的能力逐渐发展,冲动性逐渐减少。这一点在大班幼儿身上有明显的表现,表现为大班幼儿能自觉地遵守游戏规则,在集体活动中服从集体的纪律,比较容易接受成人的指导。情绪状态变得比较稳定,受情境左右的情况明显减少。

情绪情感从外露到内隐。幼儿早期由于抑制能力差、自我意识不强,因而情绪完全表露在外,不能掩饰和控制自己的情绪。随着年龄增长,抑制力加强,对情感的控制能力逐渐增强,逐渐能够有意识地自我控制,特别值得注意的是,语言在情绪的有意识控制中起着十分重要的作用,儿童在进行自我控制时往往会自言自语,例如,打针时,虽然内心害怕紧张,但嘴里会叨念着"打针不哭"。

（4）高级情感初步发展

道德感的发展。儿童从2岁开始评价自己"乖"还是"不乖",到了3岁开始初步明白什么"可以做",什么"不可以做",从而形成简单的道德感。这种道德感表现为儿童顺从成人的意愿,按照成人所要求的规则行动。小班儿童的道德感往往是对成人的评价和态度的直接体验,没有自己的判断标准,有的甚至还不知道打人、咬人不好;中班开始把自己或别人的具体行为与行为规则相联系,告状行为就是对别人行为评价的表现;大班开始初步形成是非判断,而且情感体验范围更加广阔,例如,开始形成初步的热爱祖国、痛恨坏人、对集体负责、帮助他人的情感体验。

理智感的发展。儿童的理智感主要表现为对周围环境和事物的好奇和兴趣体验。具体表现为,喜欢问"是什么"、"为什么"以及"破坏"行为。随着年龄的增长,能够进一步从各种智力游戏和学习活动中体验到获得知识的满足感。

美感的发展。儿童美感的发展与其认识能力的发展分不开。幼儿初期,往往是对某一具体对象的直接感知而产生美感,例如,喜欢漂亮衣服、鲜艳的颜色、听到欢快曲子就手舞足蹈、喜欢年轻老师,这些都是美感的表现;幼儿中期,开始从各个具体事物之间的关系上体验美感,例如,穿衣服要求色彩之间的协调,听音乐要求音调之间的和谐,做手工搭积木时要求平衡对称等;幼儿末期,对美的标准有了一定的理解,能判断什么是美,什么是不美,对美有了更深刻的体验,例如,听唱片时就会坐在那里静静地听,很长时间不动。幼儿园的艺术教育能够促进儿童美感的发展。

3. 幼儿期儿童对他人情绪的理解

对他人的情绪理解是社会认知的核心,也是移情能力发展的重要促发因素。随着认知和语言的发展、家庭中情绪讨论和交流的增加以及同伴间角色扮演游戏的数量增多,儿童对情绪的理解能力不断发展。

4、5岁的儿童能够正确判断各种基本情绪产生的原因,而且可以从他人的身体动作来判断其是否高兴或生气,但他们解释情绪产生倾向于强调外部原因而不是内部原因。例如,儿童会说:"明明今天得了一个小五星,所以他很高兴。"儿童还能根据一个人当时的情绪预测他的行为,例如,4岁儿童懂得愤怒的孩子会打人,快乐的孩子会把自己的玩具分给别人玩。不过,儿童在处理情绪的内部原因时,困难要大一些。

儿童的认知发展水平和社会交往经验都会影响其情绪理解能力的发展。受认知水平(主要是表征能力)的限制,年幼儿童很难相信一个人同时有两种不同的情绪。6、7岁之前,儿童一般只能描述先后诱发的两种情绪,如"起先很害怕,后来才高兴"。在社会交往经验方面,如果母亲在与孩子交流中经常使用与情绪有关词汇,会有助于孩子情绪语言的发展。成人与儿童进行有关情绪方面的对话能够帮助孩子理解和准确表达他们的情绪,并使他们在对话过程中得到安慰。

3岁前出现的"社会性参照"表明婴儿期出现了对他人情绪的识别。3岁后出现了新的表现,即对他人行为以及内心想法、要求、目的、情绪的推理和认知的能力,心理学称为"儿童心理理论"(theory of mind,又译为心智理论)。

儿童心理理论是一种能够识别和预见别人的想法、要求和情绪的一种能力,也就是觉察别人的情绪、揣度他人心理活动的能力。表现为说谎、察言观色等。这种能力一般在4岁出现。

知识链接　错误信念实验

错误信念实验是用来测查儿童心理理论的实验。

汉斯·温默(Hans Wimmer)向儿童提出一个"错误信念任务":他给儿童讲了一个名叫马克西的孩子的故事:马克西和妈妈一起到商店买东西,回家后妈妈帮马克西把买回来的巧克力放到了一个蓝色的小柜子里,然后马克西就出去玩了。当马克西在外面玩时,妈妈将巧克力放到了一个绿色的小柜子里。故事讲完后,他问儿童:"马克西回家后会到哪里去找巧克力?"

温默发现,3岁的孩子都回答错误,都说马克西会到绿色的柜子里去找,这种回答是基于巧克力存放的实际位置,而不是去精确地预测马克西的想法。而许多4岁和5岁儿童能说出正确答案,6岁的儿童差不多都能答对。

后继的众多研究证实:在4岁左右,儿童开始有了对别人心理状态的觉察力,而大多数儿童5岁前就具有了揣度他人心理的能力。

学习单元二　行为观察

一、在日常生活中观察4—5岁儿童对他人情绪的理解

【观察指导】

随着认知能力的发展,儿童对他人情绪理解能力也逐步提高,4—5岁时基本上能正确判断各种基本情绪产生的外部原因了。例如,当儿童说出:"蒙蒙哭了,她想妈妈了!"这说明他能够根据其他孩子的情绪反应,推测这种情绪产生的外部原因。儿童的这些语言在日常生活中经常可以听到。请在日常生活中注意观察儿童的语言,记录下来,从中分析其情绪理解的发展水平。

【目的与要求】

学会观察、记录并分析儿童对他人情绪理解的言行。

【内容与步骤】

1.选取观察地点,可以是幼儿园,也可以是家庭日常生活场景。

2. 选取5名4—5岁儿童进行观察。

3. 建议采用轶事记录法,参考下面的表格自行设计一个观察记录表。

4. 观察儿童的言行,并做详细记录。

5. 根据观察记录,分析该儿童对他人情绪理解的发展水平。

观察记录表

观察者		观察日期	
观察对象	姓名:	性别:	年龄:
观察目标			
观察的起止时间			
环境描述			
观察实录			
结果分析			

二、儿童入园行为的观察

【观察指导】

儿童从3岁开始正式进入幼儿园,接受正规的学前教育。入园是儿童生活中的一个重要转折点,许多儿童刚入园时都不太适应,表现出各种情绪和行为问题,以致影响教育教学活动的正常进行。善于观察幼儿入园时的行为表现,有针对性地采取有效措施安抚幼儿的情绪,使幼儿尽快适应幼儿园生活是入园教育的一项重要内容。

【目的与要求】

学会观察儿童刚入园时的情绪表现。

【内容与步骤】

1. 开学伊始,到幼儿园小班选取1—2名儿童,观察并记录其行为及情绪反应。也可以观看儿童入园行为表现的录像。

2. 参考以下表格,自行设计一份观察记录表。

3. 建议采用跟踪观察的方法,连续记录儿童在入园后的一段时间里的表现。

4. 填写观察记录表,也可以采用录音、拍照或摄像等记录方式。

儿童入园行为表现观察记录表

观察者		观察日期	
观察对象	姓名:	性别:	年龄:
观察目标			
观察的起止时间			
环境描述			
观察实录			
结果分析			

三、观察1—2岁儿童的移情

【观察指导】

在社会交往中,移情起着非常大的作用。1岁半左右的儿童开始出现移情的萌芽,表现为发现别人不愉快时会停止自己的哭闹,看到别的孩子哭自己也会跟着哭,会用拥抱、言语、递送玩具等方式来试图减轻对方的不愉快。

【目的与要求】

学会观察儿童的移情表现。

【内容与步骤】

1. 请在日常生活中观察1—2岁的儿童,在社会交往中是否有上述行为,并予以分析。
2. 参考以下表格,自行设计一份观察记录表。
3. 建议采用轶事记录法。

1—2岁儿童移情表现观察记录表

观察者			观察日期	
观察对象	姓名:		性别:	年龄:
观察目标				
观察的起止时间				
环境描述				
观察实录				
结果分析				

四、观察3—5岁儿童情绪调节策略

【观察指导】

儿童在与同伴发生冲突时,往往采用不同的策略来应对冲突,例如,在被同伴排斥的情境下,儿童往往会采取以下这些策略:

- 站在旁边或走开(回避性策略)。
- 去问那些小朋友为什么不让他玩(建构性策略)。
- 站在那里哭(情绪释放策略)。
- 告诉老师,寻求老师帮助(寻找社会支持策略)。
- 把他们的玩具拿走,让大家谁都别想玩(破坏性策略)。

根据研究发现(姚端维等,2004),儿童使用最多的情绪调节策略是建构性策略,其次是回避性策略和情绪释放性策略,最后是破坏性策略。这个研究结果表明,儿童在面对同伴间冲突时,更愿意采取积极的活动来降低紧张情绪,而较少采取破坏物品或伤害他人的消极方式来缓解自己的消极情绪。

【目的与要求】

1. 学会在日常生活或游戏中观察儿童与同伴之间的互动。
2. 在观察基础上,学会初步分析儿童的情绪调节策略。

【内容与步骤】

1. 选取一名儿童作为观察对象。
2. 选取一个同伴排斥情境,观察在该情境下该儿童的应对行为,记录下他的行为表现。例如,几

个小朋友在玩一个特别好玩的游戏,观察对象也想玩,但其他小朋友不让他玩,观察他会有什么行为反应?

3. 参考以下表格,自行设计一份观察记录表。

4. 建议采用轶事记录法。

5. 依据观察记录,分析儿童的应对策略。思考:如果发现该儿童过多地采用破坏性策略,你会采取哪些策略改善其处理冲突的方式?

儿童情绪调节策略观察记录表

观察者		观察日期		
观察对象	姓名:	性别:		年龄:
观察目标				
观察的起止时间				
环境描述				
观察实录				
结果分析				

五、儿童绘画中情感表达的观察

【观察指导】

儿童都喜欢涂鸦和绘画,儿童绘画具有重要的心理学价值。绘画是儿童表达情感的一个重要途径,特别是那些内心深处、用语言表达不出来的情绪和情感体验、记忆、思想,都会从儿童绘画中流露出来。同时,绘画也是成人与儿童交流的有效手段之一,是一种使儿童感到舒适、放松、安全的交流形式,在这个过程中儿童能很好地表达出自己真实的内心世界。

【目的与要求】

学会利用绘画游戏,与儿童一起绘画的过程中,通过互动来了解其内心的情绪情感体验。

【内容与步骤】

1. 选取一名儿童作为观察对象。

2. 先由成人在纸上随意画出一笔,然后儿童在此基础上接着画,让他不断丰富画面内容。

3. 随后再由儿童随便画出一笔,由成人来修饰,画出一个形象。

4. 让儿童根据所画的图像讲故事。成人在这个过程中,仔细聆听并观察,从他的图画、绘画过程、叙述的言语中寻找情感线索。

5. 记录儿童的动作、表情、言语活动,然后对观察记录进行分析。

6. 这个观察活动重在成人与儿童之间的交流,在交流中观察儿童的情感表达。

六、对儿童兴趣表情的观察

【观察指导】

兴趣在心理活动中起着动机作用,特别对于儿童来说,兴趣的这种动机作用更为明显。根据我国学者孟昭兰的观点,兴趣不像其他基本情绪那么容易辨认,但是它有其本身的特定模式。观察儿童的表情,如果有以下表现说明他对某个刺激感兴趣。

【目的与要求】

学会通过观察儿童的面部表情,判断儿童的兴趣。

【内容与步骤】

1. 在日常生活中,选取一名儿童作为观察对象。

2. 参照以下观测点,自行设计观察记录表。

观测点1:双眼张开。双眼张开时呈圆形,额头微扬,眼睛张开是为了扩大视野以吸取信息。

观测点2:双眼微眯。双眼微眯时额头平展,双眼微眯是为了增加眼肌紧张度以集中视力。

观测点3:面部动作较少,感官指向信息来源。

观测点4:呈追踪观看、倾听和保持注意的状态。

观测点5:面颊放松,口微微张开。这是由于感官指向外部刺激而凝固不动,面颊下部肌肉自然放松;为增加注视和倾听的效果,面颊下部也会自然放松。注意力高度集中时,心率下降和呼吸减弱导致张口呼吸,这也有利于注视和倾听。

3. 按照观察记录表进行观察,然后对观察结果进行分析。

学习单元三 实验与测评

一、3—6岁儿童情绪调节策略测评

【目的与要求】

情绪能力包括情绪理解和情绪调节。本测评旨在尝试使用问卷对学前儿童的情绪调节策略进行测评,练习对儿童情绪调节能力进行分析。

【材料准备】

学龄前儿童情绪调节策略调查问卷

请您根据下面所提出的一些问题,设想当您的孩子遇到这样的情况时,他会如何表现? 选择他会出现这种行为的可能频率:1——从来没有;2——偶尔这样;3——有时这样;4——经常这样;5——总是这样(从1到5出现的频率逐渐增加)。

● 在和同伴一起玩耍的时候,别的小朋友如果不小心撞疼了你的孩子,孩子会:

1. 认为没关系,他是不小心才碰到我的,不是故意的。

2. 立即也去推他一下。

3. 立刻退到别的地方,避开那个孩子。

4. 对那个孩子说:"你为什么要碰我啊,你把我给撞疼了!"

5. 虽然也有些不高兴,但能很快就接着去玩自己的。

● 在搭建积木时,同伴把他的积木故意推倒了,估计他会:

6. 坚持要求对方道歉,或者要求对方帮他再搭建一个,或者警告那个孩子:"你再这样,我就打你了,要不我就去告诉老师/妈妈!"

7. 愣好半天,什么也不做,或者远离那个同伴,不和他在一起。

8. 转而去玩其他玩具,或是进行其他活动。

9. 用手去推或者用脚去踢那个孩子。

● 孩子要看他最喜欢的动画片,妈妈说:"你已经看了不少了,今天不许再看电视了。"孩子会:

10. 很快就转向自己喜欢的其他玩具或游戏,或者去做其他的事了。

11. 大哭大闹,甚至要摔东西,要过很久才能平息下来。

12. 会找出各种理由、想尽办法要求看电视,或者讨价还价,比如说:"为什么你能看我就不能看呢?"或者说:"我昨天没看啊,今天应该给我看了吧。"

13. 能从其他角度来考虑,比如"那我明天可以看到更好看的动画片",或者说:"不看也好,这样我的眼睛才不会近视呢。"

14. 无奈地盯着电视机看,或是发呆好久,不知道该干什么。

15. 会说"不给我看,我还不想看呢"之类的话。

● 如果突然临时有事而取消孩子盼望已久的游玩计划,在给孩子解释了原因后,孩子会:

16. 依然大哭大闹地缠着你,不肯罢休。

17. 虽然有些不高兴,但很快把注意力放到其他事情上去了。

18. 会以某种方式跟你谈判、讨价还价,例如说:"妈妈,那你说好什么时候会带我去?"

19. 自言自语地说:"不去就算了,我是个乖孩子啊。"

20. 没精打采,沮丧,很久都提不起精神玩。

21. 很快能理解并接受你的理由,不再生气。

● 孩子努力地想做好一件事,比如想完成一个难度很高的拼图,如果试了几次还没有成功,他会:

22. 对着拼图发愣很久,无心再干其他事。

23. 动脑筋思考:"我到底哪里放错了呢?"再重新尝试。

24. 会安慰自己:"做不好也没关系,反正不会有人笑话我。"

25. 气得干脆把拼图全部推到一边。

26. 把拼图放置一边,开始玩起其他玩具或者做其他游戏去了。

● 当孩子遇到比较害怕的事情,比如看到电视里令人恐怖的鬼怪时,他会:

27. 主动找别人来陪着一起看电视,或者调换频道、关电视。

28. 想:电视上的这些鬼怪都是假的,都是人装的,并不可怕。

29. 自言自语地说:"我不怕,我不怕,我是大孩子了。"或者紧紧地抱着最喜欢的玩具。

30. 把目光转离电视屏幕,或者故意和别人说话,转移注意力。

● 当孩子叫其他小朋友一起来做一个合作游戏的时候,别的小朋友没有理他,他会:

31. 考虑同伴不愿意玩的原因,理解并接受。

32. 觉得很尴尬,愣半天,没精打采。

33. 不受太大影响,转而接着玩其他游戏。

34. 继续努力地劝说同伴:"为什么不跟我玩啊?这游戏可好玩了!"

● 孩子在见到陌生的大人跟他说话或逗他玩时,如果他非常不喜欢这个陌生人,他会:

35. 有些紧张,搓着手,或者身体扭来扭去,或者不停地摸着手上的玩具。

36. 目光避开陌生人,或者躲着他。

问卷来源:陆芳,《学龄前儿童情绪调节策略的发展及其相关研究》,中国知网,2004年

【内容与步骤】

1. 由3名学生组成测评小组,先学习并熟悉"学龄前儿童情绪调节策略调查问卷"。本调查问卷包括36个项目,用于考察儿童在可能产生消极情绪的一些情境中对各种情绪调节策略的运用。

2. 选取5名儿童的家长,对家长进行问卷调查。

3. 依据"学前儿童情绪调节策略问卷项目评分表"对调查结果进行计算,对组成各种情绪调节策略的项目得分加以累计,形成各种调节策略的总分。

学前儿童情绪调节策略问卷项目评分表

情绪调节策略	项目序号	总　分
认知重建	1,13,21,28,31	
发　泄	2,9,11,16,25	

（续表）

情绪调节策略	项目序号	总　　分
被动应付	3,7,14,20,22,32,36	
问题解决	4,6,12,18,23,27,34	
替代活动	5,8,10,17,26,30,33	
自我安慰	15,19,24,29,35	

【结果与评估】

本结果可以测量出儿童情绪调节策略的运用状况。在问卷的36个项目中，共有6种幼儿常见的情绪调节策略：认知重建、发泄、被动应付、问题解决、替代活动和自我安慰。将各项总分累加起来，就是该儿童情绪调节策略的得分。分值越高，说明该儿童越倾向于运用该策略。

附：对以上6种情绪调节策略的解释。

认知重建策略：儿童努力用一种更加积极的方式来看待挫折或其他消极事件。尽管其他的一些策略中也含有认知成分，认知重建策略却在功能上与它们有所不同，它是对消极情境中的各项参数进行重新思考或重新解释。有些时候，并不是事情本身具有消极意义，而是看问题的人主观上产生了认识偏差，或者是问题本身具有两重性或是多重性，而个体只看到了消极的一面，未看到事情同样具有的积极意义。因此，改变认知，消除偏见，把对人和事情的理解重新整理、重新组织，能使孩子的思维更加开阔、情绪更加积极，这是一种具有积极意义的调节策略。有些学者认为，这段时期学龄前儿童在其他领域的进步，如心理理论的发展，越来越多的标准、规范的内化，自我意识的增强等等，使他们有可能掌握更多的调节策略，并执行一些复杂的、不同于婴儿和学步儿童所使用的策略，如认知重建。

发泄：这是一种较为极端的方式，旨在通过运用破坏性或伤害性的行为来表达和宣泄自己的消极情绪，而不是采取适应性的方式解决问题。例如，言语攻击和身体攻击、破坏行为、尖叫、哭闹、摔东西等。

被动应付：不主动地采取任何积极的行动来解决所面临的问题，而是离开或回避引发消极情绪的情境，或是面对问题、面对挫折"不作为"，如什么也不说，什么也不做，只是发呆、盯着某处。

问题解决：积极地面对问题，旨在通过自身的力量，采取一切可能的适应性行为和手段来消除挫折来源、摆脱所面临的困境，以减少或消除消极情绪，包括口头反对、尝试取回、要求给出理由、提出条件等。对具有挑战情境的消极方面施加影响，是人类和动物的一种适应性反应。研究发现，这种应付行为在一岁末期就已经开始出现，从第二年开始随着儿童运动和语言技能的成熟而迅速发展。

替代活动：把注意力从引发挫折或消极情绪的情境中转移开来，且积极主动地投入其他可被观察到的活动之中（如主动地玩其他玩具，或主动与其他儿童说话等）。儿童可以通过投入其他活动、选择可替代的适应性反应，来摆脱消极情绪，包括做游戏、玩玩具、唱歌，或是想其他一些无关事情。

安慰：包括行为和语言上的、以自我为导向的安慰。语言安慰是指孩子运用一些话语来安慰自己；行为上的安慰则是指孩子重复相同的、无意义的身体动作，如吮吸手指、前后摇晃等。从发展的角度来看，身体上的自我安慰行为可能是儿童在消极情境中较容易获得的、能够提供调节效能感的策略。特别是当儿童面临不可控的、引发恐惧的情境时，经常会出现这种行为，很多研究证实，会随着儿童年龄的增长而减少运用。

资料来源：陆芳，《学龄前儿童情绪调节策略的发展及其相关研究》，中国知网，2004年

二、3—6岁儿童情绪理解能力测查

【目的与要求】

学会测查儿童情绪理解能力发展状况。本测试适合3—6岁儿童。

【材料准备】

1. 自制情绪表情图片4张：高兴、愤怒、伤心、害怕。图片中要有情境和人物。图片上的人物应是3—6岁儿童的表情。

2. 给每个图片各编制一个情境故事。

【内容与步骤】

1. 分别选取3岁、4岁、5岁、6岁儿童各2人，作为测查对象。

2. 先进行"表情识别任务"的测查，记录下儿童的得分。

3. 再进行"情绪观点采择任务"的测查，记录下儿童的得分。

4. 最后进行"情绪原因解释任务"的测查，记录下儿童的得分。

5. 填写"儿童情绪理解能力测查记录表"，并对结果进行分析。

儿童情绪理解能力测查记录表

测查时间：			
测查对象姓名：	性别：		年龄：
情绪理解的测量项目	**得 分**	**分 析**	
表情识别任务			
情绪观点采择任务			
情绪原因解释任务			

【结果与评估】

1. 表情识别任务：向儿童随机呈现四种情绪的图片，让其对各种表情所表达的情绪进行命名。评分标准：如果儿童正确命名或指认，记2分；如果儿童辨别不准确，但能够对积极和消极进行区分，记1分；如果完全错误，记0分。

2. 情绪观点采择任务：主试用中性的语气和表情向儿童讲述情境故事，不要有动作提示。要求儿童根据情境信息判断主人公的情绪状态、内在体验和内心想法。评分标准：判断正确的给2分；如果儿童辨别不准确，但能够区分积极和消极情绪，记1分；如果完全错误，记0分。

3. 情绪原因解释任务：要求儿童说出情绪的原因。如果儿童的回答与情绪无关，主试可以提示："是什么事情让明明这样高兴？"如果在提示之后儿童仍不能说出情绪原因，那么其反应记为无关反应。评分标准：如果儿童给出的原因符合逻辑关系，记2分；如果儿童给出的原因在一定程度符合逻辑，记1分；如果完全不符合逻辑，记0分。

学习单元四 · 分析与指导

一、情绪情感发展指导建议

1. 注重对儿童进行情绪教育，掌握情绪教育的原则

《幼儿园教育指导纲要》将"在集体生活中情绪安定、愉快"作为健康教育的首要目标，将"让

幼儿在集体生活中感到温暖、心情愉快,形成安全感、信赖感"作为健康教育的首要内容。所以,发展儿童良好的情绪应该放在幼儿园教育的首位,而其发展途径可以通过对儿童进行情绪教育来实现。

儿童情绪教育是指教育者在一定的社会文化背景下,根据儿童身心发展特点和情绪发展的规律,采用各种方法和措施,初步培养儿童对自我情绪、他人情绪和环境情绪的理解、表达和调节能力的教育活动。

通过研究(张悦等,2007)发现,实施儿童情绪教育应遵循以下原则。

(1)活动性原则:根据儿童的兴趣、需要和能力,让儿童在多种活动中体验不同的情绪,获得情绪能力的提高。其中,游戏和情景表演是最适合儿童且最有效的方法。

(2)敏感性原则:对儿童的情绪状态和自己的教育行为和效果给予密切的关注,并做出及时有效的反应。

(3)支持性原则:为满足儿童的情绪需要创设必要的物质和精神环境,提供适时和适宜的指导。

(4)预防与矫正相结合的原则:既要在儿童为出现情绪问题之前进行必要的情绪教育,以"防患于未然";又要在其出现情绪问题时及时进行有针对性的教育,帮助儿童走出情绪的低谷,恢复积极的情绪状态。

2. 处理儿童入园行为问题的常用方法

(1)开学之前做好与家长的沟通,熟悉儿童,让家长带儿童到幼儿园参观,使儿童熟悉环境,激发上幼儿园的愿望。

(2)组织各种生动有趣的活动,展示新颖有趣的玩具吸引儿童,转移儿童注意力。

(3)多与儿童个别交流,安定儿童情绪。

(4)引导儿童学会适时适地适度发泄情绪。

(5)微笑是社会交往的重要媒介,用微笑的表情、亲切的话语向儿童传递情感信息,增进与儿童之间的感情,减少对亲人的依恋。

3. 如何正确处理孩子的痛苦和惧怕情绪

痛苦和惧怕是孩子常见的负面情绪,作为家长如何正确处理这些负面情绪呢?

(1)孩子痛苦情绪的处理

痛苦的适应价值在于它表明自己处于不良状态,能引起他人的注意、同情和帮助。孩子痛苦是不可能完全避免的,家长要想帮助孩子处理这种负面情绪,应注意以下两点:

● 不要对体验痛苦的孩子施加斥责和惩罚。孩子因摔跤哭泣而受到斥责,会给孩子带来双重的痛苦。家长严厉地对待痛苦的孩子,会引起孩子的倔强行为,使他们与人隔离,挫折性地忍受着痛苦,或被痛苦压倒而导致身体疲乏和衰弱;对较大的孩子在学习中失败而施加的训斥,将使他们与家长感情疏远,失去希望,关闭自己或产生偏离行为。

● 对待痛苦的孩子,不能只是单纯地安慰和怜悯。如果只是单纯地安慰和怜悯,只能导致孩子在挫折面前无能为力,父母应该积极地试图去消除或减少引起痛苦的刺激事件,帮助孩子学会处理、应付和克服痛苦的方式方法,哪怕是2岁的孩子,也能从中学会自己去战胜引起痛苦的障碍,学会信任他人,更有勇气去做事情,对挫折有更大的忍耐,并以乐观的态度对待生活中的不如意。

(2)孩子惧怕情绪的处理

● 了解引起孩子惧怕的原因,并向孩子解释引起害怕的对象,以减轻孩子的恐惧感。引起惧怕的原因很多,可能是先天的,也可能是后天习得的。凡强度过大或变异过大的事物都可能引起孩子的惧怕,如巨响、跌落、疼痛、突然变化、突然接近、母亲的离去、孤独、无助等都是危险和受伤害的信号,这些信号在孩子身上还派生出具体的惧怕对象,如怕黑、怕动物、怕陌生人、怕陌生环境等。至于儿童在想象中害怕鬼怪,则是文化认知的影响,是后天习得的。

● 在不可避免的威胁面前,例如,打针,帮助孩子忍受打针时的痛苦而尽量减少害怕的成分;怕黑,帮助孩子独立地处理黑暗的情境,鼓励孩子对害怕这种情绪进行抵制而不退缩。这样,父母就可以使孩子对周围的人与环境形成信赖感和亲密感。

● 父母胆小就会把自己的胆怯感染给孩子,这样使孩子变得害怕、胆怯和畏缩。有的父母吓唬孩子,用威胁、吓唬作为制止孩子活动和让孩子服从的手段,其后果不仅使孩子胆小,他还会逐渐不再信任父母,也缺少安全感。

4. 情商的培养

情商是衡量情绪智力的商数。

情绪智力是指个人对自己情绪的把握和控制,对他人情绪的揣测和驾驭,以及对人生的乐观程度和面临挫折时的承受能力。它主要包括五个方面:认识自身情绪的能力、妥善管理情绪的能力、自我激励的能力、认知他人情绪的能力、人际关系的管理能力。

情感智商并非一出生便已注定,而是后天发展起来的。情商的培养始于人生早期。学前期是情感技能的启蒙阶段。

(1)在情感启蒙教育中,最重要的是移情能力

在影响儿童移情的因素中,移情训练起着重要的作用。研究显示,短期的教育训练能使儿童的移情能力有显著的提高。移情训练的目的就是在儿童与生俱来的基本移情能力的基础上,提高他们体察他人情绪、理解他人感受和进一步产生相应感受、甚至做出助人行为的能力。训练的具体方法有听故事、引导理解、续编故事、角色扮演等。

● 通过讲故事方式引导儿童形成"打人会给别人带来痛苦和伤心,是不应该的行为"的认识,同时形成稳固的"有好东西要与他人分享"、"小朋友之间就应该互相帮助"等利他观念。

● 引导理解就是帮助儿童增强对情境信号的识别能力。例如,别人玩儿皮球时,因一时的疏忽而砸到他了,有的儿童会误认为这是有意攻击自己,这时成人要有意识地引导儿童正确理解他人行为的动机,以免造成两人之间的冲突。再如,引导儿童学会识别较为隐蔽的信号,比如摔坏了玩具或心爱的东西,有的儿童会表现为大声哭泣,有的儿童表现为伤心的表情但并没有哭出来。对于前者,儿童较容易识别,更可能对前者表示出同情和提供帮助;而对于后者很可能"视而不见",这时就需要成人帮助儿童去识别。

● 角色扮演,让一个攻击性较强的儿童扮演一个经常遭受他人攻击的角色,他会更容易理解攻击性行为对人造成的伤害和被攻击时的心理感受,进而在现实生活中能更加自觉地抑制自己的攻击性行为。

(2)情绪的调控是情感学习的重要内容之一

情绪调控是指监控、评价和调节情绪反应(特别是其强度和持久性)的外部和内部过程。帮助儿童调控情绪可以从内、外两条途径进行。

● 从外部途径调控儿童的情绪

对于年龄幼小的儿童来说,要常常通过外部途径,即成人帮助他调节情绪,主要的方法有转移法、冷却法、消退法等。例如,给孩子一个诱人的玩具或其他心爱的东西转移其注意力,使他暂时不哭;孩子提出不合理要求,家长不予以满足而大哭大闹时,成人暂时不要去理会他,等他平静下来,再给他讲道理。

● 从内部途径入手培养儿童的自我调节能力

内部途径指的是指让儿童学会情绪的自我调节。

儿童能否具备情绪自我调节的能力? 回答是肯定的。神经科学的研究发现,负责情绪调控的神经连接在人生第一年就开始发育,而10—18个月是个关键时期,因为这个时期,前额叶皮质与边缘系统之间的神经连接正在迅速形成,使其成为沮丧情绪的开启或关闭系统。如果儿童在人生初期获得无数次平息情绪的经验,他就能够学会自我安抚,逐渐在控制负面情绪的通路中形成了更强的神经联结,这样,每当遇到负面情绪时便能较好地调节自己的情绪。例如,有经验的母亲听到孩子啼

哭,就会轻轻地拍拍他们,或把他抱起来有节奏地摇晃、与他们说话,直到他平静下来为止。这样做有助于使儿童迅速地平静下来。这里要强调的是,成人的干预要及时,让儿童感受到自己是被关心的、他的周围环境是安全的,这样有利于形成安全感和信任感,同时也有利于形成儿童良好的情绪自我调控方式。

儿童情绪的调控能力和调控方式,与儿童的气质有密切联系。由于气质不同的缘故,有些儿童的主导情绪积极,容易与成人配合;有些儿童主导情绪不稳定,难以与成人合作。成人要尊重儿童正当的情绪表达方式,尊重儿童的情绪体验,对于一些不良情绪表现,引导要及时,处理要宽容,不要急躁,更不能体罚。大部分儿童要到10岁才能形成一套恰当的情绪控制技巧,比如,在权威人物面前控制愤怒和急躁。随着儿童控制情绪的能力增加,调控情绪的效果也有明显进步,儿童才能更加有效地适应家庭、学校和其他社会生活,并准备迎接更大的挑战。

儿童学会调控自身情绪的过程实际上是一个不断观察与学习、不断形成新的条件反射、不断接受强化的过程。所以,成人应树立一个良好的控制情绪的典范,不要动辄暴跳如雷、气急败坏。另一方面,成人应多与儿童交谈,其目的是在交谈的过程中,让儿童宣泄情绪体验,指导他形成新的认知方式,学会符合社会规范的情绪表达方式。培养儿童情感的方法不是对他们批评指责,而是多与他们讨论其情绪感受,理解他们的情感,帮助他们解决情感困惑,指导他们在情绪不佳时做出正确的选择,而不是一味地攻击或退缩。

总之,情感的学习是经过反复体验,耳濡目染,渐渐渗透,习以成性的。培养情感习惯,重在童年,贵在坚持。

5. 幼儿教师要注意的问题

（1）营造良好的情绪环境

儿童的情绪易受周围环境气氛的感染,别人的情绪因素可以使他们在无意中受到影响,其作用比说教大得多。所以,教师要注意营造良好的情绪环境。

保持和谐的气氛。现代社会的变化与竞争的环境,使人容易处于紧张和焦虑之中,这对儿童发展非常不利。因此,在幼儿园班级管理中要有意识的保持良好的情绪气氛,布置一个有利于情绪放松的环境,并努力避免剧烈的冲突。

建立良好的师生情。幼儿园的师生情,主要在于教师有意识的培养,儿童需要得到教师较多的注意、具体接触和关爱,特别是教师对儿童的理解和尊重。例如,幼儿园小班的儿童很愿意搂着教师,让教师摸摸头、亲亲;而大班儿童则更注重教师对自己的态度。

（2）教师的情绪自控

教师的情绪示范对儿童情绪的发展十分重要。教师的愉快情绪是对儿童良好情绪的形成起到示范和感染的作用。教师首先要学会控制自己的情绪,把一切忧伤留在教室外,情绪饱满地进课堂,才能使儿童保持良好的情绪状态。教师还要理智对待每一个儿童,有些儿童容易引起教师的好感,教师对他的态度比较好,经常委派任务,增加儿童锻炼机会,使得他与教师感情越来越好;反之,那些不易被别人喜爱的儿童,由于经常干扰到集体活动而受到批评,他会和教师疏远。前者为良性循环,后者为恶性循环。教师应当自觉控制自己的情绪,切忌恶性循环,主动关心儿童,发现其优点,耐心给予帮助。

（3）采取积极的教育态度

肯定为主,多鼓励进步。如果教师经常对儿童说"你不行"、"太笨了"等话,经常处于这些负面影响之下,儿童情绪消极,没有活动热情。当教师对他做过的某件事情加以表扬时,儿童就会越做越好,想要赢得更多的表扬。

耐心倾听儿童说话。儿童总是愿意把自己的见闻向他信任的老师诉说。教师往往因为太忙,或觉得儿童的话太过幼稚,不愿听。这会导致儿童感到孤独、压抑,因此情绪不佳,有的儿童还会出现逆反心理,故意做出错误行为,以便引起教师的注意。因此,耐心倾听儿童说话,对儿童的情绪培养十分必要。

正确运用暗示和强化。儿童的情绪在很大程度上受成人的暗示,教师要善于利用皮格马力翁效应,经常给予儿童积极的暗示。

二、案例学习

案例1:她为什么小便频繁

【案例背景】

小班第一学期,孩子们逐渐地解决了入园焦虑问题,已经初步适应了幼儿园生活。我们三位教师不约而同的发现:玺月的小便真多!

【案例描述】

这个聪明伶俐的小姑娘,无论是上课、游戏还是进餐,都要比其他的小朋友多去几次厕所。如果老师强加制止,她则马上会大声哭闹起来。我侧面地向家长了解孩子在家中小便的情况,家长却不以为然,表示自己的孩子就是这个样子,没有关系。可是在集体中,她过于频繁的小便已经影响了大家的活动秩序。

【案例分析】

我们都知道,学前期儿童因为身体器官发育的不完善,所以常常会表现出频繁的排便行为,幼儿年龄越小,小便次数越频繁。玺月总是频繁小便,到底是因为生理需要,还是因为情绪紧张导致的行为问题? 我决定帮助玺月查找原因。

在正常饮水情况下,我选择了她感兴趣的游戏活动时间进行调查:刚刚如厕结束,大家在玩玩具,玺月略带紧张地说:"王老师,我要解小便。"我注意以温和的语气建议她:"咱们不是刚刚去完厕所吗? 总去厕所会耽误玩玩具的时间,等会儿再去好吗?"她想了想,点点头,继续游戏着,很长时间没有再提小便的事情。两次小便时间相距30分钟,接近其他幼儿排便时间。

这次调查结果显示,该幼儿能够控制自己的大小便,在生理上不存在问题。是什么原因造成她如此频繁的小便? 几天来我仔细地观察着:遇到不喜欢吃的饭菜,她会要求小便;遇到她不喜欢的集体活动,她会要求小便;当我组织教学纪律时,她还会要求小便……通过观察和分析,我得出结论:玺月是因为情绪紧张才会频繁解小便。

【发展指导】

我试着在游戏中满足她的兴趣需求,转移她的注意力;试着在她要求小便时给予适当的延时处理;试着和家长沟通进行一致性的教育……终于,玺月的小便频繁现象减少了,她的情绪不再紧张了。

我常常在想,现在的孩子真是聪明,也真是不好教育,她们在用自己的方法解决他们不喜欢的问题,用自己的方式解决情绪上的困扰,这就要求老师要处处观察她们、留心关注孩子们独有的情绪表现方式,准确地进行教育诊断和制定相应的教育措施,做个有心的幼儿教师。

案例来源:天津市和平区第十一幼儿园王晓菁老师

案例2:我明天就哭一下

【案例背景】

小班第二学期,孩子们都已经完全适应幼儿园的生活了,并且和老师们建立很好的情感依恋,能够开心愉快地渡过在园生活。

【案例描述】

昭昭是一位聪明伶俐的小姑娘,每天她总是能够愉快地参加幼儿园里的各项活动。然而,有一个小问题一直困扰着我,困扰着昭昭,也困扰着昭昭的妈妈。这是因为昭昭每天入园时总会有一阵的情绪不愉快,哭哭啼啼地来到幼儿园,可不过几分钟的时间,她就会破涕而笑,情绪正常地投入到各项活动中去。因此,我试着和昭昭沟通,尝试解决这个小困扰。

【案例分析】

情绪情感如同河流,不能堵截只能使其改道。当强烈的情感发生时,不予理睬和压制都是无济于事的,正确的做法是疏通宣泄。儿童情绪自我调节的能力很低,需要成人的帮助,帮助他找到适时、适地、适度的情感宣泄方式。我想哭泣对于昭昭来说,只是自我发泄的一种方法,强行制止一定会引起她对来园的抵触情绪,因此我从鼓励入手,注意时常给予她拥抱、爱抚和亲吻,以温和的语气营造家的温馨,引导她逐步克服苦恼情绪,建立在园生活的安全感。另一方面,我还认识到,孩子出现情绪问题的时候,正是对她进行情感教育的有利时机,教师可以利用这个机会帮助她认识自己的情绪体验、学习情绪自我调节的方法,提高孩子的情商。

【发展指导】

早餐后,昭昭的情绪愉快。我轻轻地抱起她,试探着说:"昭昭今天真有进步,入园后只哭了一小会儿!"昭昭笑了,没有讲话。

我接着问:"昭昭真棒,明天比今天和还棒,不哭了好吗?"

"不行!我不愿意来幼儿园。"昭昭的反应激烈,态度还很强硬。

"好吧,明天就哭一下可以吗?"我换了另一个角度试探。

昭昭瞪着眼睛,伸出两个手指头说:"嗯,明天就哭两下!"我高兴地抱起昭昭,我们都伸出了小拇指:"拉钩、上吊、一百年不许变……"

第二天,昭昭来到幼儿园,我先伸出两个手指头迎接她:"只哭两下,对吗?"昭昭果然说话算数,很快止住了哭泣。接下来,我们的协议当然是"只哭一下"了!

案例来源:天津市和平区第十一幼儿园王晓菁老师

案例3:勇敢的瞬间

【引言】

很多人喜欢收藏,享受在自己的收藏世界里乐此不疲,如收藏邮票、古玩、明星照、车模……五花八门,各有所好。我也喜欢收藏,但藏品却与众不同。我喜欢收藏蕴含与孩子有关的所有"小物件",哪怕是一页稚嫩的图画、一份简单的作品、一张玩游戏的照片都是我收藏世界里的珍品,我喜欢倾听它们诉说孩子们的成长故事。

【案例背景】

又一次享受自己的藏品,目光情不自禁地停留了下来。照片上,一个长得高高的、白白的大班男生正在操场上游戏,只见他双腿用力蹬地腾空而起,一双手臂积极地配合着身体的跳跃,头顶上的发丝也因为身体的迅速运动而随风飘起来,伴随着手臂的方向一起向天空冲起。大概是由于过度用力和紧张,牛牛的嘴角微锁,双目圆睁,表情凝重,好似要把全身的力量全部集中起来,一定要努力的向前方跳跃,他要向前冲!

这张记录着勇敢与自信的照片把时光拉回到一年前……

【案例描述】

接班第一天,教室里传来怯怯的哭泣声,我和其他孩子都不约而同地停止了正在进行的游戏,关注着声音传来的地方。原来是牛牛,我赶紧跑过去关切地询问原因,而他只是胆怯地看了我一眼,头深深地低了下去。我没能够从牛牛那里了解到哭泣的原因,倒是旁边的斌斌小朋友一副了解的样子,大声地告诉我:牛牛想妈妈了,不用理他,一会儿就会好。我不由得困惑:大班的孩子?男孩子?怎么会?我还想继续安慰他、询问他,可他的头更低了,直到与桌面贴近。我知道在这样的场合中,他是不会愿意交流的,周围孩子的议论尽管没有恶意,但也会刺伤一个孩子敏感的自尊,尤其是这样一个胆小的孩子。于是,我拍拍他的头,鼓励他说:"在幼儿园,老师就是妈妈,我愿意帮助你解决任何难题!"

这句话像是有感染力一样,牛牛抽泣的背影突然停顿了一下,我喜不自胜。本以为牛牛会逐渐摆脱胆怯,乐于参加活动。可一段时间过去了,我发现牛牛没有像预期的那样愿意尝试,他常常会拒绝尝试一些很普通的"冒险",哪怕是走平衡木、滑滑梯、邀请游戏带头人,他都会有意回避。有时候我甚至会干脆告诉他没关系,老师会保护你的!可他依然会神情紧张,趁你稍不留意的时候悄悄地退到队伍的后面。

【案例分析】

为什么会这样?心理学告诉我,情绪对儿童的认知和行动有直接的影响,情绪是支配儿童认知和行动的重要心理因素,积极的情绪状态会起到积极作用,消极情绪状态则起到阻碍作用。幼儿胆怯、紧张、畏惧的情绪状态常常与其个性孤僻、自卑为伴,它会使孩子思维凝阻,动作迟缓,不能创造性地解决问题。孩子的这种消极心理往往与其长期或压抑或恐惧的生活环境有关,而恰如其分的鼓励是扭转和改变孩子消极心理的有效途径之一。

我开始审视和反思自己的教育行为给孩子造成的影响。过去,自己所谓的表扬和鼓励,目的是让胆小的牛牛和大家一样勇敢,去做同样的事情。牛牛迫于老师的压力,不得不尝试,体验到的是加倍的紧张和畏惧。这正是孩子情绪紧张、焦虑的原因。

【发展指导】

又一次的体育锻炼时间到了,运动场上其他胆子大、弹跳能力强的孩子都在3、4只叠起的轮胎上跳来跳去,而牛牛依然是望而生畏,远远地躲到角落里。这一次,我改变了教育的方式,首先引导牛牛在平稳的地面上跳圈,大概是因为降低了难度的原因,牛牛一贯紧张的表情终于松弛了,动作也逐渐的放开了。于是,我鼓励他选择自己认为敢跳的高度进行练习:"牛牛,你跳跃的姿势真漂亮,多像一只小青蛙!只跳一只轮胎,试试好吗?"牛牛有了先前的成功体验,脸上的表情轻松了很多,终于肯接受"挑战"了,小心翼翼地走近了轮胎。许久他终于准备起跳了,就在他纵身一跳的刹那间,我悄悄地俯下身体,将相机贴近地面,仰拍镜头,按下快门,一个纵身而跃的"勇敢瞬间"被永久的定格下来。

观赏照片是孩子们最喜欢的活动之一,我将这张照片与更多小朋友的"勇敢瞬间"组合在一起供孩子们观赏,只是这些照片有些特殊,所有人的头部都被遮挡住了。欣赏这样的照片对于孩子而言可还是第一次,大家围着照片就像猜谜语一样找寻着自己、议论着那个跳跃姿态最优美的人到底是谁。佳佳说一定是斌斌,因为他的体育最好。丫丫不同意,因为斌斌今天穿的衣服和照片上的一点都不一样。照片上这个身穿绿色裤子、黄色上衣、胸前还有一只小老虎标记的人到底是谁呀?我故作神秘地请大家继续寻找。小欣的眼睛最尖,他一下子发现只有牛牛的衣服和照片上的那个小朋友有些像,她赶紧告诉大家自己的发现。一下子大家的目光都集中到牛牛的身上,小伙伴们看了又看、比过了又比,可不是吗?绿色裤子、黄色上衣、胸前还有一只小老虎标记。没错!真的一模一样,就是他!大家惊叹原来这个动作最优美、跳跃最高的人竟然是牛牛。

此时,牛牛一副不好意思的样子,怯怯地坐在那里,脸上却挂着幸福的微笑。我和全班小朋友不约而同地竖起了大拇指:"牛牛你真棒!"并且将这张记录着"勇敢瞬间"的照片作为成长礼物送给了牛牛。

从那以后,牛牛开始转变了,逐渐拥有了一份自信。遇到困难时只要给他一些鼓励、赞许和适当的帮助,牛牛就不再躲避,愿意尝试一些从未接触过的"小小挑战"。我试探着一点点增加"挑战"的难度,一点点提高对他的要求。在不知不觉中,他终于能够和大家一起参与活动了。

"王老师!"一声清脆的童声将我从回忆中惊醒。原来是牛牛,此时他正站在攀登架的最顶层上勇敢地向我招手,脸上洋溢着快乐自信的微笑。

童心的世界是多趣的，童心的世界也是广阔的，我喜爱收藏孩子们成长中的点点滴滴，喜欢倾听它们诉说孩子们的成长故事。

案例来源：天津市和平区第十一幼儿园王晓菁老师

三、分析与指导练习

练习1：不喜欢上幼儿园的乐乐

小班第二学期，乐乐插班来到我们班，他是个聪明、可爱、漂亮的男孩子。记得入园前家访时，乐乐留给我们最深刻的印象就是特别想上幼儿园，特别喜欢幼儿园，当时我们从他家走时他就要和我们走、要上幼儿园，我们觉得这个男孩子真有意思。可自从上了幼儿园，乐乐却不像想象的那样，显得极为不适应幼儿园的新生活。几个月下来，许多插班幼儿都能高高兴兴地来幼儿园了，可他却天天不愿意来幼儿园，听他的父母说，他回家还经常说小朋友不喜欢他，不和他做朋友，有的小朋友还总欺负他。听了他家长的话，我很奇怪，因为在幼儿园乐乐虽然很少跟小朋友游戏，但也很少跟小朋友发生争执，有时他还经常指挥小朋友，他家长说的这种现象我从没有发现。于是，我向家长做了解释，并把乐乐在幼儿园的表现向家长做了介绍，我们还表示平时注意观察乐乐的表现，了解一些情况，看看到底是怎么回事。

观察一：午餐前洗手，许多小朋友都洗完手回到活动室，乐乐、佳佳、龙龙还没回来，于是我来到盥洗室，发现佳佳和龙龙在玩打枪的游戏，他们一边做着各种打枪的手势，你打我、我打你，一边高兴地笑着；这时我发现，乐乐的小嘴又撅起来了，不高兴的样子。于是，我询问乐乐不高兴的原因，乐乐回答说："他们用枪打我……""没有，我们在做游戏，假打！"佳佳解释道。

观察二：户外活动时，小朋友一起和老师在玩"大风和树叶"的游戏，在奔跑时，乐乐和豪豪小朋友撞了一下，这时，乐乐生气地追赶着豪豪要打他。

观察三：在活动区，乐乐选择了建筑区活动，开始有三个小朋友和他一起玩，后来建筑区只剩下乐乐一个人了。于是，我走过去问："乐乐，你在建筑什么呢？""大高楼！""那我和小朋友与你一起搭高楼好吗？""我已经搭好了，你看！"乐乐回答。

根据案例分析乐乐不喜欢上幼儿园的原因是什么？如果你是教师，该如何消除乐乐的消极情绪？

案例来源：天津市和平区第十一幼儿园王玲老师

练习2：旭旭成功了

中班第二学期，孩子们对折纸、剪纸产生了更加浓厚的兴趣。我和孩子们一起收集了关于折纸、剪纸的书籍与图片投放进了美工区。一时间，美工区成了孩子们最热衷的区域。当孩子们看到书籍中呈现出来的二方连续剪纸的图案时，都被深深地吸引了，孩子们纷纷围到了我的身边，想要探个究竟。于是，我顺应了孩子们的兴趣要求，组织开展了艺术体验活动——好玩的剪纸。

老师讲解二方连续的制作方法之后，孩子们开始依据自己的兴趣选择不同材料进行操作。有的选择了圣诞树的模板、有的选择了蝴蝶、小姑娘等模板，孩子们都在专心致志的按照老师示范的要求尝试着。旭旭选择了心形的模板，他很认真，非常仔细地用一只手按着模板，另一只手沿心形轮廓画着线，然后小心翼翼的开始剪了。当他打开看到和模板不一样的半个心形时，充满期待的表情一下子黯淡了下来，他失败了。这时候，旁边那些剪纸成功的小朋友正在欣喜的欢呼、摆弄着。他羡慕地看了看同伴的作品后，重新从操作材料盒里拿了一份材料再次尝试。因为第一次没有成功而变得更加小心翼翼，还时不时地搜寻老师的目光。看得出来，他需要帮助。我示意他把画好的图案还原，引导他仔细观察一下,原来是剪的时候出现了小问题,找到了原因,他使劲地点点头,高兴地说:"哦,知道了,知道了!"可是剪完后看到的是三个完整的心形,旭旭一下子变得不知所措,几乎要哭出来了。我肯定了旭旭的认真,轻抚他的头,安慰他一定能成功的。这次,我手把手地和他一起制作,到了开始剪的步骤,旭旭迟疑了一下,看了看开口的一边,又看了看闭口的一边,这时我引导着旭旭又欣赏了一遍二方连续制作方法的视频,他好像发现了新大陆一样,回到自己的座位上认真地剪起来。这次旭旭成功了,他高兴地举着自己的作品给我看。我向他竖起了大拇指。

案例中对旭旭受挫时的情绪表现进行分析,作为教师该如何帮助孩子从受挫的消极情绪中摆脱出来?

案例来源:天津市和平区第十一幼儿园赵云超老师

练习3:面对孩子离园时的焦虑

中班第一学期,离园的时间早已经过去,此刻时针指向了18:00,班上的幼儿都已经陆续离园,只有凡凡小朋友还没有人来接。他心神不定地望着门外,眼里含着泪花,焦急地等待着。我同他聊天,请他玩玩具,试图转移他的注意力,可他都不感兴趣。

如果你是教师,该如何应对凡凡离园时的焦虑心情呢?请找出对策,并从心理学角度进行分析。

案例来源:天津市和平区第十一幼儿园王晓菁老师

四、实务操作——结合案例设计一个帮助儿童适应新环境的教学环节

结合以下案例,设计一个帮助儿童适应新环境的教学活动。

案例:九月刚刚开学,中班的教室里又来了一位插班生宝宝,他是从其他幼儿园转来的。宝宝望着陌生的老师和小伙伴,藏在妈妈的身后怎么也不愿意出来,一边哭一边闹着要回到原来的班级。宝宝的妈妈见此情景也有些犹豫,思考着是否还要坚持给宝宝转园。

请以"欢迎新朋友"为题目,尝试设计一个教育活动方案,帮助宝宝疏导焦虑情绪,了解新集体,与班级里的老师和小朋友们建立朋友关系。并回答以下问题:

1. 在该教育活动方案中,你关注到有哪些因素影响了宝宝的情绪?
2. 你是如何利用身边资源满足插班儿童心理需求,帮助宝宝建立对新集体的情感依恋的?
3. 你觉得这个活动方案对班级中其他小朋友有什么教育意义?
4. 请结合自己亲身观察体验,举例说明学前儿童情绪情感对其心理发展有什么作用?

思考与讨论

1. 如何理解情绪情感的概念?
2. 学前儿童情绪情感对儿童心理发展有什么意义?请举例说明。
3. 婴儿期情绪发展主要体现在哪些方面?
4. 简述移情的早期发展。
5. 幼儿期情绪情感发展的特点是什么?
6. 幼儿期情绪情感发展的趋势是什么?
7. 简述学前儿童对他人情绪识别能力的发展过程。
8. 如何对学前儿童开展情商启蒙教育?
9. 面对儿童的消极情绪,如痛苦、惧怕等,教师应如何应对?

主要参考书目

1. 陈帼眉.《学前心理学》[M].北京：北京师范大学出版社,2002.

2. [美]谢弗.《发展心理学的关键概念》[M].上海：华东师范大学出版社,2008.

3. 孟昭兰.《婴儿心理学》[M],胡清芬等译.北京：北京大学出版社,2001.

4. 王振宇.《学前儿童发展心理学》[M].北京：人民教育出版社,2004.

5. 孟昭兰.《情绪心理学》[M].北京：北京大学出版社,2009.

学前儿童社会性发展主题

学习目标

通过本单元的学习,你应该能够:

● 掌握学前儿童社会性发展的含义、主要内容。

● 理解社会性发展对儿童心理发展的意义。

● 掌握学前儿童社会性发展的年龄特征。

● 掌握建立安全依恋关系的方法,学会对家长进行指导。

● 掌握帮助学前儿童建立良好同伴关系的方法。

● 能够运用所学理论对学前儿童的社会性发展状况进行观察。

● 掌握简单的社会性发展水平的测评方法和小实验。

● 能够运用理论对学前儿童社会性发展案例进行分析,并提出相应的指导策略。

学习单元一 发展解读

儿童自出生那天起,就生活在社会群体之中,也就是说,儿童一出生就预示着其社会性发展的开始。按照美国心理学家马斯洛的需要理论,儿童除了基本的生理需要外,还有社会性需要,如安全的需要、归属和爱的需要等。对儿童来讲,人际交往是一种最基本的需要。只有在与社会环境的相互作用中,儿童的认知能力、语言能力、情绪情感以及个性才能得到全面健康发展。

一、社会性发展概述

学前期是儿童社会性发展的关键时期。社会性发展是儿童未来发展的重要基础,社会性发展的好坏,直接关系到儿童未来人格发展的方向和水平。学前儿童的社会认知、社会情感及社会行为技能在此阶段都得到了迅速发展,并开始逐渐显示出较为明显的个人特点,可以说,某些行为方式已经成为比较稳定的个性特征。社会性发展良好的儿童能够掌握必要的行为方式和社会规范,正确处理人际关系,不断完善自我,从而能更好地适应社会生活。所以,促进儿童社会性发展是人生发展的重要内容,是全面实施幼儿素质教育的必然要求,是社会和时代发展的需要。

1. 几个重要概念

社会性,是指作为社会成员的个体,为适应社会生活所表现出来的心理和行为特征。

社会性发展,也称社会化,是指儿童从一个生物人,逐渐掌握社会行为规范与社会行为技能,成长为一个社会人,逐渐步入社会的过程。

重要他人,是指个体社会化过程中具有重要影响的具体人物。重要他人不是一成不变的,不同成长时期,重要他人不同。

2. 社会性发展的主要内容

社会性发展贯穿一生,涉及内容广泛,包罗万象,凡与社会生活有关的心理现象都属于社会性发展的内容(包括认知、情感、行为等方面)。但在不同的年龄时期,各自有其发展内容。学前阶段的儿童社会性发展主要包括以下四个方面。

(1)人际关系的发展

人际关系既是儿童社会性发展的重要内容,又是影响儿童社会性发展的重要影响因素。儿童的人际关系发展主要包括三个方面:亲子关系、同伴关系和师幼关系。

亲子关系既是一种血缘关系,也是一种教养关系。对于年幼儿童来说,亲子关系突出地表现为依恋关系。

同伴关系是指儿童与其他孩子之间的关系,是年龄相同或相近的儿童之间的一种共同活动并相互协作的关系,具有平等、互惠的特点。

师幼关系是指进入幼儿园的儿童与幼儿园保教人员之间的关系,是与除父母之外的成人建立的密切关系。

(2)社会行为的发展

社会行为包括亲社会行为和攻击性行为。

亲社会行为是指个体帮助或打算帮助他人的行为及倾向,包括同情、分享、合作、谦让、援助等。一般来说,亲社会行为与攻击性行为相对立,它的最大特征是使他人或群体受益。亲社会行为的发展状况是个体社会性发展过程成败最重要的指标。儿童亲社会行为的发展与他们的道德认知发展有着密不可分的关系。

攻击性行为是指任何形式的以伤害他人为目的的活动,如打人、咬人、故意损坏东西、向他人挑衅、引起事端。攻击性行为是一种不受欢迎、但却经常发生的行为,是一种不为社会提倡和鼓励的行为。攻击性发展状况既影响儿童人格和品德的发展,同时也是个体社会性发展过程成败的一个重要指标。

(3)性别角色的发展

性别角色是指社会规范和他人期望所要求于男女两性的行为模式。儿童性别角色的发展是儿童社会化进程中的重要组成部分,因而历来是发展心理学家关注的一个问题。性别角色属于一种社会规范对男性和女性行为的社会期望。男女两性是由遗传造成的,男女在家庭生活和社会生活中扮演什么角色,则是从儿童时期起接受成人影响、教育的结果。学前儿童通过对同性别长者的模仿而形成自己这一性别所特定的行为模式,即性别行为。

(4)道德的发展

道德是人在社会生活中必须遵守的一系列行为准则,是一种社会规范。它主要包含三个成分:道德认知、道德情感、道德行为。儿童道德认知和道德情感的发展都是初步的,其道德行为的发展集中体现在亲社会行为和攻击性行为上。

3. 学前儿童社会性发展概况

学前儿童的人际关系主要表现为依恋关系和同伴关系。依恋关系的发展是一个由简单到复杂、由单一到多样、由中心向周围扩展(由亲子依恋向师幼依恋、同伴依恋等扩展)的过程。在7、8个月左右儿童建立起依恋关系。研究表明,3岁前儿童依恋对象主要是母亲,依恋的方式主要表现为依附、跟随等外显行为。3岁以后,儿童进入幼儿园,和其他人接触机会逐渐增多,认识范围不断扩大,儿童的依恋对象和表现方式开始发生质的变化,其依恋发展进入新的发展阶段。幼儿对老师的依恋主要表现在更多地寻求老师的注意与赞许,并且年龄越大,这种倾向就越明显。

儿童的同伴关系是通过相互作用的过程表现出来的。2个月大的儿童会注意出现在周围的同伴,并与同伴相互对视;6—9个月大时,儿童会朝向别人观看并发声说话、对别人微笑;1岁末儿童彼此注视的次数增加，与之嬉戏活动，在游戏中模仿对方的动作；2岁的儿童社会性交流也变得更加复杂，同伴互动的时间也更长，儿童出现了较多的互惠性游戏；到2岁末，儿童在社会性游戏上的时间要比单独游戏增多；到幼儿期，同伴间的社会性联系逐渐成为生活的主要内容，儿童的同伴交往更多地表现在游戏中，性别分离的现象也更明显；4岁儿童与同性伙伴游戏的时间比与异性伙伴玩耍的时间要多3倍；而到6岁时，增长为11倍。

儿童的社会行为主要表现在亲社会行为和攻击性行为上。学前儿童的亲社会行为更多地表现为分享、合作、助人、安慰等行为；而攻击行为主要以工具性攻击行为为主。这些行为更多地体现同伴交往中。

儿童性别角色的发展伴随着自我意识的发展。18—30个月时，儿童开始发展出自我意识，这促进了儿童性别角色的发展。2岁半到3岁，几乎所有的儿童都能正确地说出自己是男孩还是女孩。但是，一般到5—7岁时儿童才能真正理解性别是不可改变的特征。

学前儿童道德的发展是初步的，出现了同情、互助、尊敬、义务感、自豪感等道德情感，有了一定的道德行为，但道德认知与道德判断水平不是很高，处于前习俗道德水平或他律阶段。

二、婴儿期社会性发展

1. 早期依恋的发展

（1）什么是依恋

依恋是指婴儿与抚养者之间所形成的一种强烈而持久的社会性情感联结。

依恋关系是儿童早期生活中最重要的社会关系，是个体社会性发展的开端和组成部分。它对于儿童身心发展，尤其是社会性发展具有重要影响。

（2）依恋形成的时间和标志

依恋形成于婴儿6—8个月，分离焦虑和与之同时出现的认生现象是依恋形成的标志。自从依恋建立起来后，母亲的作用就是孩子安全的基地，母亲是孩子感受安全的地方，在这个基础上，孩子才能探究周围的环境。

知识链接 鲍尔比的依恋理论

英国心理学家J·鲍尔比提出的习性学依恋理论是当今最有影响的依恋理论。按照鲍尔比的观点，依恋的发展经历了以下四个阶段。

● 前依恋阶段（出生—6周）。此期间的儿童对人的反应几乎都是一样的，并未形成依恋。不过，这个阶段的儿童具有一些先天的能力，如以哭、笑等方式来唤起抚养者的感情，获得照料。哭是一种要求抚慰的信号，当父母给予反应时，儿童会通过安静下来或笑的方式强化父母的这种行为，并给抚养者带来情感上的满足。

● 依恋关系建立阶段（6周—8个月）。这个时期的儿童对熟人和陌生人的反应有了区别。儿童在熟悉的人面前表现出更多的微笑、啼哭和咿咿呀呀；对陌生人的反应明显减少。这个阶段的儿童和母亲交流时会笑，会咿呀学语，母亲的拥抱会使儿童很快平静下来；当和父母面对面交流时，儿童知道自己的行为影响着父母，他们期望父母对他们的信号能积极回应；此时的儿童能从人群中找出母亲，但并不会介意和父母分开。

● 依恋关系明确阶段（8个月左右—2岁左右）。儿童从6、7个月起，开始对特定的人（常常是母亲）发展特殊的依恋，而且儿童对母亲的依恋变得十分明确，这时他会表现出一种分离焦虑，当他母亲离开时会表现得非常不安，会努力把母亲留下来，他会跟着她、爬到她身上，因为这时儿童已把母亲作为探索周围环境的安全的基地；当妈妈回来时，儿童则显得十分高兴，寻求庇护，进而继续在新环境中探索、游戏。如果面对不熟悉的情境，儿童会寻求与母亲身体的亲近。分离焦虑通常在6个月后表现出来,10—18个月症状最为严重,1.5—2岁间逐渐消失。

● 交互关系形成阶段(2岁以后)。2岁后随着语言与心智的迅速发展,儿童开始认识到母亲离开并不是抛弃他,而是因为有重要的事不得不暂时离开他,也知道母亲什么时候会回来,于是分离焦虑降低。这时儿童还会与母亲协商,向她提要求(如讲个故事再走),而不是跟在她后面或拉住她不放;而母亲也会向他解释,这些解释使得儿童能够接受母亲的暂时离开。

对于依恋形成的机制,鲍尔比解释为,依恋是一套生物学上的本能反应,它是人类长期进化的结果,其作用在于保护幼小后代,为他们提供一种心理安全感。鲍尔比的这种观点是受劳伦兹对印刻现象研究的启发,他认为人类儿童与其他动物一样,都有一种先天遗传的行为,这种行为帮助儿童留在父母身旁,从而降低危险,增加生存的机会。鲍尔比还认为,喂养并不是形成依恋的基础,依恋有着深刻的生物学根源,从生物进化和种系生存的角度能更好地理解依恋现象。同时,他还承认依恋的质量对于儿童日后形成人际关系的能力具有深刻而长远的影响。

（3）依恋的类型

关于依恋类型的确定,玛丽·安斯沃斯的工作最具有经典意义,她通过"陌生情境测验"的方法对依恋类型进行研究,将依恋划分为以下3种类型。

● 安全型依恋。在陌生情境中,母亲在场时,儿童能以母亲作为安全基地进行自由地探索;母亲离开时,表现出忧伤,可能会哭泣;母亲回来后,表现得很兴奋,寻求母亲的安慰和亲近,哭泣也会立刻减弱或停止,同时,对陌生人也能表现出积极的兴趣,但对自己的母亲有明显的偏好。

● 回避型依恋。这类儿童内心是痛苦的,但从表面上看其情绪和行为不受母亲在场、离开、返回的影响,对母亲表现得比较冷漠。母亲离开时没有痛苦的表现;母亲回来时主动回避与母亲的接触,例如,母亲抱他时会挣脱,平静地回到自己的游戏中;多数时间自己玩,并容易接受陌生人的安慰。

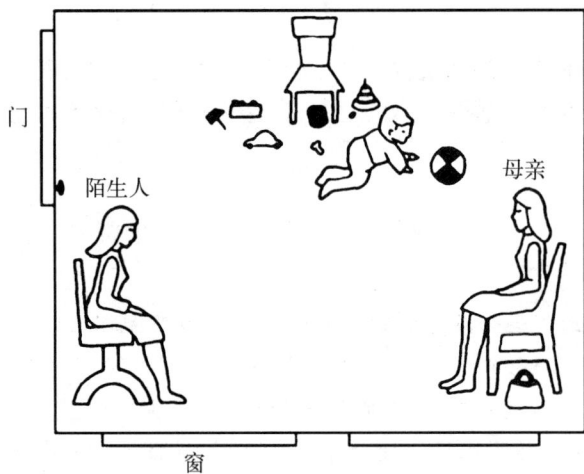

陌生情境

● 矛盾型依恋。母亲在场时玩得少;母亲离开时极端痛苦;更重要的是,与母亲重聚时难以平静下来,表现出矛盾行为:既想寻求母亲的安慰又想"惩罚"母亲,母亲亲近他时会生气地拒绝,情绪要花很长时间才能平静下来。此后将更加贴近母亲,生怕她再离开。他们在陌生环境中哭得最多、玩得最少;对陌生人难以接近。

回避型和矛盾型的儿童实际上没有建立起安全感,所以都属于不安全型。

（4）安全型依恋形成的影响因素

首先,要有一个稳定的照料者。稳定的照料者是安全型依恋形成的必要条件。儿童的依恋对象通常是母亲,母亲在儿童依恋形成过程中扮演着重要的角色。如果照看者不稳定,儿童将无法形成安全型依恋。

其次,照料的质量。具体地讲是指母亲的敏感性和反应性。敏感性是指母亲对儿童需求信号的敏锐觉察;反应性是指母亲根据儿童所发出的需求信息,恰当、及时、一贯地予以满足。根据儿童需求的性质,可分为两大类:一是对儿童的饮食、睡眠、身体健康等基本生理需要的敏感性与反应性;一是对儿童寻求注意、感情、爱抚等心理需要的敏感性和反应性。

第三,儿童的特点。因为依恋关系是母亲和儿童双方共同构筑的,所以儿童的特点也决定了建立这种关系的程度。这种影响主要来自三个方面:外在的体貌特征、身体健康情况和儿童内在的气质特点。

知识链接 恒河猴实验

心理学家哈利·哈洛所做的恒河猴实验是心理学的经典实验。

哈洛的实验分为四步如下。

第一步，绒布妈妈和铁丝妈妈的对比实验。哈洛将刚出生的幼猴和母猴隔离开，他为小猴做了两个代理母猴：铁丝妈妈和绒布妈妈。铁丝妈妈是用铁丝做身子，胸前有提供奶水装置；绒布妈妈是用光滑的木头做身子，用海绵和毛织物把它裹起来；在胸前也安装了一个奶瓶，身体内还安装了一个提供温暖的灯泡。两个代理妈妈的唯一区别就是"接触性安慰"。8只幼猴被随机分成2组，一组由铁丝妈妈喂养，另一组由绒布妈妈喂养。所有小猴与两只母猴都有接触。哈洛记录下从出生后的5个月时间里，小猴与两位母亲直接接触的时间总量。结果令人惊讶，小猴是对绒布妈妈偏爱，但这种偏爱程度趋于极端，即无论哪只母猴喂养，所有小猴几乎整天与绒布妈妈待在一起，在绒布妈妈周围玩耍，困了还会在它怀里睡觉。即使由铁丝妈妈喂养的小猴，它们为了吃奶才迫不得已离开绒布妈妈，吃完后便迅速返回到绒布妈妈身边。

第二步，恐惧物体实验。这个实验是为了证明接触性安慰的作用。哈洛在笼子里放进各种各样能引发恐惧的物品，如与小猴一样大的打鼓熊。当玩具熊在旁边"咚咚"地打鼓时，害怕的小猴会选择紧紧抱住绒布妈妈，寻求安全感。哈洛后来将绒布妈妈转移到另一间房间，并继续让发条玩具熊打鼓，小猴即使害怕也不选择铁丝妈妈，而是隔着门缝眼巴巴地望着另一边的绒布妈妈。这与生活经验非常一致，当孩子们感到害怕时，总会到母亲那里寻找庇护。这一经典的心理学实验证明了爱的重要变量：接触。接触带来了安慰，而安慰感才是人与人之间产生爱的最重要的元素。

第三步，旷场实验。哈洛把小猴放进一个陌生情境里，里面放有各种小猴喜欢玩的物品，如积木、毯子、容器等。在这个笼子里，哈洛设置了3种情境：仅出现铁丝妈妈、仅出现绒布妈妈、两者都不出现。哈洛的想法是，要考察母猴在场与不在场时，小猴探索陌生环境的倾向性。研究发现，(1)有绒布妈妈在场，小猴立即冲向母猴，抓住它，用身体蹭它，并摆弄它的脸和身体。玩过一会儿，这些小猴开始把绒布妈妈看作安全之源。小猴在这个陌生环境里探索和摆弄各种物品，然后返回到绒布妈妈怀里，如此反复。(2)绒布妈妈不在场，小猴的反应就完全不同。它们充满了恐惧，出现情绪化行为，如哭泣、缩成一团、吸吮手指。(3)铁丝妈妈在场，小猴的表现与两只母猴都不出现的情境下的表现是完全一样的。

第四步，分离实验。这个实验是探索小猴与母猴之间的依恋关系是否在分开一段时间后还能保

持。做法是，当小猴长到5—6个月大能够吃固体食物时，让它们与母猴分开一段时间（最长约30天），然后再在旷场环境中团聚。研究发现，当小猴在旷场环境中再一次与绒布妈妈团聚，它们会冲向母猴，然后与妈妈玩耍，撕咬包裹在母猴身上的绒布。更重要的是，它们不再像以前那样，离开妈妈去探索和玩房间里的物品了。哈洛对此的解释是：探究行为的停止说明，寻找安全感的需要比探索环境的趋向更为强烈。

哈洛的恒河猴实验证明：爱比食物更重要！在安全型依恋的形成过程中，接触性安慰具有极其重要的作用，甚至比母猴提供的乳汁更重要。因此，母亲既要保证对婴儿的饮食、睡眠、身体健康等基本生理需要的敏感性与反应性，同时更要保证对婴儿寻求关注、感情、爱抚等心理需要的敏感性和反应性。

资料来源：罗杰·霍克，《改变心理学的40项研究》，人民邮电出版社，第173页

（5）建立良好依恋对儿童发展的重要作用

健康的依恋关系会给儿童带来爱和安全感，同时也有助于儿童在认知、情绪和社会行为等方面的发展。

在认知方面，安全型依恋的儿童对环境探索有较高的热情，表现出好奇、探索的倾向，想象力丰富，解决问题时更有耐心和主动性，遇到困难时较少出现消极的情绪反应，他们既能够向在场的成人请求帮助，又不太依赖成人。早期依恋的性质决定着儿童对自我和他人的多方面认识，而这是构成儿童自尊、自信等自我意识系统的重要基础。

在情绪情感方面，安全型依恋将导致儿童的安全感、自信和稳定的情绪状态。

在社会行为方面，儿童期形成的安全型依恋会导致儿童在幼儿园有较强的社会能力和良好的社会关系。依恋是儿童出生后最早形成的人际关系，是长大成人后形成的人际关系的缩影。依恋具有传递性，儿童早期形成的安全型依恋，在其长大为人父母时，也更容易与自己的孩子形成安全依恋。

2. 婴儿期同伴关系的发展

同伴交往最早可以在6个月的儿童身上看到，这时的儿童可以相互触摸和观望，甚至以哭泣来对其他儿童的哭泣做出反应；12—24个月的儿童开始在一起相互游戏，表现出初步的相互交往能力；3岁以下的同伴关系建立在交换游戏物品的基础上，3—4岁的同伴关系更多建立在口头上，而再大一点的儿童则出现更为复杂的和互惠的游戏。

儿童早期的社会交往通常是积极的，到了1岁左右则有近半数的同伴交往伴有攻击性、冲突性行为，如打架、揪头发、推人等行为。

知识链接 早期同伴关系发展的行为表现

年龄（月）	儿 童 行 为
0—2	同伴间具有感染力的哭闹，喜欢看自己熟悉的同伴
2—6	相互触摸
6—9	微笑，接近和跟随，冲对方发声，注视对方
9—12	相互交换玩具，玩"追逐"和"躲藏"等简单游戏，挥手
12—15	轮流发出声音，模仿，为玩具发生冲突
15—24	早期语言，玩"捉迷藏"和"给和拿"等游戏，相互模仿，意识到被模仿
24—36	商量游戏的事情，游戏范围更广泛

三、幼儿期社会性发展

1.亲子关系的发展

（1）家长的教养方式

家长的教养方式直接影响着儿童社会性的发展。发展心理学家研究发现，家长的教养行为归结起来主要在两个方面表现出差异：一是家长对孩子的情感态度，一是家长对孩子的要求和控制程度。根据这两个维度，美国心理学家麦考比和马丁概括提出了家长教养方式的四种类型。

● 民主型：一种具有控制性但又比较灵活的教养方式。这种类型的父母会对孩子提出很多合理的要求，并且会谨慎地说明要求孩子遵守的原因，保证孩子能够遵从指导。与专断型的父母相比，民主型父母更多地接纳孩子的观点并做出反应，会征求孩子对家庭事务的意见。因此，民主型父母能够认识到并尊重孩子的观点，以合理、民主、而非盛气凌人的方式来控制孩子。

● 专断型：一种限制性非常强的教养方式，通常成人会提出很多种规则，期望孩子能够严格遵守。他们不向孩子解释这些规则的必要性，而是依靠惩罚和强制性策略迫使孩子顺从。专断型的父母不能敏感觉察到孩子的冲突性观点，而是希望孩子能够将他们所说的话当作法律，并尊重他们的权威。

● 忽视型：这是一种放任且具有较低要求的教养方式，这种类型的父母既不会对孩子提出什么要求和行为标准，也不会表现出对孩子的关心。这类父母由于过度关注自己的事情而对孩子投入极少的时间和精力。他们对孩子的成长所作的最多只是提供食品和衣物，或他们很容易做到的事情，而不会去付出努力为孩子提供更好的成长条件。

● 溺爱型：一种接纳而放纵的教养方式。这种类型的父母会提出相对较少的要求，允许孩子自由地表达自己的感受和冲动，不能够密切监视孩子的行为，很少对孩子的行为做出坚决的控制。

（2）不同教养方式对儿童发展的影响

民主型。这是最有利于儿童成长的抚养方式。鲍姆琳德研究发现，在这种抚养方式下成长的儿童，社会能力和认知能力都比较出色。在掌握新事物和与同伴交往过程中，表现出很强的自信，具有较好的自控能力，并且心情比较乐观、积极。这种发展上的优势在青春期时仍然可以观察到，他们具有较高的自信，社会成熟度较高，学习上更勤奋，学业成绩也较好。

专断型。鲍姆琳德研究发现，在这种抚养方式中成长的儿童表现出较多的焦虑、退缩等负面的情绪和行为。在青少年期，他们的适应状况也不如民主型抚养方式下成长的儿童。但是，这类儿童在学校中也有比较好的表现，出现反社会行为的概率比较少。

忽视型。对孩子的极端忽视可以视为对孩子的一种虐待，这是对孩子情感生活和物质生活的剥夺。由于与父母之间的互动很少，这种成长环境中的孩子，出现适应障碍的可能性很高。在3岁的时候就会表现出较高的攻击性和易于发怒等外在的问题行为。更为严重的是，在儿童后期会表现出行为失调。他们对学校生活没有什么兴趣，学习成绩和自控能力较差，并且在长大后表现出较高的犯罪倾向。

溺爱型。在这种抚养方式下成长起来的儿童表现得很不成熟，自我控制能力差。当要求他们做的事情与其愿望相背时，他们几乎不能控制自己的冲动，会以哭闹等方式寻求即时的满足。对于父母，他们也表现出很强的依赖和无尽的需求，而在任务面前则缺乏恒心和毅力。这种情况在男孩身上表现得尤为明显。

2.同伴关系的发展

（1）游戏中同伴关系发展的特点

幼儿期的儿童之间，绝大多数的社会性交往是在游戏情境中发生的。儿童在游戏中的同伴交往主要表现出如下特点。

3岁左右，儿童游戏中的交往主要是非社会性的，儿童以独自游戏或平行游戏为主。平行游戏是指儿童与同伴一起游戏,但各自摆弄自己的物品,而很少相互交流。这个时候,他们还不能很好的共同游戏,闹摩擦的多,玩到一起的少。成人对这个时期儿童间的争吵应该有正确的认识。

4岁左右,联合游戏逐渐增多,并逐渐成为主要游戏形式。所谓联合游戏是指儿童与同伴一起游戏,儿童彼此之间有一定的联系,有交谈,有时还互相借用玩具等,但这种联系是偶然的,不能围绕同一目标进行分工或组织,彼此间的交往也不密切。这是儿童游戏中社会性交往发展的初级阶段。这个时候,儿童能够主动寻找游戏的伙伴了,而且也能形成较好的游戏氛围,但争吵更激烈了。

5岁以后,合作游戏开始发展。所谓合作游戏是指儿童与同伴为着某些共同的游戏目标而在一起游戏。在这种游戏中,同伴交往的主动性和协调性逐渐发展。儿童游戏中社会性交往水平最高的就是合作性游戏。在游戏中,儿童分工合作,有共同的目的、计划。在游戏中,儿童必须服从一定的指挥,遵守共同的规则,要互相协作、尊重、关心与帮助,大家一起为玩好游戏而努力,如角色游戏、规则游戏等。

(2)儿童同伴交往的类型

不同儿童在与同伴交往的过程中,其行为方式有很大差异,同伴对其反应也不尽相同,因此儿童同伴中间存在着不同的交往类型,显示出儿童不同的社交地位。

儿童同伴交往一般有四种类型。

● 受欢迎型:这类儿童一般具有友好、外向的人格特征,擅长双向交往和群体交往,在活动中没有明显的攻击行为,他们往往有着更为有效的交往策略。

● 被拒绝型:这类儿童一般体质强、力气大、行为表现消极、不友好,积极行为很少;能力较强、聪明、会玩、性格外向、脾气急躁、容易冲动、过于活泼好动、喜欢交往。在交往中,积极主动但又很不善于交往;对自己的社交地位缺乏正确评价,往往估计过高。对没有朋友一起玩不太在乎。他们在同伴交往中常常表现为拒绝、排斥、争执,采取的行为方式具有攻击性、敌对性,他们在同伴群体中处于被排斥、拒绝的地位。

● 被忽视型:这类儿童一般体质弱、力气小、能力较差;积极行为与消极行为均较少,性格内向、好静、不太活泼、胆小、不爱说话,常常退缩、回避,交往的主动性、积极性差,在交往中缺乏积极主动性,且不善交往;孤独感较重,对没有同伴与自己玩感到比较难过与不安。他们既得不到同伴肯定的认可,也得不到同伴否定的批评,他们在同伴群体中处于被忽视、不受注意的社交地位。

● 一般型:这类儿童在同伴交往中行为表现一般,即不是特别主动、友好,也不是特别不主动或不友好;同伴有的喜欢他们,有的不喜欢他们,他们既非为同伴所特别地喜爱、接纳,也非特别地被忽视和拒绝,因而在同伴心目中的地位一般。

从发展角度看,在4—6岁范围内,随儿童年龄增长,受欢迎儿童人数呈增多趋势,而被拒绝、被忽视儿童呈减少趋势。被拒绝型儿童和被忽视型儿童同属于同伴交往不良的儿童,要尽量帮助这些儿童,使他们逐渐被同伴接受。

知识链接 同伴提名法

研究儿童的同伴交往类型,主要用"同伴提名法"。

同伴提名法是一种社会测量法。社会测量法是由美国社会学家、心理学家莫雷诺提出的,它有许多种不同的形式,同伴提名法是其中最基本、最主要的一种。同伴提名法的基本实施方法是:让被试根据某种心理品质或行为特征的描述,从同伴团体中找出最符合这些描述特征的人来。例如,研究者以"喜欢"或"不喜欢"为标准,让儿童说出班上他最喜欢或最不喜欢的三个小朋友,然后对研究结果进行一定的技术处理,并作出解释。

提名法测量的基本原理认为,儿童同伴之间的相互选择,反映着他们之间心理上的联系。肯定的选择意味着接纳,否定的选择意味着排斥。一个人在积极标准(如喜欢)上被同伴提名次数越多,就说明他被同伴接纳的程度越高；反之，一个人在消极标准(如不喜欢)上被同伴提名越多，就说明他被同伴排斥的程度越高。

提名标准就是儿童做出同伴选择的依据，它通常以问题的形式呈现给儿童，如"你最愿意与谁一起玩"。正确地确定有效、适当的提名标准，是提名法设计的关键之一。在确定提名标准时，有以下几方面需特别注意：

第一，根据研究目的确定选用什么性质的标准。提名标准有两种，即肯定正向的标准(如"你最喜欢……"、"你最愿意……")，和否定负向的标准(如"你最不喜欢……"、"你最不愿意……")。一般来说，如果要根据提名结果将儿童分为不同社交类型时，如受欢迎型、被拒绝型、被忽视型。应当同时使用正、负两个提名标准。在使用否定标准时，应注意消除儿童的疑虑和不安，以保证儿童放心回答。

第二，根据儿童心理发展的水平，确定标准的具体内容。一般来说，标准要具体、可操作性强，切忌笼统而抽象。如"你最喜欢谁"、"你最喜欢和谁一起玩"就比"你觉得谁最好"具体、自然。语言的表述还必须使用儿童语言，使之易于理解。

第三，确定的提名标准必须能保证儿童选择出自己的愿望。提名标准要有利于儿童的自由选择，选择是儿童自己真实心理倾向的反映，而不是对他人愿望、心理倾向的估计。例如，"你最喜欢哪三个小朋友"的标准可反映出儿童自己的心理倾向，但"你们班上谁是好孩子"的标准则可能较难准确地反映出孩子自己的心理倾向，因为儿童此时可能按老师经常表扬和喜欢但自己不一定喜欢的标准选择同伴。

第四，确定提名标准的数目要恰当。对于年龄较大的儿童，每次提名可以同时使用1—3个标准并做出恰当的判断；对年幼儿童，一次最好只使用一个标准。

最后，还需考虑儿童按标准选择对象的数目。对于儿童被试来说，宜将提名数目限制在三个以内。

（3）儿童同伴交往的性别差异

幼儿期的同伴交往主要是与同性别的儿童交往，而且，随着年龄的增长，越来越明显，选择同性别儿童的数量从幼儿园小班向大班呈增长趋势。女孩更明显地表现出交往的选择性，其偏好更加固定。女孩游戏中的交往水平高于男孩，表现在女孩的合作游戏明显多于男孩，对同伴的反应也比较积极。男孩对同伴的消极反应明显多于女孩。

3. 社会行为的发展

（1）亲社会行为的发展

亲社会行为作为一种积极的社会行为，是指对他人有益或对社会有积极影响的行为，包括分享、合作、助人、安慰、捐赠等。亲社会行为是儿童社会性发展和个性形成的重要方面。儿童的亲社会行为在生命早期就已出现，随着年龄的增长呈逐渐增加的趋势。

不同年龄段的儿童其亲社会行为的表现是不同的。2、3岁的儿童会对同伴的不愉快表现出同情和怜悯，例如，一个2岁的孩子会在别的小朋友哭的时候说："他哭了，他想要糖。"但是他们并不愿意做出自我牺牲，例如，他们不会把自己的糖分给那个哭泣的小朋友。只有当成人教育孩子要考虑他人的需要的时候，或者当一个玩伴主动要求甚至强迫他们做出分享行为，比如说："你不把糖给我，我就不跟你玩。"这时，分享和其他的利他行为才更可能发生。

在幼儿期，儿童的亲社会行为主要指向同伴。儿童的亲社会行为指向同性伙伴和异性伙伴的次数存在年龄差异，小班儿童指向同性、异性伙伴的次数接近，而中班和大班儿童的亲社会行为指向同性伙伴的次数增多，指向异性伙伴的次数不断减少；在儿童的亲社会行为中，合作行为最为常见，其次为分享行为和助人行为，安慰行为和公德行为较少发生。

（2）攻击性行为的发展

心理学中，把攻击性定义为他人不愿接受的出于故意和工具性目的的伤害行为，这种有意伤害包括直接的身体伤害(打人)、语言伤害(骂人,嘲笑人)和间接的心理上的伤害(如背后说坏话、造谣污蔑)。

儿童的攻击性行为一般分为两种类型:工具性攻击行为和敌意性攻击。工具性攻击行为是指为了实现某种目的而以攻击行为为手段,例如,因为渴望得到一个玩具或空间,而推、喊、抢等的行为;敌意性攻击行为是指以伤害他人、使别人痛苦为目的的攻击行为,例如,嘲笑、殴打。

学前期儿童攻击性行为的特点表现在以下几个方面。

● 早期攻击性行为的出现。儿童在1岁左右开始出现工具性攻击行为,有研究发现,12—15个月大的儿童在抢夺玩具时很少看对方,他们通常只注意玩具本身,争抢的目的是为了拥有玩具而不是伤害对方;2岁的儿童会出现语言之争,有人认为这种早期的口角之争是可取的,可以提供情境让儿童学习如何通过交流和商量来解决玩具上的争端。

● 攻击性行为随年龄而发生变化。学前期,儿童的攻击性行为频繁,主要表现为争夺玩具或其他物品而争吵、打架,更多地依靠身体上的攻击,而不是言语攻击。无缘无故发脾气的现象不断减少,4岁之后就比较少见了。对攻击和挫折的报复性反应在3岁后急剧下降,攻击性行为的形式也随年龄而变化,较小时多为踢打,年长时多为语言攻击。年龄越大攻击行为越具有敌意,攻击性行为的发生频率随年龄增长而减少。

● 攻击性行为的性别差异。主要表现在男孩普遍比女孩更具攻击性,这种性别差异在2—2.5岁时就会表现出来。男孩多为身体攻击,女孩多为言语攻击;男孩之间的攻击性行为比女孩之间、异性之间的攻击行为多得多。

(3)影响儿童社会行为的因素

儿童的社会行为受诸多因素的影响,它是在生物因素和社会因素的共同作用下产生和发展的,同时也受儿童自身的认知水平的制约。

● 生物学因素

首先是激素的作用。目前一些研究证明,攻击性行为倾向与雄性激素的水平有关。不仅人类如此,在关于动物的研究中也发现,雄性动物在受到威胁或被激怒时,比雌性更容易发生攻击性行为。这可以在一定程度上解释男女儿童在攻击性行为上的性别差异。

其次是遗传基础。在漫长的生物进化历程中,人类为了维持自身的生存和发展,逐渐形成了一些亲社会性的反应模式和行为倾向,如微笑、乐群性等。这些逐渐成为亲社会行为的遗传基础。

再次是气质差异。在个性的三个主要特征中,气质与生物因素的关系最密切。儿童从其出生之日起,便开始与周围环境相互作用。父母和其他成人对儿童特别的抚育方式,也决定着他们自己在交往中采用的具体的行为方式。研究发现,"困难型"儿童往往在学前期表现出较高的焦虑和敌对性,容易成为攻击性较强的儿童。

● 环境因素

环境因素主要包括家庭、同伴和社会文化传统及大众传播媒介等。

父母和同伴对儿童社会性行为的影响,主要是通过与儿童的交往而发生作用的。儿童的亲社会行为,如分享、谦让、协商、帮助、友爱、尊敬长辈、关心他人等,就是在与父母的交往中,在父母的要求和指导下逐渐形成与发展的。早期亲子交往的经验对儿童与他人(包括同伴)的交往有着极为明显的影响,父母对待儿童的态度、行为方式影响着儿童随后对同伴的态度和行为方式,甚至会影响到儿童成年以后的人际交往的态度和行为。

社会文化传统对于儿童社会行为的影响主要体现在:不同国家和地区对待攻击性行为的态度存在程度上的差异。例如,有的极端反对和抵制攻击性行为,有的则对攻击性行为比较宽容。此外,经济文化水平各不相同的国家和地区对利他和合作行为的鼓励程度也不同,工业化水平较低的国家或地区,更多地鼓励儿童友好、合作、关心他人的社会行为;而工业化程度高或经济比较发达的国家和地区,则更多地鼓励人与人之间的竞争和个人的独立奋斗。这些不同文化传统对社会性行为的不同态度通过多种途径作用于发展中的儿童,对其社会性行为发生影响。

大众传播媒介是社会传递文化和渗透道德价值观的主要途径。电影、电视、报刊、杂志等对儿童社会行为的性质和具体形式都具有重要的影响。许多研究表明,观看有暴力内容的电视节目的数量与攻击性行为的等级有显著相关。当然,电视节目对亲社会行为也有一定的促进作用,那些反映人与人之间互相关心、善意帮助、彼此关怀的故事及动画片,能为儿童学习和巩固亲社会行为提供直观、生动的示范,有助于儿童通过观察、模仿习得亲社会行为。

知识链接 班杜拉的经典实验

著名心理学家班杜拉认为,挫折会引起攻击性行为,但它不是攻击性行为产生的必要条件。他认为,儿童的攻击性行为更主要的是从社会观察中通过模仿的方式习得的。

班杜拉对儿童攻击性行为进行了一系列的出色研究。在他的一个经典实验研究中,将3—6岁的儿童分成三组。让第一组儿童观看一个成年男子(榜样人物)对一个像成人大小的洋娃娃实施几种攻击性行为,演示之后,另一个成年人表扬了这种行为,并奖励榜样一些果汁和糖果;对第二组儿童,第二个成年人斥责了榜样的攻击行为,并给予惩罚;第三组儿童只看演示未看到行为后果。然后将这些儿童带入一个装玩具的房间,玩具中包括洋娃娃。在十分钟之内,观察并记录他们的行为。结果表明,观察榜样受到强化,对儿童攻击行为的数量有着显著的影响。这就是说,观察榜样受正强化的儿童倾向于增加攻击行为,而观察惩罚榜样的儿童显示出较少的攻击行为。

● 认知因素

认知因素对儿童社会行为发展有很大影响。它主要包括儿童对社会行为的认识和对情境信息的识别等。

当儿童认识到“打人会给别人带来痛苦和伤心,是不应该的行为”之后,其攻击性行为则会受到一定的抑制。如果儿童在头脑里形成了一些稳定的利他观念,他们在面临分享或帮助的情境时,会毫不犹豫地提供帮助,或将自己的物品与他人分享。

对情境信号的识别主要是指儿童对交往事件的理解和对他人情绪感受的识别,即必须具有对他人是否需要帮助的知觉和认识的敏感性。在助人行为中,首先需要的是了解别人的困境,但受儿童认知发展水平的局限,较难识别一些较隐蔽的信号。皮埃尔(1979)研究了儿童对潜在困境线索的反应与亲社会行为的关系。他使用了一系列线索显现程度不同的小幅画片,图中人物面临潜在困难。线索明显时,4岁与8岁儿童能同样了解并提供帮助。线索不明显时,4岁儿童则较少发现问题和较少提供帮助。耶鲁(1981)等人的研究也发现年龄较大的儿童能更好地发现抽象的潜在线索,能理解现实情境以外的情感因素。这些结果表明,认知发展水平制约着亲社会行为的表现。还有的研究发现,情绪状态对社会行为也有一定的影响。一般来说,愉快的心境、轻松的气氛有利于合作、分享行为的发生,而挫折感、焦虑与烦躁的气氛则容易诱发攻击性行为。

4. 性别角色的发展

(1) 性别角色发展的阶段

学前儿童性别角色的发展一般要经历三个发展阶段。

第一阶段:2—3岁,知道自己的性别,初步掌握性别角色知识。儿童能区别出一个人是男的还是女的,就说明他已经具有了性别概念。儿童的性别概念包括两方面,一是对自己性别的认识,二是对他人性别的认识。儿童对他人性别的认识是从2岁开始的,但这时还不能准确说出自己是男孩还是女孩。大约到2岁半到3岁左右,绝大多数孩子能准确说出自己的性别。同时,这个时期的儿童就已经具备了一些性别常识,他们已经形成了一些对男性和女性行为特点的认识,已经具有以下判断:“男孩打人”、“女孩话多”、“女孩经常需要别人的帮助”、“男孩玩汽车”等。

第二阶段：3—4岁，自我中心地认识性别角色。此阶段的儿童已经能明确分辨自己是男还是女，并对性别角色的知识逐渐增多，如男孩和女孩在穿衣服和游戏、玩玩具方面的不同等。但对于3、4岁的儿童来说，他们能接受各种与性别习惯不符的行为偏差，如认为男孩穿裙子也很好，几乎不会认为这是违反了常规。这说明他们对性别角色的认识还不很明确，具有明显的自我中心的特点。

第三阶段：5—7岁，刻板地认识性别角色。在这一阶段，儿童不仅对男孩和女孩在行为方面的区别认识越来越清楚，同时开始认识到一些与性别相关的心理因素，例如，男孩要胆大、勇敢、不能哭；女孩要文静、不能粗野等。但与儿童对其他方面的认识发展规律一样，他们对性别角色的认识也表现出刻板性。他们认为违反性别角色习惯是错误的，并会受到惩罚和耻笑的。例如，一个男孩玩娃娃就会遭到同性别孩子的反对，认为不符合男子汉的行为。

（2）性别行为发展的特点

2岁左右是儿童性别行为初步产生的时期。具体体现在儿童的活动兴趣、选择同伴及社会性发展等方面。通常男孩在所有玩具中更喜欢卡车和小汽车，而女孩则更喜欢娃娃或柔软的玩具；儿童对同伴和玩伴的偏好也出现得很早。2岁的女孩就表现出更喜欢与其他女孩玩，而不喜欢跟吵吵闹闹的男孩玩；2岁时女孩对于父母和其他成人的要求就有更多的遵从，而男孩对父母的要求的反应更趋向多样化。

进入幼儿期后，儿童之间的性别角色差异日益稳定明显，具体体现在以下三个方面。

● 游戏活动兴趣方面的差异。在现实生活中，我们不难发现，在幼儿期男女孩子的游戏活动中，已经可以看到明显的差异。男孩更喜欢有汽车参与的运动性、竞赛性游戏，女孩则更喜欢过家家的角色游戏。

● 选择同伴及同伴相互作用方面的差异。进入3岁以后，儿童选择同性别伙伴的倾向日益明显，3岁的男孩就明显地多选择男孩而少选择女孩作为伙伴。在幼儿期，这种特点日趋明显。在游戏活动中，男孩更喜欢结成两人以上的群体，女孩则更喜欢在两个人之间交往。研究发现，男孩和女孩在同伴之间的相互作用方式也不相同。男孩之间更多打闹，为玩具争斗，大声喊叫，发笑；女孩则很少有身体上的接触，更多通过规则协调。

● 个性和社会性方面的差异。幼儿期开始有了个性和社会性方面比较明显的性别差异，并且这种差异在不断发展。女孩早在3岁时就对比她小的婴儿感兴趣。研究显示，4岁女孩在独立能力、自控能力、关心人与物两个方面优于同龄男孩；6岁男孩的好奇心和情绪稳定性优于女孩，6岁女孩对人与物的关心优于男孩，观察力方面男孩优于女孩；男孩比女孩有更强的攻击性，男孩的身体攻击较多，而女孩更多的是言语攻击。

（3）幼儿性别行为的影响因素

人们认为，男女两性行为上的差异是由两方面的因素造成的：其一是生物因素，主要受性激素和大脑功能分化的影响；其二是社会因素，包括父母、教师及社会舆论的影响。

影响幼儿性别行为的生物学因素主要是性激素。研究发现，在胎儿期雄性激素过多的女孩，在抚养过程中虽然按女孩来养，但仍然具有典型的假小子的特征，她们喜欢消耗较多精力的体育活动。

社会文化因素，特别是家庭因素对儿童的性别角色及相应的性别行为的形成起着更重要的作用。在孩子还不知道自己的性别及应该具有什么样的行为之前，父母就已经开始对孩子性别行为的引导了。父母的态度和行为直接引导着孩子朝着符合自己性别的行为方向发展。同时，父母是孩子性别行为的模仿对象。孩子自从知道自己是男孩或女孩开始，一般会把自己的同性别父母作为模仿对象。最后，通过父母的引导，对父母行为的模仿及父母对孩子行为的强化，儿童的性别行为逐渐定型。

5. 道德的发展

儿童道德的发展直接影响到儿童的社会行为。道德的发展涉及道德认知、道德情感和道德行为。在幼儿期，儿童道德的发展主要体现在以下三个方面。

首先，在道德情感方面，各种道德情感，如同情、互助、尊敬、义务感、自豪感等有了明显表现，为更深刻的道德情感提供了发展基础。研究表明,学前儿童已具有较强的移情能力,能够设身处地地为他人着想,接受他人的情绪情感。

其次,在道德行为方面,儿童道德行为的动机往往受当前刺激的制约,基本上仍受具体的道德范例所支配,一般都是按照成人的指示去做,并不理解真正的意义,所以坚持性很差。到了幼儿末期才逐渐形成独立的、主动的动机,开始能掌握一定的道德行为规则。

第三,在道德判断方面,幼儿初期的道德判断带有很大的情绪性、具体性和受暗示性,只要成人认为是好的,或自己觉得有兴趣的,就认为是好的,反之就是坏的,在判断行为时还不能把行为动机和行为效果统一起来,对行为好坏的判断更多地从行为的效果,而非从行为的动机进行判断,例如,他们会认为无意中打碎了一摞碗比有意打碎一个碗要严重,因为前者打碎的碗多;到了幼儿末期,儿童开始能从社会意义上来判断道德行为,但仍然是具体的。对于儿童来说,掌握一些抽象的道德原则,并以此为依据作为自己的行为规范,还是有困难的。

知识链接 皮亚杰、科尔伯格对儿童道德认知的理论解释

儿童的道德认知主要是指儿童对是非、善恶行为准则及其执行意义的认识。心理学家认为,儿童道德的发展很大程度上依赖于儿童的认知发展水平,并遵循一定的阶段次序。这一理论的代表人物是皮亚杰和科尔伯格。

依据皮亚杰的理论,学前儿童道德认知发展经历3个阶段。

(1) 第一阶段:前道德阶段。此阶段出现在4—5岁以前,处于前运算阶段的儿童的思维是自我中心的,其行为直接受行为结果所支配。因此,这个阶段的儿童还不能对行为做出一定的判断。

(2) 第二阶段:他律道德阶段。此阶段大约出现在4、5—8、9岁之间,以学前儿童居多。此阶段儿童对道德的看法是遵守规范,只重视行为后果,而不考虑行为意向。故而称为道德现实主义。这个阶段儿童的道德判断有以下五个特征。

● 认为道德规则是权威制定的,权威通常包括父母、老师、警察等。这些规则是绝对的、不可以改变的。

● 判断行为的好坏只依据行为的客观后果,而不是行为者的意图或动机。

● 非此即彼。判断别人的行为时,不是好就是坏,而且认为别人也是这样认为的。

● 内在的公正,认为惩罚是天意,违反规则就一定会受到惩罚,而不管是否有人发现。例如,一个孩子偷了糖,但是没有人看见,第二天他摔伤了膝盖,这就是对其偷窃行为的一种惩罚。

● 单方面遵守权威,有一种遵守成人标准和服从成人规则的义务感。

(3) 第三阶段:自律道德阶段。自律道德始于9—10岁以后,大约相当于小学中年级。此阶段的儿童不再盲目服从权威。他们开始认识到道德规范的相对性,同样的行为,是对是错,除了考虑行为结果之外,也要考虑当事人的动机,故而称为道德相对主义。

科尔伯格理论是对皮亚杰理论的继承和发展。依据科尔伯格理论,学前儿童道德认知发展处于前习俗道德水平。在前习俗道德水平,道德是受外部控制的。儿童接受权威人物的规则,并且通过行为的结果来判断行为。导致惩罚的行为被认为是坏的,导致奖赏的被认为是好的。此水平又分为两个阶段。

第一阶段:以服从与惩罚为取向。处于这个阶段的儿童认为规则是由权威制定的,必须无条件地服从,违背了规则应该受罚。服从权威或规则只是为了避免惩罚。行为的好坏也是依据行为所得的结果来评定,受赞扬的行为就是好的,受惩罚的行为就是坏的。

第二阶段:以工具性目的为取向。这个阶段儿童服从于获得奖赏,其行为是有图谋、为自己服务的,而不是真正意义上的公正、慷慨、同情或怜悯。例如,"你让我玩四轮车,我就把自行车借给你。""如果让我看电视,我就把玩具收拾好。"

学习单元二 行为观察

一、儿童同伴交往行为的观察

【观察指导】

社交图形记录的是单个儿童与他人的社会性接触,或是一个群体中儿童间的友谊情况。要记录一个社交图形有几种方法。对于单个儿童来说,事件抽样或追踪法都是相当好的选择,其做法就是选择一个儿童作为观察对象,在选定的时间段内,记录儿童进行了几次社会性互动,和谁进行了良性互动,箭头从互动发起者指向互动的对象。在观察中注意以下四个方面。

首先,要选择观察时间,如果观察儿童的良性互动,那么观察时间选择得越长越好,因为时间长才可能出现更多的目标行为。

其次,因为我们是要观察目标行为的频率,所以应该选择事件取样观察法,也就是出现一次良性互动就记录一次。

第三,对"良性互动"的界定。我们对"良性互动"下的操作定义是:良性互动是指能够帮助儿童建立良好同伴关系的互动行为。例如,在自由游戏环节,牛牛看见贝贝正在用彩泥做蛋糕,就把自己用彩泥做的蜡烛送给贝贝。这个行为就是良性互动。

第四,我们只是观察记录目标行为的频率和指向,不用考虑目标行为具体是什么,只要看见目标行为就画一个箭头。例如,在晨读环节,诺诺拿了一本书,邀请牛牛和自己一起看,那就从诺诺画一个指向牛牛的箭头。

【范例】

观察时间:2010年3月6日全天　　　　　　儿童姓名:牛牛、贝贝、大洋、诺诺、弯弯
儿童年龄:4岁左右　　　　　　　　　　　观察地点:中班教室

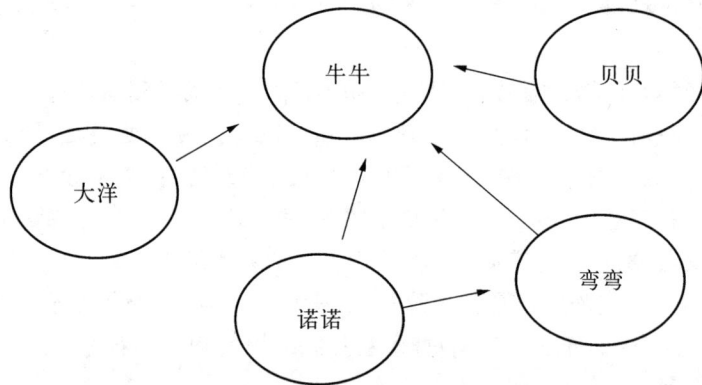

观察结果分析:从图中可见,指向牛牛的箭头最多,牛牛是比较受欢迎的儿童。弯弯既有主动发起的良性互动,又有被动的同伴互动,双向的同伴互动在她身上很明显,可见她也是个社会交往良好的儿童。

【目的与要求】

1. 学会对儿童良性互动行为进行观察和记录。

2. 学会绘制儿童社交图,并对儿童受欢迎程度进行评价。

【内容与步骤】

1. 到幼儿园实地观察,或观看儿童同伴交往实录。

2. 根据实际观察填写以下记录表。

3.分析观察结果,评价儿童的同伴接纳程度,找出最受欢迎儿童和被忽略儿童。

同伴交往观察记录表

观察者		观察日期	
观察对象	姓名:	性别:	年龄:
观察目标			
观察的起止时间			
环境描述			
绘制社交图形			
结果分析			

二、儿童同伴关系的观察

【观察指导】

我们可以绘制一个社会关系网,来观察记录儿童在同伴群体中的友谊。从社会关系网中得到的数据可以用来评价儿童的社会群体或互动关系。观察者要求儿童提出或者画出三名自己最喜欢和他交往、最愿意一起做游戏的同伴。然后,观察者根据儿童的回答绘制一个儿童的社会关系网。

【范例】

观察日期:2009年4月5日—2009年6月20日

儿童姓名:沙沙、莉莉、小米、西西、丹丹、娜娜、小札、杰杰、齐齐

儿童年龄:5岁左右

环　　境:大班教室

儿童同伴关系观察记录表

儿童的姓名	朋友1	朋友2	朋友3
沙沙	西西	莉莉	娜娜
莉莉	小米	丹丹	齐齐
小米	莉莉	丹丹	齐齐
西西	沙沙	杰杰	娜娜
丹丹	小米	齐齐	莉莉
娜娜	沙沙	西西	杰杰
小札	娜娜	小米	齐齐
杰杰	娜娜	西西	沙沙
齐齐	莉莉	娜娜	小米

观察结果分析:从上面的社会关系网可以看出,被小朋友提名为好朋友最多的是娜娜。由此推断,她是一个在群体中受欢迎程度最高的儿童。丹丹被提名的次数最少,由此推断,丹丹是这几个儿童中交友范围较小的儿童,应该给丹丹更多的社会性交往技能的指导和训练。依据此办法,我们可以也能推断其他儿童的社交情况,以便对其更有针对性地教育。

【目的与要求】

1. 掌握儿童同伴关系的观察方法,学会绘制社会关系网。

2. 形成观察、评价与指导儿童友谊的能力。

【内容与步骤】

1. 到幼儿园实地考察,确定一个观察群体。

2. 要求这个群体中的儿童提出或者画出3名自己最喜欢与之交往、最愿意一起做游戏的同伴名字。根据儿童的实际回答填写以下记录表。

3. 分析观察结果,评价儿童在群体中的地位,找出同伴地位高的儿童和同伴关系不良的儿童。

儿童同伴关系观察记录表

观察日期:
儿童姓名:
儿童年龄:
环　　境:
观察结果:

儿童的姓名	朋友1	朋友2	朋友3

结果分析:

社交技能指导:

三、儿童攻击性行为的观察

【观察指导】

儿童的攻击性行为可以用事件抽样法进行观察,记录下事件发生之前和之后的现象,看看事件的发生有什么规律,从而帮助儿童矫正不良行为。儿童攻击性行为往往发生在当儿童自身的需求得不到满足,或者自己的权利受到损害时,出现身体上的进攻,言语上的攻击等侵犯性行为。主要表现为:打,踢,咬,大声叫嚷,叫喊名字,骂人,暴力,抢走别人的东西等。

【范例】

观察日期: 2010年1月20日

观察时间: 全天

儿童姓名：笨笨

儿童年龄：5 岁

观察地点：大班教室

观察目的：观察笨笨的攻击性行为事件

时　间	事　件	之前发生的事	在场的人	之后发生的事情	分析指导
11:20	笨笨抢了大洋的橡皮，大洋又抢了回来。	笨笨正在画画	桌子边另有三名儿童，教师坐在办公桌边。	笨笨骂了大洋一句，并打了他的胳膊一下，大洋大叫起来，教师出来干预。	笨笨应该先礼貌地询问，如果他做不到这点，那么可请教师及时干预。笨笨应该控制他的怒气。
11:35	前一事件再度发生。	笨笨继续在桌边画画。	只有笨笨和大洋两个人在桌边，教师在图书角。	大洋让教师来干预，笨笨换位子单独坐下。	教师应该再次提醒笨笨在拿东西前要先询问对方。
13:20	大洋从背后推了笨笨，笨笨摔倒了。	全体小朋友按照老师的要求正在换上体育活动的衣服。	全体小朋友在一起换衣服，教师协助他们。	笨笨跳起来，拉了大洋的上衣。大洋大叫，教师来干预。	笨笨并非此次事件的肇事者。
13:50	笨笨尖叫，因为他认为有人拿走了他的领结。	体育活动后，小朋友们正在换回原来的装束。	全体小朋友在一起。	几个小朋友似乎被吓着了，倒退几步离笨笨远些。教师干预，找到了领结。	笨笨需要学会用一种别人能接受的方式来表达自己。

【目的与要求】

1. 用事件抽样法观察一名儿童的攻击性行为，观察一天并进行记录。

2. 掌握儿童攻击性行为的观察记录及分析的方法。

【内容与步骤】

1. 利用实习机会，到幼儿园进行观察，也可以在家庭观察或观看儿童攻击性行为的实录。

2. 根据实际观察填写以下记录表。

3. 分析观察结果，并提出相应的指导对策。

儿童攻击性行为记录表

观察时间 ＿＿＿＿＿＿＿＿＿＿＿　　　　　　观察地点 ＿＿＿＿＿＿＿＿＿＿＿

儿童姓名 ＿＿＿＿＿＿＿＿＿＿＿　　　　　　儿童年龄 ＿＿＿＿＿＿＿＿＿＿＿

时　间	事　件	之前发生的事情	在场的人	之后发生的事情	分　析

四、角色游戏中合作行为的观察

【观察指导】

角色游戏是儿童通过扮演角色,运用想象,创造性地反映个人生活印象的一种游戏,通常都有一定的主题,如娃娃家、商店、医院等,所以又称为主题角色游戏。角色游戏是学前期最典型、最有特色的一种游戏。在角色游戏中,儿童通过对现实生活的模仿,再现社会中的人际交往,练习着社会交往的技能。游戏中,儿童的行为要与所扮演的角色行为相吻合,要把自己放在角色的位置上。从角色的角度看待问题,必须学会共同拟定和改变游戏活动的主题。为了使角色游戏成功地继续下去,他们之间就先要协商由谁担任什么角色,使用什么象征性物品及动作;游戏中常常要改变计划,这就需要共同合作,学会从他人角度看问题,更好地解决人与人之间的交往。

合作行为与友爱、分享、谦让等同属于亲社会行为,是儿童社会适应的一个重要方面。合作行为是指两个或者两个以上的个体为达到共同的目标而协调活动,以促进一种既有利于自己又有利于他人的行为。合作行为在儿童身上的常见的具体表现有:

1. 语言协商:语气委婉地向对方表达自己的想法或提出要求。例如,"我用一下你的红笔可以吗?""我来当兔妈妈,你来当兔宝宝,行不行?""我把这个给你,你把汽车给我玩一会儿吧。"

2. 示范指导:自己主动或当别人提出请求时给对方以指导帮助。如,在一旁做示范动作,告诉同伴小乌龟是怎样走路的。

3. 分工合作:能够和别人一道完成一项任务或者游戏,例如,共同搭建一座小桥。

【范例】

角色游戏中合作行为观察记录表

观察时间:2009年4月8日　　　　上午　　　　角色游戏环节 观察地点:中1班 观察对象:闹闹 观察项目:角色游戏中的社会互动
观察记录: 上午角色游戏环节,闹闹和另外一个男孩齐齐手拉手走进娃娃家。闹闹对齐齐说:"我来当妈妈,你来当爸爸。"齐齐点点头。闹闹说:"那我去做饭。"说着闹闹走进"厨房"拿出一个盘子,把一个塑封好的卡片白菜放在盘子里,然后端过来。齐齐坐在桌边,拿起筷子,要夹白菜,闹闹说:"等一下,还有一个菜。"之后闹闹去"厨房",用同样方法,做了一盘"鱼"端上来。 齐齐说:"真好吃。"说着假装夹了一口白菜送进嘴里。闹闹夹了一块鱼给齐齐,并且说:"你多吃点鱼。"齐齐点点头,微笑了一下。齐齐说:"孩子哭了,我抱抱他。"闹闹和齐齐一起来到儿童床边。闹闹把孩子抱起来说:"你去拿奶瓶,他饿了。"齐齐拿了奶瓶递给闹闹。闹闹假装给孩子喂奶,一边还说:"宝宝乖。"齐齐拍打孩子屁股。
观察记录分析: 游戏中两名儿童都较积极主动,游戏有一定情节,并且能很好地表现自己的角色,能和其他角色互动,能表现对别人的关心和体贴。在游戏中儿童能移情,表现出较高的社会交往技能。

【目的与要求】

1. 学会对儿童合作行为进行观察、记录与分析。

2. 能够用同样方法观察分享行为、谦让行为等其他亲社会行为。

【内容与步骤】

1. 利用实习机会,到幼儿园进行观察,也可以在家庭观察或观看儿童合作行为的实录。

2. 在角色游戏中,选择1名儿童,观察他与同伴的合作行为,用轶事记录法进行记录。

3. 根据实际观察填写以下记录表。

4. 分析观察结果,对儿童的合作行为进行分析。

儿童合作行为观察记录表

观察者		观察日期	
观察对象	姓名：	性别：	年龄：
观察目标			
观察的起止时间			
环境描述			
观察实录			
结果分析			

学习单元三 · 实验与测评

一、"陌生情境"实验

【目的与要求】

通过实验测查儿童的依恋关系类型。

【材料准备】

一间有单向观察窗的观察室,里面布置若干玩具。如果没有专门的观察室,也可以用普通房间代替,实验者要坐在不干扰儿童的地方。

【内容与步骤】

1. 实验者将儿童和抚养者安排在实验的房间里,随后离开。

2. 当儿童探索房间的时候,抚养者什么都不做。

3. 进来一个陌生人,前一分钟什么都不说,之后开始和抚养者说话。再过一分钟,陌生人开始接近儿童。

4. 然后,抚养者尽量小心地离开房间,这时候房间里只有儿童和陌生人。

5. 抚养者回来安抚儿童,然后再离开,留下陌生人和儿童在房间里。

6. 陌生人也离开,儿童一个人在房间里。

7. 陌生人进来,开始和儿童玩。

8. 抚养者回来,陌生人离开。

观察者自始至终在单向观察窗的另一面观察儿童对抚养者的反应和对陌生人的反应,并记录。

【结果与评估】

依据依恋理论,对这名儿童的依恋类型进行分析,对其抚养者提出指导和建议,并写出书面的实验报告。

二、社会性发展的检查清单

【目的与要求】

学会使用家长测评问卷对儿童社会性发展水平进行评估。

【材料准备】

家长测评问卷

儿童社会性发展项目	是	否	儿童的表现
温和亲切,信任别人,亲近别人			
在购物、洗刷等家务劳动上乐于帮助成人			
对受伤的小朋友表示出同情			
能够分享和轮流			
理解言语而不是用发脾气来表达需要			
能在角色游戏中扮演角色,并以恰当的行为表演该角色			

要综合考察某个年龄段的某个儿童社会性发展的整体水平时,就要用到检查清单。这个清单上,先列举一些这个年龄段应该达到的社会性发展水平的项目,然后去测查某个儿童,用"是"和"否"来考察该儿童的达标情况。

【范例】

儿童社会性发展项目	是	否	表　现
温和亲切,信任别人,亲近别人	√		莉莉和朋友们坐在一起时,拉着朋友的手并和她轻声说话。
在购物、洗刷等家务劳动上乐于帮助成人	√		当成人问莉莉是否愿意陪同去购物时,她愉快地答应了。
对受伤的小朋友表示出同情		√	诺诺因为吃饭时不想吃木耳就大声哭起来,坐在旁边的贝贝递了纸巾,莉莉却低头吃自己的饭,并未关注诺诺。
能够分享和轮流	√		下棋时,莉莉可以和朋友轮流出棋子;在娃娃家,莉莉可以和朋友轮流做售票员;能和朋友分享玩具。
理解言语而不是用发脾气来表达需要	√		莉莉想要芳芳的玩具,芳芳说:"我不给你玩。"莉莉气恼地看着芳芳,看了一会,莉莉说:"芳芳,你先玩,等你不想玩了,我再玩。"
能在角色游戏中扮演角色,并以恰当的行为表演该角色	√		莉莉在娃娃家可以和假想的客人喝茶,并且能够能将这一情节精细化,玩很长时间;莉莉能扮演医生的角色给娃娃打针。
简单评估			通过对该名儿童社会性发展项目的考察,该儿童的社会性发展的整体水平是比较高的。

【内容与步骤】

1. 选取5名儿童家长,向家长发放测评问卷。

2. 向家长就本测查进行说明:"我们想就孩子的社会性发展状况做些初步了解,请您根据孩子的实际情况进行填写,符合实际情况的打钩,不符合实际情况的打叉。"

3. 对测评结果进行评估。

【结果与评估】

依据范例,对这名儿童的社会性发展水平进行评估,并提出适宜的发展指导建议。

三、依恋检核清单

【目的与要求】

能够使用问卷来测查儿童的依恋关系类型。

【材料准备】

儿童依恋类型家长测评问卷

类型	是	否	儿童的行为表现
安全型依恋			与妈妈分离时,宝宝会哭泣或表现出不安;妈妈回来后能很快安静下来。
			宝宝哭闹或受惊吓时,在妈妈的安慰下,能很快安静下来。
			妈妈回家时宝宝会很高兴,喜欢与妈妈一起玩,愿意和妈妈分享玩具与食品。
			到新的环境,宝宝刚开始可能比较拘谨,但不到10分钟就可以自由地独自玩耍。
			宝宝能在妈妈身边独自玩耍,不时会向妈妈微笑或与妈妈说话。
			在妈妈的鼓励下,宝宝能比较放松地在陌生场合表演节目。
			在妈妈的鼓励下,宝宝能很快和他不熟悉的大人玩耍或说话。
回避型依恋			妈妈回家时,宝宝仍专注于自己的活动,很少表现出很高兴的样子。
			即使是陌生人的逗弄,宝宝仍会露出笑容。
			宝宝对妈妈的离开漠不关心,很少表现出哭泣、不安的情绪。
			宝宝能够很容易地让他不熟悉的人带出去玩。
			与妈妈在一起时,宝宝很少关注妈妈在做什么,只顾自己玩玩具。
			宝宝一般不会主动寻求妈妈的拥抱,或与妈妈亲近。
			不怕生,宝宝第一次去别人家里,就能独自玩耍。
矛盾型依恋			宝宝喜欢缠着妈妈,不愿意自己一个人玩耍。
			与妈妈分离时,宝宝表现出强烈的不安,哭闹不停,很难平静下来。
			即使在家中,宝宝也很难接受陌生人的亲近。
			在不熟悉的环境中,虽然父母在身边,宝宝仍表现得很拘谨,不愿独自玩或与别的小朋友一起玩。
			宝宝与妈妈重聚时,紧紧地缠在妈妈身边,生怕妈妈再次离开,怎么安慰都没有用。
			宝宝在哭闹时,要花很长时间才能使其平静下来。
			与妈妈重聚时,宝宝有时会表现出生气、反抗、踢打妈妈的行为。

【内容与步骤】

1. 选取5名儿童家长,向家长发放测评问卷。

2. 向家长就本测查进行说明:"我们想就孩子的依恋类型做些初步了解,请您根据孩子的实际情况进行填写。符合实际情况的打钩,不符合实际情况的打叉。"

3. 对问卷结果进行分析。

【结果与评估】

问卷的计分方法：每到题目答"是"得1分，答"否"得0分，将三组题目的得分各自相加，哪组得分最高即代表该儿童属于哪种依恋类型。

学习单元四 ● 分析与指导

一、社会性发展指导建议

1. 培养儿童亲社会行为的方法

儿童社会行为发展的研究成果表明，儿童的亲社会行为不是与生俱来的，而是通过后天的教育和培养获得的。培养儿童社会行为主要有以下五种方法。

（1）提供亲社会行为的榜样

儿童亲社会行为的学习和形成，主要是通过观察学习和模仿达到的。榜样在儿童亲社会行为形成中占有相当重要的地位。儿童置身于社会之中，无论是周围的人们，还是电影、电视、小说中的主人公都是儿童学习模仿的对象。儿童具有很强的模仿性。儿童多次观看别人的亲社会行为，就有助于培养自己的亲社会行为。父母、教师是儿童直接模仿学习的榜样。成人言行一致才能培养儿童良好的社会行为。同时，成人有必要为儿童选择良好的榜样，例如，向儿童推荐一些优秀的课外读物、电影等。

父母的教养方式影响着儿童亲社会行为的发展。民主型的父母多采用较为温和的、非强制性的说理方式来教育儿童，儿童也从父母的教育、教养行为中习得了以同样的方式对待他人。同时，家长应注意在日常生活中规范自己的行为，注意与周围的人和睦相处、积极合作，并热心为他人排忧解难，优化儿童的生活环境，让儿童从中找到学习、模仿的良好榜样。

（2）移情训练

移情在儿童亲社会行为的产生中具有极其重要的意义，是儿童亲社会行为产生、形成和发展的重要驱动力。具有良好移情能力的儿童能更好、更经常地做出亲社会行为，对周围成人和同伴亲切、友好；移情能力较缺乏的儿童，亲社会行为很少，而消极的、不友好的行为则较多。

移情训练是指成人引导儿童体验某种特定情境下他人的心理感受，进而在现实生活中遇到类似情况时能做出恰当的反应。利用移情来教育儿童，使其具有内在的自我调节能力，比一味地限制、要求等外部约束要有效得多。儿童遇到类似情境时，在做出消极行为之前，便会回忆起以往的体验，浮现出受害同伴痛苦的表情，于是便会抑制自己的消极行为，而做出互助、分享等积极行为。

（3）表扬和奖励

儿童亲社会行为无论是自觉的还是不自觉的，都需要得到群体的认可。因此，奖励对巩固儿童的亲社会行为具有不可低估的作用。儿童一旦出现了亲社会行为，家长要通过表扬或奖励及时强化，使儿童获得积极反馈，达到逐渐巩固的目的。否则，习得的亲社会行为可能会消退。恰当地运用表扬、奖励，能有效地促进儿童亲社会行为的发展，并在一定程度上抑制儿童的攻击性行为。

（4）利用归因原理

儿童对行为原因的归因直接影响其行为。

归因理论认为，要想把在某种特定场合表现出的习得的助人行为保持下去，个体需要把助人的观念内化，这是一种自我归因。研究表明，儿童一旦有了自我归因，利他行为就有了持久性。

成人应鼓励并帮助儿童建立一种正确的归因模式。通过专门的归因训练，帮助儿童消除消极的归因模式,建立积极的归因模式。以下是三种效果比较好的归因训练方法。

(1)团体发展法。这种方法是以集体讨论的形式进行,小组成员(一般为3—5人)在一起分析讨论行为的原因,并由教师对每个儿童及整个小组的情况作比较全面的分析,引导小组成员进行归因。从中选出与自己行为最有关系的因素,并对几种主要因素所起作用的程度做出评定。教师对其归因和评定及时做出反馈,指出归因误差,鼓励比较符合实际的、积极的归因模式。

(2)强化矫正法。采用这种方法进行归因训练时,让儿童在规定时间内完成具有一定难度的任务。然后,要求儿童根据任务的完成情况(成功或失败)在归因量表上做出选择。每当儿童作出比较积极的归因时,随即给予鼓励或奖励(即强化),并对那些很少做出这类归因的儿童给予引导,促使他们形成比较正确的归因倾向。这种归因训练方法比较简便易行,特别适宜于儿童,其中的关键是掌握和灵活运用适当的诱导和奖励方法。

(3)观察学习法。让儿童看几分钟有关归因训练的录像片。片中表现儿童在完成任务后进行归因的情况,完成任务成功和失败的顺序是预先确定的。每当儿童完成任务好时,就给予纪念品奖励,片中的教师告诉大家:“他做得对,说明他有助人的精神。”当完成任务不好时,不给奖励,说:“他做错了,还应更加努力,才能做正确。”训练时,让儿童多次观察录像片,以加强观察学习的效果。在运用观察学习法时,应该使片中儿童的特征(如性别、年龄等)与接受训练的儿童尽可能相似,所从事的任务也应与受训者的实际学习任务相一致,并且难度逐步提高,并在观看录像后,让儿童重复类似的任务。这样能够促使儿童把观察学习的效果,更好地迁移到其日常学习活动中去。

(4)组织游戏活动

游戏是培养儿童亲社会行为最好的方法之一。游戏中儿童不肯谦让,交往就不能继续进行;进行游戏时需要配合,合作的能力于是就得到锻炼;大家一起游戏,玩具、物品就要求共同分享。在游戏活动中,儿童起初会发生冲突或出现争执的情况,因此,需要成人和教师给予指导,启发他们想出各种不同的解决问题的办法,并教育儿童学会谦让、合作、共享等良好行为。攻击性强的儿童往往缺乏解决交往问题的策略,不善于与他人建立良好的关系,不善于与他人进行交往。这就需要向儿童提供一些正常交往的策略,通过榜样的示范,并进行解释和说明,帮助他们掌握减少人际冲突的策略,从而改善人际关系,减少攻击性行为。我们要利用游戏这一有效的手段让儿童反复练习、反复实践,他们就能逐步形成自觉、稳固的亲社会行为。

2. 帮助儿童建立良好同伴关系的方法

(1)为儿童提供非正式地交谈、游戏、享受彼此在一起的机会。

(2)利用两两一组配对的方法来促进其相互作用。

(3)严肃对待儿童的友谊。

(4)教师组织儿童在一起讨论彼此的相似性。

(5)帮助儿童记住每一个人的名字。

(6)帮助儿童了解他的行为是如何影响其交友的。

(7)使儿童在一开始就进入到游戏情节中,这样他们就不会被看作是一个闯入者。

(8)帮助儿童学会正确看待交往的失败。

(9)帮助儿童发展谈话技能。

(10)利用讲故事的方法强化与友谊相关的概念、事实、原则。

(11)帮助被忽视和被拒绝的儿童改善其同伴关系。

(12)与家长沟通,家园合作促进儿童的社会交往。

(13)教给儿童交往的策略和技巧。

3. 儿童攻击性行为的矫正

(1)教会儿童合理地宣泄

对于自控能力弱的儿童来说,烦恼、攻击、挫折、愤怒等情绪是点燃其攻击性行为的导火索。这种情绪积聚越多,攻击性行为产生的可能性也就越大。因此,教会儿童合理地进行宣泄,有助于儿童控制并消除自己的攻击行为。宣泄方法有很多,关键的是要合理有效,例如,用言语来倾诉内心体验,通过从事体育运动等方法合理地进行心理宣泄。

（2）营造友好的氛围

不少心理学家的研究表明,若将有攻击性行为的个体置于无攻击性行为的环境中,可以减少其攻击性行为的发生。因此,教师要创设良好的集体氛围,通过开展丰富多彩的集体活动,形成班内良好的人际交往氛围,为儿童创造更多的交往机会,形成团结向上、互助友爱、和睦融洽的氛围,并在活动中灌输给儿童正确的是非观,儿童的消极行为应及时受到阻止,教师应及时帮助儿童改正。

（3）利用角色扮演提高移情能力

社会心理学研究表明,移情能力越高,发生攻击性行为就越少;反之,发生攻击性行为就越多。根据这个规律让攻击者更多地了解他的攻击行为给对方造成的不良后果,觉察和体验到别人的痛苦,则能有效地减少其攻击性。因此,利用角色扮演法,让那些爱欺侮人的儿童扮演挨打者的角色,让他们细心体验一个被欺侮的心情,想象自己挨打的恐惧、逃避、愤恨、驯从甚至悲伤委屈的情绪反应,并要求将之表演出来。经过这样的多次练习,攻击者就学会了从挨打者的角度想问题,意识到了打架给他人造成的心灵痛苦,从而抑制了自己的攻击冲动。

二、案例学习

案例1：搭积木

【案例背景】

晓可、然然、仲仲三位大班的男孩子很喜欢一起搭积木,今天他们又一起选择了搭积木,并在其中展开了合作游戏。

【案例描述】

仲仲："然然,你看这怎么办呢? 又断路了。""然然,给你点纸杯当桥墩,晓可,也给你点。"

晓可："我不要。"独自搭,又去看同伴:"你们搭这干什么? 又成断路了。"

然然："我们正在施工啊!"

仲仲："晓可,快把桥墩架起来。"(听从老师的建议,搭立交桥。)

晓可："我来帮你。"

仲仲："还不够,晓可再去找点。"(找白色圆柱体积木。)

晓可："我找不到。"

仲仲："找不到是什么话。"(于是他自己亲自去找。)

然然："你要这个吗?"(拿一个蓝色长方体积木。)

仲仲："我不需要。"

然然："只是白色,没有蓝色不漂亮啊!""我搭一些路灯吧!"(用纸杯放在积木上。)

仲仲："给我来一个。"

然然："不行,一个也不行。"

仲仲："哎,没办法。"(继续到另一面搭。然然不停地搭路灯。)

仲仲:(过了一会)"现在能给我一个吗?"

然然："好吧!"

仲仲："我这又少了一个路灯,能再给我一个吗?"

然然："好吧!"

晓可："我拿然然的小汽车。"

然然："不行。"（然然去追晓可，晓可扔下小汽车。）

仲仲："我这没路灯怎么办？然然全在你手里了。"

然然："我还有5个。"

仲仲："给我2个，你还有3个。"（然然给了他2个。）

然然："我还剩3个。"

仲仲："这儿还缺少些路灯。"（然然手里的已经用完，又去找纸杯。）

【案例分析与发展指导】

5岁以后，合作性游戏开始发展，同伴交往的主动性和协调性逐渐发展起来。儿童游戏中社会交往水平最高的就是合作性游戏。在游戏中，儿童分工合作，有共同的目的、计划。在游戏中，儿童必须服从一定的指挥，遵守共同的规则，要互相协作、尊重、关心与帮助，大家一起为玩好游戏而努力。以上是三个大班儿童在搭积木时的一段自由对话，从中我们可以发现，每个儿童在合作游戏中表现出不同特点及社会性发展水平。

晓可："我不要。""你们搭这干什么？又成断路了。""我来帮你。""我找不到。""我拿然然的小汽车。"

分析：晓可不明确自己的行为目标，在同伴的邀请下能互相帮助，合作，但不能主动发起与同伴的互动，有畏难情绪和破坏行为出现。语言少且短。

发展指导：帮助晓可在活动前预想：我想做什么？我想怎样做？我想和谁一起做？……从而自主地选择和计划活动，并努力实践自己的想法，减少时间的隐性浪费。引导他多与同伴互动，不断提高交往能力，发挥他的智能强项，多为他创设表达和表现的机会与条件，帮助他发展语言、树立自信。

仲仲："然然，你看这怎么办呢？又断路了。""然然，给你点纸杯当桥墩，晓可，也给你点。""晓可，快把桥墩架起来。""还不够，晓可再去找点。""找不到是什么话。""我不需要。""给我来一个。""哎，没办法！""现在能给我一个吗？""我这又少了一个路灯，能再给我一个吗？""我这没路灯怎么办？然然，全在你手里了。""给我2个，你还有3个。""这还缺少些路灯。"

分析：仲仲能友好地与同伴合作游戏，主动发起和被动接受均可，对于固执己见的同伴，他能采取暂时妥协的办法，对于不易加入的同伴，他能主动邀请，思维灵活，易接受别人的意见，语言多且丰富，交往能力很强，受到同伴的喜爱。

发展指导：发挥仲仲交往能力强的优势，引导其在游戏活动中与同伴互相学习，学习客观评价自己和同伴，形成接纳自己和欣赏他人的态度。鼓励其尝试新的具有挑战性的活动，更加自信，并在活动中发现事物的因果关系，促进其多方面能力的提高。

然然："我们正在施工啊！""你要这个吗？""只是白色，没有蓝色不漂亮啊！""我搭一些路灯吧！""不行，一个也不行。""好吧！""好吧！""不行。""我还有5个。""我还剩3个。"

分析：然然能与同伴友好相处，并提出自己的建议，语言表达一般，数概念清晰，思维活跃有创新意识，但不善于接受别人的意见，当与同伴发生冲突时，缺少解决的办法。典型的"吃顺不吃戗"。

发展指导：引导其在喜欢的创造性活动中更充分表达自己的想法，并学会认真倾听、理解他人的想法。在游戏中尝试主动与同伴分工、协商、配合，共同解决问题，分享成功。帮助他从中觉察他人的情绪，尊重他人的需要，学习调整自己的行为，提高交往能力。

总之，利用游戏促进儿童的社会性发展，教师应从两方面做起：首先，教师应在儿童游戏的过程中，有意识地注意观察儿童的行为表现，这样做既有助于我们了解儿童游戏的发展水平，也有助于我们了解儿童的同伴交往，了解儿童的社会性发展。其次，游戏为儿童的同伴交往提供了必要的场所和机会，以游戏为主要活动形式，能有效地培养儿童的亲社会行为。所以，教师要尽可能地为儿童创设与同伴合作游戏的机会与条件。

案例来源：天津市幼儿师范学校附属幼儿园沈文瑛老师

案例2：鹏鹏为什么没来幼儿园？

【案例背景】

随着天气的转冷，班中不时出现了生病的儿童，如何抓住这一线索，引发儿童从中获得社会性发展呢？在教师提出"鹏鹏为什么没来幼儿园？"这一问题以后，儿童展开了讨论，有的说他出去旅游了，有的说他去姥姥家了，还有的说他生病了，教师有意识地引导儿童讨论："我们怎样才能知道其中的真正原因呢？"

【案例描述】

小奕说"咱们给他写封信"；雯雯要给他打电话；莉莉则提出上网问一问他。可是我们怎么才能知道他们家的地址、电话号码、网址呢？这时，静静突然想到："我妈妈和他妈妈是同事，让妈妈问一问不就知道了吗？"

当儿童通过不同的方法得知了鹏鹏生病以后，教师引导小朋友回想自己生病时的感觉，有的说："我生病时很难受，头很痛、流鼻涕。"还有的说："我前几天得了肺炎还去医院输液呢，可疼了。"痛苦的经历进一步引发了儿童对鹏鹏的关心。于是，全班小朋友你一言、我一语共同给鹏鹏写了一封充满了关爱之情的慰问信，这封信使鹏鹏感受到了班集体的温暖，病情好转，不久他就开心地来幼儿园了。

【案例分析】

教师采用移情的方法帮助儿童回忆起以往自己生病的体验，浮现出同伴痛苦、难受的表情，将自己置身于他人的处境，设身处地地为他人着想，引发儿童产生关心他人、同情他人的情绪情感。通过写慰问信的方法使生病儿童感受到班集体对他的关心和爱护，产生集体归属感，达到儿童彼此间感情相互作用的目的，有利于儿童积极的社会情感的形成。

【发展指导】

利用生活当中的小事，对儿童进行社会性教育。儿童生病不来园是常有的事情，教师要善于把握教育契机，提出关键性的问题，引发儿童懂得如何与他人交往，如何与他人进行积极的情感沟通。实践证明，移情是助人、抚慰、关心、合作、分享等亲社会行为的基础，是一种十分重要的社会性情感，它有助于人格的完善，以及亲社会行为的形成。

案例来源：天津市幼儿师范学校附属幼儿园沈文瑛老师

案例3：心爱的福娃挂饰

【案例背景】

瑞瑞5岁6个月，父母离异，她每星期三天与妈妈、外公一起生活，四天与爸爸、奶奶在一起。生活的不稳定影响着孩子心理的发展，她以前曾有过把不是自己的东西据为己有的行为出现。

【案例描述】

杉杉很喜欢小挂饰，今天她的小书包上就多了一个福娃挂饰，早上一到幼儿园，她放下书包，就把她心爱的福娃挂饰拿给小朋友看，一时间引起了孩子们羡慕的目光。下午起床后，杉杉哭了起来，原来她心爱的福娃挂饰不见了。教师的引导没有发挥作用，直至儿童离园时，小福娃也没有再出现。

第二天早上，孩子们正在吃早点，瑞瑞小朋友走了进来，她和往常有些不一样，迅速跑进了里屋，而她的妈妈一脸愁容，非常担心地与老师讲起了昨天晚上孩子在家的表现。原来小福娃就藏在她的小书包里，并和她一起回了家。她到家后先是很兴奋，然后又比平常乖很多。坐下来对着小福娃认真地描画，再然后又很难过，最后竟哭了起来。经妈妈询问，她讲起了自己白天捡到小福娃，因为非常喜欢就把它放进了自己的书包。她又和妈妈说起了老师的话、伤心的杉杉、老师的注视，但是又怕自己拿出来以后,大家再也不会和她做朋友了等矛盾的心理。她向妈妈承认了错误,感到很对不起杉杉,答应妈妈今天一大早就把小福娃还给杉杉。为了不让其他小朋友发现,她还想出悄悄把小福娃还给杉杉的办法。

【案例分析】

儿童正处在前习俗道德水平,她的道德发展正处于避罚服从和相对功利取向阶段,表现出只考虑表面行为后果的好坏,只按行为后果是否带来需求的满足来判断行为的好坏。而儿童亲社会行为的发展与其道德认知的发展有着密不可分的关系。将别人的东西据为己有,虽然不像直接的攻击性行为给别人带来伤害,但也影响了他人的利益,不利于儿童亲社会行为的养成。瑞瑞的家庭生活不够稳定,也对她的亲社会行为产生了一定的影响。

【发展指导】

1.引导家长形成合力

帮助家长了解儿童的年龄和心理发展的特点,知道对于孩子的行为,家长不必过多责怪,只要帮助孩子分析事情的对与错,引导其了解一定的社会规范,学习了解别人的想法和感受,他们的道德就会随着年龄经验的增长而逐渐发展起来。家长和教师要共同关注孩子在这方面的发展状况,在家庭和幼儿园为孩子营造宽松和谐的成长氛围,加强与儿童情感的良性沟通。

2.通过多种方法培养儿童的亲社会行为

成人多为孩子提供与同伴协作、共同完成任务的条件与机会,帮助他们学会理解他人,学会辨别是非;在交往中,儿童的对话、游戏、竞争都是平等的,能够获得愉快的情绪体验,同情心和责任感也能得到发展;交往还能帮助孩子逐步学习、掌握社会道德规范和人际交往规范。可通过表扬、奖励、移情、榜样等多种方法培养儿童的亲社会行为。

案例来源:天津市幼儿师范学校附属幼儿园沈文瑛老师

三、分析与指导练习

练习1:给我玩会儿吧!

泽4岁4个月,琛4岁5个月,他们两个是班上年龄较小的男孩子。泽活泼好动,琛聪明安静。他们共同选择到电脑区游戏,琛首先拿到了鼠标,并进入了游戏界面。泽坐在他的旁边看。

泽:"咱们换一个'玩糖豆'的行吧!"

琛:"行呀。"(开始玩,琛操纵鼠标,泽在旁边建议,每成功一次,琛就激动地笑,泽在旁边唱歌,遇到困难琛不会操作,泽拿了鼠标,点击后游戏继续进行,琛想要回鼠标没有成功。)

琛:"你玩一会儿就给我行么?"

泽:"行。"(继续操作,琛在一旁出主意,成功时两个人一起笑,过了一会儿泽把鼠标给了琛。)

泽:"快点弄小弟弟。"(不时搂着琛的肩、摸他的头。琛操作渐渐熟练,很快就成功了。泽不再兴奋,过了一会就走开了。)

琛:"泽泽,快米。"

泽:"有点不好玩啦!"

琛:"你快点来,又有点好玩啦!"(琛退出了"蚂蚁吃豆",换了一个沙箱游戏。)

泽:"你都玩半天了。"(欲要鼠标,琛不放手。)

泽:"一人玩一把。"(琛与他交换位置。泽操作,琛指点屏幕,一把过后,琛想要鼠标,泽不给。)

琛:"你都玩了半天了。"

泽:"没有,我就玩了一会儿。"

琛:"我不想玩这个了,没意思。"(泽听后,退出又换了游戏。)

琛："我想玩这个。"(泽听从,进入了火车游戏。泽继续操作。琛指点,两人边说边玩,很愉快。)

琛："泽泽让我玩一下可以吗?"

泽："不可以。"

琛："你都玩了几次了。"(泽坚决不给,琛抢鼠标,两人争执。)

泽："我还没玩够。"

琛："你都玩了这么长时间呢。"(泽还是不给,琛妥协,泽仍操作鼠标。琛边指点屏幕边玩。)

琛："我想玩这个。"(泽听他的但仍不给鼠标,继续操作。)

琛："我想玩这个,这个小窗户特别好玩。"

(泽按琛的要求进入游戏,但坚持操作鼠标。过了一会,琛要鼠标,泽仍不给。)

琛又说:"我想玩这个。"

泽："听我的。"(进入了一个新的游戏。)

琛："给我玩会儿吧!"

泽："你玩吧,没意思。"(泽说完走开了。)(游戏结束的音乐此时响起。)

案例来源:天津市幼儿师范学校附属幼儿园沈文瑛老师

请运用儿童亲社会行为发展理论,对这两名儿童的互动行为进行分析,他们分别运用了哪些交往策略来达到共同游戏的目的? 并谈一谈如何在游戏中发展儿童的亲社会行为?

请你分析一下,琦琦为什么这样做呢? 琦琦的行为反映出哪些心理特点? 如果你是她的老师,你将如何帮助她呢?

练习2:小领导霖霖

霖霖聪明好学,活动中非常引人注意。但是和她比较要好的同伴很少,因为她时常因为小朋友们的行为向老师告状。妈妈为此很苦恼,希望得到老师的帮助。于是,教师针对霖霖与同伴互动的情况进行了观察。以下是老师的观察记录和综合分析:

同伴互动观察分析表

特殊朋友 文文、妮妮   活动区域 表演区

1. 发起活动让其他儿童参加(√)
2. 主动领导但往往不能成功( )
3. 常常听从于他人的领导( )
4. 花很多时间观察同伴游戏( )
5. 游戏发生冲突时,愿意让步或离开( )
6. 对自己的活动比他人的活动更感兴趣( )
7. 常常邀请其他人参加游戏(√)
8. 往往指导他人的行动(√)
9. 执行自己的想法时,具有坚持性(√)
10. 直接请求并接受他人的帮助( )
11. 常常被其他儿童排斥出去( )
12. 与同伴合作(√)
13. 经常独立游戏( )
14. 游戏中,常常比其他儿童说得多(√)
15. 常常难以听从他人的请求(√)
16. 基于对活动本身的兴趣选择区域,而不是看是否有自己所喜欢的同伴( )
17. 在转入不同的游戏区时,跟从于同伴顺利进行互动( )
18. 当同伴需要帮助时,给予关心和帮助( )
19. 常常难以听从他人的请求( )
20. 能向同伴展示自己的成果及游戏方法(√)

（续表）

综合分析：霖霖在游戏中更多时候处于领导者的角色，她自信、有思想，喜欢按照自己的想法做事，在活动区中，她的主意最多，经常会看到她在对同伴指手画脚。即使她在独自表演时，其他儿童也常常观看，并很快加入到活动中。有几个女孩常围着她转，她喜欢别人按照她的想法做事。当同伴不听从她的想法时，便会不高兴，很多时候会坚持自己的观点。她努力想争当"3个人中的领导"，但往往会以不愉快告终。霖霖友好、外向的人格特征使她在与同伴交往之初便成为受欢迎型儿童，但是她的固执己见使得她难以与他人建立双向交往和群体交往，缺乏有效的交往策略，这将不利于她的社会性发展。

注：观察记录中不同项目反应不同的角色表现

集体成员角色：3、5、11、17　　　　　　　　领导者角色：1、8、10、14

促进者角色：7、12、18、20　　　　　　　　独立者角色：6、9、13、16

过渡的角色：2、4、15、19

案例来源：天津市幼儿师范学校附属幼儿园沈文瑛老师

1. 请你学习这位老师对儿童社会性发展进行观察记录方法及分析方法。

2. 请你依据这份观察记录及老师的分析，为霖霖的社会性发展制定出具体的、有建设性的发展对策。

练习3：积木区的楠楠

对于大班儿童来说，建立友好的伙伴关系，对培养人际交往能力非常重要，可以使儿童入学后更快地与新的伙伴打成一片，融入小学的新生活。根据儿童的不同情况，为了对儿童的行为有清楚的了解，我们采取跟踪式的观察和轶事记录的方法，并在过程中通过各种方法为儿童提供支持，帮助儿童在此方面获得发展。

观察记录一

观察日期：2007年10月25日　　　　　　观察时间：8:50

观察对象：楠楠　　　　　　　　　　　　儿童年龄：5岁8个月

观察背景：早饭后小朋友们开始选区活动。

观察教师：孙静

观察记录：

吃过早饭，楠楠和康康等五个小朋友一起来到了积木区，康康建议要搭他家的小区，其他三个小朋友都表示赞同，瑞瑞和圣思在帮忙运积木，源源和康康在合作搭建小区里的餐厅，康康边搭边说："这是一号窗口，请三号客人到一号窗口领餐。"瑞瑞说："这可以搭一个饮料架，客人可以在这里买饮料。"楠楠一直一个人在中间的位置上聚精会神地搭一座小桥，有时听到旁边小朋友说的热闹，就抬头看看没有说话，然后又修改起自己的桥来。这时，圣思说："那边再搭一个停车场，吃饭的客人就可以把车停在那儿了。"我说："楠楠，他们搭停车场需要帮手。"楠楠说："好，我来帮帮忙，你们可以从我的桥上过去，这样快一点。"

观察记录二

观察日期：2007年11月8日　　　　　　观察时间：8:55

观察对象：楠楠　　　　　　　　　　　　儿童年龄：5岁9个月

观察背景：早饭后小朋友们开始选区活动。

观察记录：

选区活动开始了，楠楠和几个小朋友一起走进了积木区。我说："你们大家可以先商量一下今天要搭什么，怎样搭，好不好？"看到他们开始商量，我便到其他区去了。当我又一次巡视积木区时，齐齐说："咱们的控制台搭好了。"楠楠看了一眼说："这样不行，还要把下面固定好，要不就倒了。"小楷在一旁搭着一座像塔一样的东西。我问："小楷你在搭什么。""这是火箭。"小楷回答说。然后拿了一块圆柱形的积木走过来,放到了顶端。这时,楠楠拿来一块圆锥形积木,递给小楷说:"火箭的上边应该是尖的。"

观察记录三

观察日期:2007年11月23日　　　　　观察时间:9:05

观察对象:楠楠　　　　　　　　　　　儿童年龄:5岁9个月

观察背景:早饭后小朋友们开始选区活动。

观察记录:

今天,积木区里增添了一些辅助材料,许多小朋友都想去玩,但由于地方小,只能五个小朋友玩。楠楠今天没能进入积木区,他站在外面与区内的浩浩商量:"我也进来玩好不好。"浩浩说:"我们的人已经够了,需要的时候再叫你。"可楠楠离开了一会儿就又回来了。他又去询问道:"你们需要帮忙吗?如果一会儿需要,我可以来帮你们!"

案例来源:天津市幼儿师范学校附属幼儿园孙静老师

以上是老师在积木区对楠楠小朋友进行的连续观察的记录,请你对这三篇观察记录逐一分析,楠楠在游戏中交往的主动性是怎样逐步提高的?运用了哪些交往策略?在这个过程中,老师又是如何引导的?

四、实务操作——设计短剧示范友谊技能

1. 选择要教的友谊技能(比如分享)。最好一次示范一种技能,这样儿童易于鉴别所示范的正确行为。

2. 选择一种媒介,通过它来示范这种技能,如木偶剧、娃娃、图片等。

3. 编写剧本。剧本应由以下几个部分组成:A. 技巧的示范;B. 缺乏技巧的示范;C. 成人的解释;D. 儿童的讨论。如果有可能,让儿童有机会使用道具自己创作剧本。剧本不宜太长。

4. 写下你用来激发儿童小组讨论的话或问题。

5. 排练剧本。

6. 表演剧本。

7. 表演结束后,和儿童一起讨论。

思考与讨论

1. 名词解释:社会性发展、重要他人、依恋、同伴关系、亲社会行为、工具性攻击行为。

2. 同伴关系对儿童的社会性发展有何意义?

3. 依恋关系对儿童发展有哪些重要意义?

4. 儿童的依恋类型有哪些?

5. 简述学前儿童社会行为发展状况。

6. 影响学前儿童社会行为发展的因素有哪些?

7. 简述学前儿童性别角色的发展。

8. 简述学前儿童道德的发展。

9. 列举培养儿童亲社会行为的方法。

10. 如何对儿童的攻击性行为进行矫正?

主要参考书目

1. 杨丽珠等.《儿童社会性发展与教育》[M].沈阳：辽宁师范大学出版社,2000.

2. 王振宇.《儿童心理学》[M].北京：人民教育出版社,2009.

3. 劳拉·E·贝克.《儿童发展》[M].吴颖等译.南京：江苏教育出版社,2007.

4. 桑标.《当代儿童发展心理学》[M].上海：上海教育出版社,2004.

学前儿童个性发展主题

◉学习目标

通过本单元的学习,你应该能够:

● 掌握个性的含义、结构及一般特征。
● 理解个性在儿童心理发展中的意义。
● 掌握学前儿童自我意识的发生及发展特点。
● 懂得并学会依据儿童不同气质特点因人施教。
● 了解学前儿童的需要和兴趣发展特点。
● 掌握学前儿童性格发展特点。
● 掌握学前儿童能力发展特点及能力差异表现。
● 能够运用所学理论对学前儿童个性发展案例进行分析,并提出相应的指导策略。

学习单元一　发展解读

　　三岁的小雨聪明伶俐,活泼可爱,可就是不太听话,常常会有"挑衅"行为。"小雨,快去洗澡,我都说了几百遍了,怎么还不去啊?"在家里,经常能听到小雨妈妈这样的声音……

　　其实小雨的妈妈不必着急,更不要和孩子比赛,看谁能坚持得住。因为三岁左右是孩子成长中的第一个"反抗期",是其自我意识萌芽的表现。如果小雨的妈妈能够了解孩子在不同发展阶段的个性特点,就能因势利导,帮助孩子顺利度过这一时期。

一、个性发展概述

1. 个性的界定及其结构

　　个性是个体在物质活动和交往活动中形成的具有社会意义的稳定的心理特征系统。

　　个性是一个心理特征系统,是复杂的、多侧面的、多层次的统一体,由三个彼此紧密相连的子系统组成:

　　(1)个性倾向性系统。个性倾向性是指人对社会环境的态度和行为的积极特征,是推动人进行活动的动力系统,是个性结构中最活跃的因素,包括需要、动机、兴趣、理想、信念、世界观等。个性倾向性是个性系统的动力结构。它较少受生理、遗传等先天因素的影响,主要是在后天的培养和社会化过程中形成的。个性倾向性中的各个成分并非孤立存在的,而是互相联系、互相影响和互相制约的。

　　(2)个性心理特征系统。个性心理特征是指个体在其心理活动中经常、稳定地表现出来的特征,是个性系统中比较稳定的成分,表明一个人的典型的心理活动和行为,包括能力、气质和性格。它带有经常、稳定的性质。不过,在人与环境相互作用过程中,个性心理特征又缓慢地发生变化。

(3)自我意识系统。自我意识是指自己对所有属于自己身心状况的意识,是个性系统的自动调节结构,包括自我认识、自我体验、自我调控等方面。

个性结构的这些成分或要素,又因人、时间、地点、环境的不同而互相排列组合,结果就产生了在个性特征上千差万别的人和一个人在不同的时间、地点、环境中的个性特征的变化。

2. 个性的一般特征

(1)整体性

个性是一个有内在结构、有系统、有组织、协调统一、不可分割的整体,它反映的是一个人整体的精神面貌。个性倾向性、个性心理特征、自我意识三大子系统之间以及各个子系统中的各个成分之间,绝不是简单相加,而是要协调统一,外在与内在统一,否则就会出现失调。

(2)生物性与社会性

人的个性是在先天遗传素质的基础上形成的,生物因素给个性发展提供了可能性,社会因素使这一可能性变为现实。影响个性的生物因素主要是一个人的高级神经活动类型,不同的神经类型可能预示着儿童个性发展的不同。因此,个性带有一定的生物性。

个性的社会性是指个性是在先天遗传素质基础上,通过后天的学习、教育与环境的作用逐渐形成和发展起来的,在很大程度上受社会文化、教育教养内容和方式的塑造,是社会生活的产物。个性是生物性与社会性的统一。

(3)稳定性与可塑性

个性的稳定性是指个性特征具有跨时间和空间的一致性,表现为一个人心理活动的前后一致性和行为的连贯性。在个体生活中暂时地、偶然地表现出来的心理特征,不能算作是一个人的个性特征。

个性也不是一成不变的。随着社会现实和生活条件、教育条件的变化,年龄的增长,主观的努力等,个性也可能会发生某种程度的改变。特别是在生活中经过重大事件或挫折,往往会在个性上留下深刻的烙印,从而影响个性的变化,这就是个性的可塑性。

(4)独特性与共同性

个性的独特性是指人与人之间的心理和行为是各不相同的。因为构成个性的各种因素在每个人身上的侧重点和组合方式是不同的。在认识、情感、意志、能力、气质、性格等方面反映出每个人独特的一面,有的人知觉事物细致、全面,善于分析;有的人知觉事物较粗略,善于概括;有的人情感较丰富、细腻,而有的人情感较冷淡、麻木等。如同世界上很难找到两片完全相同的叶子一样,也很难找到两个完全相同的人。

强调个性的独特性,并不排除个性的共同性。个性的共同性是指某一群体、某个阶级或某个民族在一定的群体环境、生活环境、自然环境中形成的共同的典型的心理特点。正是个性具有的独特性和共同性才组成了一个人复杂的心理面貌。

3. 学前儿童个性发展概况

整个学前期是个性开始形成的时期。2岁左右,儿童的个性逐渐开始萌芽;3—6岁期间,个性初步发展,表现出最初的兴趣爱好的个别差异,也出现了一定的能力上的差异,初步形成了对人、对事、对自己、对集体的一些比较稳定的态度,出现了比较明显的心理倾向;学前期已经明显地出现了个性所具有的各种特点,个性的各个成分已经开始结合成为整体,形成独特的个性雏形。

二、婴儿期个性的萌芽

人的个性不是与生俱来的,而是在个人的生理素质基础上、在一定社会历史条件下通过实践活动逐渐形成和发展起来的。个性的形成有赖于自我意识的产生和发展,自我意识的发生发展是个性形成的重要组成部分。

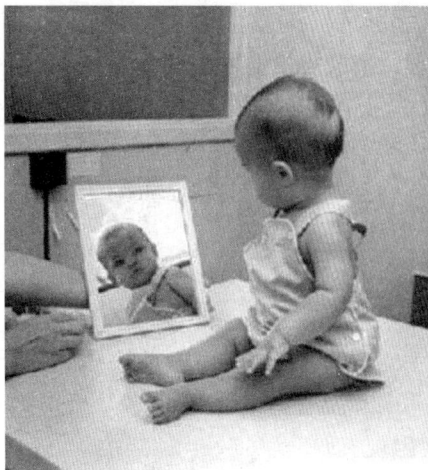

1. 自我意识的产生

刚出生的新生儿没有自我意识。

儿童自我意识的发生从自我认识开始。心理学家研究认为，在自我认识过程中，有两种意义上的"自我"：主体我和客体我。主体我是指将自己与其他人、其他事分离开，独立于其他人与物的那个"我"；客体我指的是被主体我感受、思考、认识的那个"我"。

我国学者陈帼眉认为，自我意识有两个基本特征：（1）分离感，即一个人意识到自己作为一个独立的个体，在身体和心理的各个方面都是和别人不同的。要做到这一点，婴儿就得在与他人的交往中、与物体的相互作用中，逐渐将"物"与"我"、"人"与"我"区分开来，逐渐认识到作为主体的自己（主体我）。所以，先有的是主体我。（2）稳定的同一感，即一个人知道自己是长期的持续存在的，不管外界环境如何变化，不管自己有什么新特点，都能认识到自己是同一个人。主体我出现之后，婴儿开始把自己当作一个客体来认识（客体我），意识到自己的身体特征、动作甚至是自己的内心体验，于是自我意识产生了。

自我意识的真正出现是和儿童言语的发展相联系的。自我意识萌芽的时间是在2—3岁左右，其最重要标志是掌握代词"我"。

自我意识的产生和发展有助于儿童处理自己与环境和他人的关系，可以帮助儿童了解他人的态度，体会他人的情感，学会移情，分享、合作等有助于交往的技能，这对于儿童的社会化是十分必要的。自我意识的发展，是儿童社会化的转折点，也是个性最终形成的必要条件。

2. 气质的早期表现

气质是个体心理活动在强度、速度、稳定性、灵活性等方面的动力特征，是具有生物遗传性的个体特征。

儿童一出生就表现出了气质类型上的差异。婴儿的气质主要表现在情绪发生的速度、强度和外部表现等方面，情绪是婴儿气质的核心组成成分。所以，对婴儿气质的界定与成人略有不同。婴儿的气质是指与生俱来的、较为持久稳定的情绪反应和行为模式。

托马斯和切斯（1977，1984）曾对婴儿气质做了系统研究，他们所描述的气质特征在对婴儿发展的预测方面受到人们的重视。他们对婴儿气质的解释具有鲜明的教育意义和临床价值。他们所采用的研究方法也易于操作和观察，因而他们的理论广泛地被心理学界所接受。

托马斯—切斯将婴儿的情绪和行为分离出9个相对稳定的"维度"，分别是活动水平、情绪反应强度、生理节律、注意力分散度、对新异刺激的趋避性、对新的经历和常规改变的适应性、注意广度和持久性、敏感性、反应强度。每个维度都有3种表现水平，即较高（强）、适中和较低（弱），这些"指标"决定了不同婴儿在气质上的差异。这9个维度的不同组合把婴儿气质划分为3种主要类型。

（1）易养型：饮食、大小便、睡眠等生理节律有规律，生活节奏性强，愉快情绪多，情绪反应适中，爱玩，对新异刺激反应积极，对成人招呼反应较强，乐于探究新事物，对环境变化容易适应，容易接受新的食物和不熟悉的人。他们容易受到成人的极大关怀和注意。

（2）难养型：生理节律的规律性差，较难把握他们的睡眠、喂食、排泄等方面的变化，消极情绪多，情绪反应强烈，对新异刺激反应消极（如退缩、哭闹不止），对新环境或陌生人很敏感，较难适应新环境。

（3）发动缓慢型：在活动性、适应性、情绪性反应上均较慢，经常有不愉快的情绪体验，不容易兴奋，反应强度比较低，对环境变化不容易适应，在陌生的人或物面前反应退缩，但如果在没有压力的情况下，对新异刺激也会慢慢感兴趣，并慢慢活跃起来，对环境刺激的反应比较温和。

这三种气质的在九个维度上的表现如下。

	规律性	情绪	持久性	适应性	反应强度	敏感性	趋避性	活动性	注意分散度
易养型	规律	积极	高或低	强	中等	高或低	接近	变动	变动
难养型	不规律	烦躁	高或低	慢	强	高或低	逃避	变动	变动
发动缓慢型	形成慢	低落	高或低	慢	弱	高或低	起初逃避	低于正常	变动

资料来源：孟昭兰，《婴儿心理学》，北京大学出版社，2001年版，第362页

根据托马斯—切斯的测量，易养型婴儿占40%，难养型占10%，发动缓慢型占15%，其余35%具有2种甚至3种类型混合的特点，可归结为交叉型。总之，不同类型的儿童需要不同方式的抚养与教育。

三、幼儿期个性的发展

1. 自我意识的发展

在自我意识发生的基础上，幼儿期自我意识逐渐形成并发展起来，这个时期的自我意识发展突出表现在自我评价上。自我评价是自我意识的主要表现形式，幼儿期的儿童自我评价具有以下的特点和发展趋势。

（1）从依从性的评价发展到自己独立评价

幼儿初期主要依赖成人的评价，缺乏自己独立的评价。例如，在幼儿初期，他们在评价自己是不是好孩子时的主要依据是"老师或妈妈说我是好孩子，我就是"；到了幼儿末期，儿童开始出现独立的评价，开始对成人的评价持批判的态度，如果成人对儿童的评价不客观、不正确，儿童往往会提出疑问、申辩，甚至表示反感。因此，教师和家长对儿童的评价要客观、公正，更要恰如其分。过高的评价容易形成盲目的自信；而过低的评价又容易让儿童感到自卑，失去信心。

（2）从对外部行为的评价到对内心品质评价的过渡

幼儿初期的儿童一般只能评价一些外部的行为表现，还不能评价内心状态和道德品质等。例如，他们在回答"为什么自己是好孩子"的问题时，4岁儿童的回答是"我上幼儿园不迟到"或"我不打架"；而6岁的儿童则可以说到一些比较抽象、内在的品质特点，如"我遵守纪律"或"我不欺负小朋友"等。

（3）从对个别方面的评价发展到对多方面的评价

50%以上4岁左右的儿童主要从个别方面或局部来评价自己。例如，"我是好孩子，我不打人"；而6岁左右的儿童则能从多方面评价自己，如"我是好孩子，我对老师有礼貌；我会帮助小朋友；我会帮老师收拾玩具"等。

幼儿初期的儿童对自己的评价比较简单、笼统，往往只根据某一两个方面或局部进行自我评价，如"我会弹钢琴"，"我会画画"；而到了幼儿末期，儿童的评价会细致、全面一些，如他会说"我会背诗，还会跳舞，可画画不太好"。

（4）从具有强烈情绪色彩的评价发展到根据简单的行为规则的理性评价

幼儿初期的儿童往往从情绪出发进行自我评价，例如，当问到谁画得好时，绝大多数的儿童都会说自己画得好，而事实往往并非如此。到了4岁左右，孩子开始能够初步运用一定规则进行评价，如问到为什么要多分一些糖给妈妈时，儿童回答是因为妈妈辛苦。

2. 需要与兴趣的发展

需要与兴趣属于个性倾向性，对儿童的心理与行为起着促进和引导的作用。年龄越小，这种作用

就越明显。

（1）需要的发展

需要，是指在一定的生活条件下个体在生理上、心理上的一种匮乏状态。优势需要，是在许多需要中占主导地位的需要，是最迫切、最强烈的需要。

需要是与动机、行为紧密相关的概念，其内在关系表现为需要引起动机，动机支配行动。需要是人的积极性的基础和根源，当个体的需要有某种特定目标时，需要才转化为动机，推断个体去进行行为。

学前儿童需要的发展规律体现在：年龄越小，生理需要越占主导地位；随着年龄的增长，社会性需要逐渐增强。

儿童刚出生时，以生理需要与安全需要为主；到了1岁左右，出现了与他人交往的需要；1—3岁期间，社会性需要开始逐渐增加，出现了模仿成人活动的探索性需要、游戏的需要以及与同伴交往的需要。在整个婴儿期，生理需要始终占主导地位。

幼儿期儿童的社会性需要逐渐占重要地位，这个时期需要的发展呈现以下两个特点。

● 开始形成多层次、多维度的整体结构。幼儿的需要中，既有生理需要与安全需要，也有交往、游戏、尊重、学习等社会性需要，同时表现出不同层次。

幼儿需要结构模式

等级层次	生理与物质生活	安全与保障	交往与友爱	游戏活动	求知活动	尊重与自尊	利他行为
1	吃喝睡等	人身安全	母爱	游戏	听讲故事	信任、自尊	劳动
2	智力玩具	躲避羞辱	友情	文娱活动	学习文化知识	求成	助人

资料来源：陈帼眉，《学前心理学》，北京师范大学出版社，2012年版，第333页

● 优势需要有所发展。幼儿期的优势需要由几种强度较大的需要组成，同时，每种需要在整体中所占的地位也在发生变化。在3—6岁期间，每个年龄段的儿童的需要排序都在发生变化，说明幼儿期是需要发展的活跃时期。特别应该注意的是，从5岁开始，儿童的社会性需要迅速发展，求知的需要、劳动和求成的需要开始出现；6岁儿童希望得到尊重的愿望强烈，同时友情的需要开始出现。

幼儿期需要的排序

年龄 需要种类	生理	母爱	人身安全	游戏	听讲故事	学习知识	劳动	求成	信任与尊重	友情
3岁	1	2	3	4	5					
4岁	2	4	5	1	3					
5岁	2			4		1	3	5		
6岁	4					2	3		1	5

资料来源：陈帼眉，《学前心理学》，北京师范大学出版社，2012年版，第334页

（2）兴趣的发展

兴趣是人积极地接近、认识和探究某种事物并与肯定情绪相联系的心理倾向。

幼儿期，儿童的兴趣是在婴儿期发展基础上发展起来的，具有以下三个特点。

● 幼儿期的主导兴趣是对游戏的兴趣。不管什么样的游戏，也无论玩多少遍，儿童对游戏始终保持极高的兴趣。

● 对事物探究的兴趣发展迅速。幼儿期,儿童从开始问"这是什么""那是什么",到问"为什么",对事物保有极大的好奇心。这种兴趣不仅表现在言语中,也表现在行为上,喜欢拆卸等"破坏性"行为就是表现。

● 出现较明显的个别差异。

幼儿期儿童的兴趣仍处于初级水平,兴趣范围还不够广泛,兴趣指向也不专一,稳定性也不够高。

3. 幼儿的气质类型

根据神经类型活动的强度、平衡性及灵活性的不同,在日常生活中,一般将幼儿期儿童的气质分为4种:胆汁质、多血质、黏液质及抑郁质。

(1)胆汁质。感知觉的感受性低而对刺激的耐受性高,反应性和主动性强,适应行为的可塑性强。做事雷厉风行,情绪的兴奋性迅速,强烈,有较大的活动外向性,外部表现明显。日常生活中具体表现为精力旺盛,活动迅速,不易疲劳;情感发生迅速,强烈。明显,心境变化剧烈,热情坦率,语言明朗,待人直率,具有外向性;但易于冲动,自制力差,一旦精力耗尽,情绪一落千丈。

(2)多血质。感知觉的感受性低而对刺激的耐受性高,不随意反应敏捷性强,反应迅速且灵活,适应行为的可塑性强,情绪兴奋性强,有较大的活动外向性,外部表现明显。日常生活中具体表现为动作迅速敏捷,说话语速快,热情活泼,表情丰富,精神振奋;待人热情,善于交际,易于适应不断变化的新环境,具有外向性;机智敏感,能迅速把握新事物;但注意、情感、兴趣容易转移和变换,不愿做耐心、细致的工作。一旦失去新异性或遭到挫折,就感到悲观、厌倦、消极。

(3)黏液质。感知觉的感受性低而对刺激的耐受性高,不随意反应敏捷性较低,反应速度迟缓,适应行为的可塑性差,情绪兴奋性较低,有较大的内向性,外部表现很少。日常具体表现为行动稳定迟缓,沉默寡言,安静,稳重,善于克制,忍让;情绪微弱,持重,不易激动和外露;交际适度,不尚空谈,善于保持心理平衡,具有内向性;注意力、情感、兴趣稳定难于转移;对新事物不敏感,缺乏热情,显得因循保守,过分刻板性和惰性。

(4)抑郁质。感知觉的感受性高而对刺激物耐受性低,不随意反应敏捷性低,反应速度慢且不灵活,适应行为的可塑性差,情绪兴奋性高而体验深,表现为明显的内向性,外部表现不明显。日常生活中具体表现为言语和行为迟缓、不强烈,不活泼,易疲劳且不易恢复;情绪脆弱,体验深刻,稳重且不外露,不能接受强烈刺激;对人与事观察比较细腻,思维敏锐,想象力丰富,谨小慎微,稳重,能与人友好相处;易多虑,易挫折,缺乏自信心,不果断,常有孤独、胆怯的表现。

在现实生活中,单纯的某种气质类型的人是很少的,中间型或混合型的人占大多数,儿童也是如此。在人的各种个性心理特征中,气质是最早出现的,也是变化最缓慢的。因为气质和儿童的生理特点关系最直接。儿童出生时就已经具备一定的气质特点,在整个学前期内常会保持相对稳定。儿童的气质类型具有相对稳定的特点,但并不是一成不变的,其后天的生活环境与教育可以改变原来的气质类型。

有时,在儿童身上会出现气质的"掩蔽现象"。所谓气质的"掩蔽现象"是指一个人气质类型没有改变,但是,形成了一种新的行为模式,表现出一种不同于原来类型的气质外貌。例如,易冲动的儿童在坏境和教育影响下可以建立许多抑制性条件反射,从外表看,已不像不可抑制的气质类型。

气质无所谓好坏,但由于它影响到儿童的全部心理活动和行为,影响父母及其他成人对儿童的对待,如果不加以重视,将会成为形成不良个性的因素。

4. 性格的发展

性格是人对现实稳定的态度以及与之相适应的习惯的行为方式,是重要的非智力因素,是个性结构中的核心成分。

儿童的性格是在气质的基础上,在与父母相互作用中逐渐形成的。学前期是性格形成的初期。主要表现在儿童的性格已经有明显的个别差异。这种差异主要表现在儿童行为的差异上,使其在不同的场合、不同方面的行为表现出较为一致的反应,但他们也易受外界环境的变化的影响。

活泼好动、好奇好问、喜欢模仿、容易冲动、自制力较差是儿童比较突出的性格特点。

随着年龄的增长，儿童性格的差异更加明显，并越来越趋向于稳定。总的说来，儿童的性格发展相对于小学和中学的儿童，更具有明显的受情境制约的特点，家庭教育、幼儿园教育对儿童的性格发展有着至关重要的影响；同时，儿童的性格具有很大的可塑性，行为容易得到改造。

5. 能力的发展

能力是直接影响人的活动效率的心理特征，是使活动任务得以顺利完成所必备的心理条件。

（1）幼儿期儿童能力发展的一般特点

操作能力最早表现，并逐步发展。1岁开始，儿童操作物体的能力逐步发展起来，手的灵活性逐渐提高，同时，走、跑、跳等能力逐渐完善。到了幼儿期，各种游戏如建构游戏、结构游戏等在一日生活中逐渐占据主要地位，儿童的操作能力也随之在活动中逐渐发展并表现出来。

语言能力迅速发展。从1岁左右开始，短短的两三年时间里，儿童的语言经历了非常迅速的发展变化，儿童的言语开始具有了称谓、概括及调节的功能。进入幼儿期后，儿童言语表达能力逐渐增强，特别是言语的连贯性、完整性和逻辑性迅速发展，为其学习和交往创造了良好的条件。

模仿能力发展迅速。儿童模仿能力的发展是随着延迟模仿一起发展起来的，延迟模仿发生在18—24个月。儿童的延迟模仿既可以发生在言语方面，也可以发生在动作方面。模仿能力是儿童学习的基础，其发展对学前儿童心理的发展具有重要的意义。

认识能力迅速发展。儿童出生时只具备基本的感知能力，随着年龄的增长，各种认知能力逐渐发生、发展。到了幼儿期，儿童的各种认识能力都迅速发展起来，逐渐向比较高级的心理水平发展，认识活动的有意性也开始发展起来，为其学习、个性发展提供了必要的前提。

特殊能力有所表现。在幼儿期，有些特殊才能已经开始有所表现，如音乐、绘画、体育、数学、语言等。据统计，音乐才能在学前期出现的，比以后年龄出现的更多。

创造能力萌芽。儿童的创造能力发展较晚，但到了幼儿末期，确确实实出现了创造力的萌芽。这种创造能力明显地表现在儿童的绘画作品中。

（2）关于儿童的智力

智力属于一般能力，是儿童认识世界能力的综合体现，是儿童完成各种活动的最基本的心理条件，是能力中非常重要的组成部分，在儿童的心理活动中占有重要地位。

儿童的智力结构是随着年龄的增长而变化发展的，其发展趋势是越来越复杂化、复合化和抽象化，不同的智力因素有各自迅速发展的年龄。要根据不同年龄儿童心理的这些特点，在不同的阶段，对儿童智力培养的内容有所侧重。总的来说，在幼儿期，成人应该特别重视儿童观察力、注意力及创造力的培养。

20世纪，本杰明·布鲁姆曾对儿童智力发展进行了纵向追踪研究，他对所获得的实验数据进行了分析和总结，发现智力在儿童时期发展迅速，而且智力发展有一定的规律。布鲁姆以17岁为发展的最高点，假定其智力为100%，得出了各年龄儿童智力发展的百分比如下。

1岁	20%
4岁	50%
8岁	80%
13岁	92%
17岁	100%

以上数字说明，出生后头4年儿童的智力发展最快，已经发展了50%；4—8岁发展了30%，其速度比头四年显然缓慢，以后速度更慢。

（3）儿童的能力差异

随着心理的发展，儿童的各种能力逐渐形成，并表现出差异。这些差异主要体现在以下三个方面。

● 能力类型的差异。人通过运用各种能力与客观环境发生作用，建立联系，而每个人在运用能力时有各自的特点。在日常生活中我们不难发现,有的儿童记忆力很强;有的儿童身体协调性很好,运动能力突出;也有的儿童擅长语言表达,很长的故事讲得绘声绘色。这种差异是普遍存在的。

● 能力发展水平的差异。除了能力类型的差异外,儿童在能力发展水平上也存在不均衡现象。以智力为例,心理学的研究表明,人的智力发展水平符合统计学上的正态分布,即处在中间位置的人占大多数;处在极高或极低位置的人数较少。通常心理学在研究儿童智力发展水平时,采用超常、中常、低常的概念来概括儿童智力发展水平的三个等级。

能力表现早晚的差异。人的能力表现早晚是各不相同的。有的天生早慧,有的大器晚成。早慧现象在音乐、美术、体育、数学、语言等方面比较常见,有的儿童还表现出智力超常。早慧的出现,既有天生因素,也有后天环境的影响,特别是后天的培养教育以及个体自身实践起到重要作用。

学习单元二　行为观察

一、观察儿童自我概念建立的情况

【观察指导】

自我概念指的是个体为了回答"我是谁"而建立的有关自己所有特征的心理表征。自我概念是客体我发展的基础。每个人从很小的时候就处在一个隐秘的自我中,几乎每天都能意识到它的存在。自我不是一个简单的、单一的概念,而是一个具有多重结构、多种功能的系统。在自我概念的发展过程中,儿童最早关注的是有关自己身体和具体活动的特征,例如:"我的头发是黑色的。"随着年龄的增长,儿童开始关注自己的心理特征,如:"我很乖。"在人生最初的头一年,自我概念刚刚开始萌芽,我们可以通过以下观测点了解1岁前儿童的这种萌芽状态。

【目的与要求】

观察0—12个月儿童自我概念发展的状况,在此基础上,了解并掌握其自我概念建立的发展阶段以及各个阶段的发展指标。

【内容与步骤】

1. 熟悉以下观察指标。

0—12个月儿童自我概念发展时间表

0—1个月	儿童没有身体部位的自我意识。
2—4个月	当舞动的小手进入自己的视野时,"发现"了手的存在。3个月左右时一般还未意识到手与脚属于同一身体。
5—8个月	能注意地观看镜子里的自己,开始区分自己与别人。
9—11个月	继续区别"我"与"非我"、妈妈与不是妈妈的其他人。对呼叫自己的名字有反应。
满12个月后	自我意识行为出现。在镜子面前审视自己时,出现一些可笑动作,扭怩害羞,或表现出害怕的样子。开始知道自己的某些特点,能认识到物体的恒常存在,知道周围其他人的存在并能对主要家庭成员的称呼有反应。

资料来源:林崇德主编,《中国独生子女教育百科》,浙江人民出版社,1999年版,第398—400页

2. 选取2个1岁以内的儿童,根据发展指标进行追踪观察。

3. 在观察的基础上,根据发展指标完成观察记录。

儿童自我概念观察记录表

儿童姓名: 　　　　性别: 　　　　月龄: 　　　　观察者:

月　龄	观测点	记录(√)	
0—1个月	儿童是否出现身体部位的自我意识。	是	否
2—4个月	3个月的儿童是否意识到手与脚都属于同一身体。	是	否
5—8个月	能否注意地观看镜子里的自己,开始区分自己与别人。	能	否
9—11个月	能否对呼叫自己的名字有反应。	能	否
满12个月后	是否开始知道自己的某些特点;能否认识到物体的恒常存在;能否知道周围其他人的存在并能对主要家庭成员的称呼有反应。	能	否

二、在日常生活中观察儿童不同气质类型的表现

【观察指导】

气质是儿童的三大个性心理特征之一。它与人的生理特点具有密切直接的关系,儿童生来就具有气质特征,与其他个性心理特征相比,更具有稳定性。所以我们可以在日常生活中,通过多方面的观察对儿童气质类型做出初步判断。

【目的与要求】

学会通过对儿童日常行为和情绪的观察,初步了解儿童的气质类型。

【内容与步骤】

1. 熟悉以下儿童气质类型观察量表。

儿童气质观察量表

本观察量表共有8道题;每道题均为A、B、C、D四个选项,请根据实际情况如实选择。
A. 很符合孩子的情况　　　B. 比较符合　　　C. 不太符合　　　D. 完全不符合

1. 孩子平时总是连蹦带跳,手舞足蹈,走路都不会好好走,总是跑来跑去,不知疲倦。
2. 家里来人的时候,孩子总是特别兴奋,不断地在大人面前转,还老爱插话。
3. 给孩子一种新的食物,孩子会很快并且接受。
4. 孩子在受到委屈或是不开心的时候,总是大哭大闹,从来不会自己躲到一边抹眼泪。
5. 孩子大多数时候总是开开心心的,即使有不高兴的事情也会很快忘却。
6. 孩子玩玩具时,如果有什么响动,马上会停下玩耍去看发生了什么事。
7. 孩子在玩的时候,总是左挑右拣,不断地变换玩具,对每个玩具都没有太大的耐性。
8. 孩子的睡眠特别沉,一般不会被外界的响动所惊醒。

2. 做好观察结果的统计。统计选择A,B,C,D各项的个数。
　　A(　　　)　　　　　B(　　　)　　　　　C(　　　)　　　　　D(　　　)

3. 掌握解释的标准。
　　A. 胆汁质　　　　　B. 多血质　　　　　C. 黏液质　　　　　D. 抑郁质

如果选项A在4个或者4个以上,其他选项的分布较为分散,则气质类型为典型的胆汁型,其他依此类推。

如果某两个选项的个数显著超过另外两项,而且个数比较接近,则为那两种气质的混合气质。

如果某个选项的个数是1个或者没有,其他三个选项非常接近,那就是这三种类型的混合气质。

学习单元三 • 实验与测评

一、"点红"实验

【目的与要求】
了解儿童自我意识发展的水平。

【材料准备】
镜子一个,口红一支。

【内容与步骤】
1. 实验者在儿童(3—24个月)毫无觉察的情况下,在他们的鼻子上点一个红点。
2. 然后把他们抱到镜子跟前,观察他们照镜子时的反应。
3. 记录下儿童的反应。

【结果评估】
儿童自我形象的认知发展经历了三个阶段:(1)游戏伙伴阶段,6—10个月。儿童对镜子中的自我映像很感兴趣,但认不出自己。(2)退缩阶段,13—20个月。特别注意镜子里的映像与镜子外的东西的对应关系,对镜子中映像的动作伴随自己的动作更是好奇,但似乎不愿与"他"交往。(3)自我意识出现阶段,20—24个月。能明确意识到自己鼻子上的红点并立刻用手去摸。

根据以上评估标准,对你所观察到的儿童的自我意识发展水平进行简单评估。

二、儿童智力发展水平测评

【目的与要求】
了解韦克斯勒儿童智力量表的主要内容,并能初步判定儿童智力发展的水平。

【材料准备】
韦克斯勒智力量表是美国心理学家韦克斯勒编制的,该量表包括"韦克斯勒儿童智力量表"、"韦克斯勒成人智力量表"、"韦克斯勒学龄前和学龄初期智力量表(WPPSI)"。韦克斯勒学龄前和学龄初期智力量表(WPPSI)适用于4—6.5岁的儿童,是由我国湖南医学院龚耀先教授主持下于1986年修订的。

韦克斯勒量表的内容分为语言和操作两大部分,共有10个分测验。

语言测验:常识(23题)、词汇(22题)、算术(20题)、类同(16题)、理解(15题)。

操作测验:填图(23题)、迷津(10题)、木块拼图(10题)、动物房子(20题)和几何图形(10题)。

同时还有备用测验:背诵语句(10题)。

【内容与步骤】
1. 韦克斯勒学龄前和学龄初期智力量表(WPPSI)采用个别测验,对儿童的测验需要1—1.5个小时。在测验时要求语言测验与操作测验轮换进行,每个题目都有规定的反应时间和具体的评分方法和评分标准;测试中儿童对问题不明白时,主试可重复一次;被试连续5道题不能通过即停止测验。

2. 将语言量表分和操作量表分合成总量表分,再从智商换算表或总智商表(全国城市儿童常模)中查处相对的智商值。

3. 儿童智商的计算必须对儿童实足年龄进行精确计算,准确到几岁、几个月、几天。即用测验的日期减去出生日期,然后根据准确年龄,将原始分数换成量表分,最后再查智商换算表。

【结果评估】
根据计算结果,对照下表,分析儿童智力发展的水平。

IQ	类　别	理论正态曲线	实际样组
130以上	极优秀	2.2	2.3
120—129	优　秀	6.7	7.4
110—119	中　上	16.1	16.5
90—109	中　等	50.0	49.4
80—89	中　下	16.1	16.2
70—79	低能边缘	6.7	6.0
69以下	智力缺陷	2.2	2.2

学习单元四　分析与指导

一、个性发展指导建议

1. 根据儿童的气质类型因材施教

（1）成人对儿童的抚养和教育，要充分考虑到每个儿童的气质特点。由于每个儿童出生时的气质特点各不相同，父母应主动调整自己的行为方式以适应儿童的行为节律。比如，对待缓慢型的儿童，父母就要有足够的耐心。

（2）要善于理解不同气质类型儿童的不足之处。例如，胆汁质儿童的不足就是性子比较急。对待这类孩子，父母需要克制自己的消极情绪，保持好脾气，特别要注意的是，批评孩子时态度一定要冷静有耐心，并给孩子留一段反省的时间。家长不能用简单粗暴的方法对待胆汁型儿童，否则只会使矛盾更为激化；而抑郁质儿童的不足是对外界刺激过于敏感，这就需要父母给予更多的爱和关注，如多带孩子出去走走，有意识扩大孩子的交往范围，帮助其消除胆怯和害羞的心理，同时还要防止疑虑、孤独等消极品质的产生。特别需要注意的是，这类孩子的自尊心极强，父母尽量不要在公开场合粗暴地批评和指责孩子，否则可能对孩子造成难以弥补的伤害。

2. 促进儿童建立良好的自我概念

（1）让儿童获得足够的安全感。

这一点对于自我概念的建立十分重要。儿童是在与他人的交往中逐渐区分出"我"与"非我"的。每当儿童利用不同方式来表达自己的各种需要时，父母都应尽量给予及时、一致的适当反应。例如，儿童出生后渐渐都懂得用哭来呼唤父母，因为哭是他自己唯一可以独立决定、独立从事的本领。为了获得生理上或情绪上的满足，儿童会反复运用哭这个有力手段来使父母对他做出反应，从而把自己和别人区分开。如果每当儿童哭时，父母总是能适时地到来，检查一下尿布是否湿了，看看是否到喝奶时间，或是亲切地抚摸他的身体，对他说笑，不但会使儿童得到身心的愉悦和满足，而且会使儿童逐渐认识到自己的行为带来的后果，知道自己可以影响周围的人或事，也能预测事情的出现，这就是儿童的安全感获得满足的表现。儿童有了足够的安全感，能掌握和预测周围事物的变化，就为建立良好的自我概念打下了基础。

（2）让儿童爱的需要获得满足。

具有良好自我概念的儿童会觉得自己是个有价值的人，自己能受到别人的重视。父母应通过对儿童的关心和爱护，使儿童感受到别人对他的尊重，从而把自己视为有价值的人，使他爱自己，对自己充满信心。

（3）让儿童有探索环境的机会。

儿童在探索环境的过程中可以学习各种技能，发现自己的能力。有些独生子女的父母对儿童限制颇多，儿童缺乏探索环境的机会，久而久之也就失去了对周围环境的兴趣和好奇心。父母应尽量创造条件，给儿童提供适当的地方、充足的时间去学习和认识周围的事物，比如让儿童触摸、观看、聆听、敲打、闻味乃至于把可吃的东西放进嘴里尝等，增进儿童对环境的认识，并进一步激发他对周围环境产生兴趣和好奇心。当儿童认识的事物越多、所学的技能越多时，他对自己的信心也就会越大。

（4）让儿童自己动手做些事情。

让儿童学着自己做些事情，既有助于建立良好的自我概念，也有助于培养独立自主的能力。独生子女父母总爱事事包办代替，这于无形中剥夺了儿童锻炼的机会，养成他们懒于做事、坐等现成的习惯。父母应把训练儿童逐渐走向独立自主的道路视为必须达到的目标。随着身体的不断发展成熟，在父母的指导下儿童可以从容地学会不少本事。比如，儿童手和全身的动作有了一定发展时，父母可以逐步让儿童学着自己抱奶瓶、爬过去够玩具、自己吃饼干等，使儿童体验到自己做事获得成功的乐趣，并避免日后形成"父母为自己服务是天经地义的"想法。另外，应重视培养儿童在没有大人的陪伴下也能入睡的习惯，有条件的家庭还可以让儿童从小就独自在自己的小床上睡觉等，在生活的各个方面中逐步减少对父母的依赖。伴随儿童可以独自做的事情的增多，他的自信心会不断增强，父母的劳动量也会减轻不少。

（5）让儿童体会成功的喜悦。

父母要给儿童适当的鼓励、赞扬和注意。无论在儿童探索环境时，还是自己动手做事时，父母都不要袖手旁观、不管不问，而是应给予适当的鼓励与赞扬，在必要时加以协助和指导。这样做的目的是使儿童能更多地体会成功的喜悦，尽量减少或避免儿童由于失败带来的挫折感。如果儿童遭受的挫折过多，会失去对自己的信心，产生无力感，从而减少对新事物的兴趣，不愿去学习，甚至放弃尝试。父母还要注意多方面地运用鼓励，不仅在儿童做事成功的时候，更应在失败时进行鼓励，因为自我概念不是一朝一夕就能形成的，长期持续的、一致性的正面对待才能产生积极健康的自我概念。

（6）让儿童认识到可以从失败或错误中学习。

尽管有父母的指导和协助，儿童还是会把事情做糟或犯错误。在这种情况下，有些父母忍不住会大惊小怪或生气发怒，甚至大声宣布从此不让儿童再做这件事，这些反应会令儿童惊慌失措，并受到极大的打击。比较好的做法是进行正面对待，让儿童了解犯错误是难免的，可以再做新的解决问题的尝试，鼓励和引导儿童从错误中学习和积累经验。

（7）让儿童了解自己能力的极限。

有良好自我概念的人，不会妄自菲薄，也不会妄自尊大。父母放手给儿童独立从事活动的机会，可以使儿童对自己的实际能力有所认识，知道自己能做哪些事情，哪些又是做不到的，从而更加了解周围环境，了解自己可以控制哪些事物，从而使他对自己有逐步认识的过程。

3. 学前儿童性格的塑造与培养

美国心理学家推孟等人，对两千多名高智商儿童追踪研究了50年，结果表明：智力与成才的关系，并不像人们以往所认为的那样。高智商的人并非都有成就，最有成就的人往往是智商中上水平，却具有勤奋和不懈追求的性格特征的人。因此，要注意培养儿童主动积极、勇敢果断等优良性格。儿童时期是性格形成的关键期，因为这个时期性格的可塑性很大，比较容易培养孩子的优良性格。相反，如果在这个时期形成某些不良的性格特征，将来再改就困难多了。

（1）儿童的性格可以通过集体活动来培养。

马卡连柯说："只有当一个人长时间地参加了有合理组织的、有规律的、坚韧不拔和自豪感的那种集体生活的时候，性格才能培养起来。"当然，集体教育与个别教育并不矛盾，教育集体，就是教育每一个个别；教育个别，也必然会影响到集体。实践证明，儿童的集体活动不仅可以培养出他们关心集体的性格特征,而且还能培养他们的诚实、助人、团结协作、自信心、荣誉感、责任感等优良性格特征。

（2）通过各种游戏活动培养儿童性格。

心理与活动的统一,是心理学的一个基本观点,即人的一切心理都是在活动中发生、发展和形成的;同时,任何活动都必须有积极参加的心理,才能使之顺利进行,性格与活动的关系也不例外。对儿童来说,活动的主要内容是各种游戏,因此,要注意把性格培养贯穿于儿童一日活动的游戏之中。例如,让儿童做一个纸工玩具,在受到外界干扰时,儿童很可能想半途而废,这时教师就应该引导儿童要坚持把玩具做完。必要时,还可以采取一些硬性规定。"习惯成自然",久而久之,儿童就会逐步形成比较专注的个性倾向了。

（3）通过教师的良好性格来影响儿童优良性格的形成作用是无法估计的。

俄国教育家乌申斯基说,只有性格才能形成性格。这话很有道理,在儿童心目当中,教师的形象非常高大,有很高的权威性,因此教师的性格对儿童有潜移默化的影响。一个开朗、活泼、充满朝气的教师,很快会以他的性格感染全班小朋友,影响全班小朋友的性格的形成;一个偏执、冷漠、消沉、精神不振的教师,也会影响班级气氛。长此以往,儿童的性格也会变得松散、冷漠、互不关心,失去儿童应有的活泼品性。"无言之教"就是强调教师要以身作则。所以,要想培养儿童的优良性格,教师自己就必须具备优良的性格。

二、案例学习

案例1：想当值日生的芯芯

【案例背景】

芯芯4岁5个月,她乖巧听话,少言寡语,事事都能按照要求去做,经常成为小朋友们学习的榜样,得到成人的夸奖,奶奶为此非常自豪。因为芯芯的父母都在国外,从小由爷爷、奶奶带大,他们是知识型的老人,对孩子的要求十分严格,付出了很多心血,认为自己的孙女在各方面的发展都比较好。

【案例描述】

芯芯很想做值日生,和霖霖、雯雯一起取下了崭新的值日生牌,高兴的挂在了脖子上,爱不释手,正在这时,她们的好朋友瑜瑜来了,霖霖马上对芯芯说:"把你的值日生牌给瑜瑜吧!"芯芯很不情愿的样子,犹豫了一下,还是把值日生的牌子摘了下来,挂在了好朋友的脖子上,虽然接受了好朋友的道谢,但是她表情严肃,很不开心。

【案例分析】

芯芯在与伙伴相处的过程中表现出自信心不足,不能大胆表达自己的想法。这与芯芯的性格内向、不善言谈有直接的关系。家庭的教育方式过于传统,对孩子的要求限制较多,使得孩子遇事出现了退缩情绪和行为,不够大胆和自信,养成了胆小顺从的个性。

【发展指导】

我对芯芯采取了如下有针对性的措施。

1. 与家长进行沟通,帮助家长认识到孩子目前的发展状况以及所需要的帮助。使得家长逐步调整自己的教育方式,注重孩子的需要和独立性,遇事与孩子协商。在家庭为孩子创造表达自己想法的机会与条件。奶奶在家鼓励芯芯按照自己的想法大胆做事,经常会问:"芯芯今天你想做些什么? 你想怎么做?"注意给孩子选择的机会,使她明确自己的想法,提高自主意识。

2. 发挥芯芯在绘画方面的强项,鼓励她大胆讲述自己的作品,表达自己的思想,并引导她在集体面前大胆讲述,给予积极的鼓励,使她获得了自信。

3. 为芯芯创设大胆表达表现的机会与条件,如做小值日生、担任升旗手等,逐渐帮助其增强自信,获得成功感。

渐渐地芯芯越发自信、大胆，每天很早来到幼儿园，帮助老师做事情，看到哪个小朋友遇到困难，她就会像大姐姐一样帮助他们。学习中她积极思考、大胆举手发言，更加自主地参加各项活动了。看到孩子的进步，奶奶更加积极主动地参与到教育过程中来。经常和孩子一起记录下自己的点滴进步，以日记的形式帮助孩子记录下活动后的收获，从中了解了孩子的真实想法，为更好地实施教育提供了依据。

案例来源：天津市幼儿师范学校附属幼儿园沈文瑛老师

案例2：当爸爸也挺好的

【案例背景】

达达3岁11个月，他是男孩子中少有的乖孩子，做事认真，动手能力强。特别喜欢玩安静的游戏，从未选过娃娃家、积木区等这类需要与小伙伴交往的活动。我曾就此多次试图引导过，但均未成功。

【案例描述】

选区活动又开始了，我决定再试一试，悄悄请小朋友邀请他一起去娃娃家游戏。他从拒绝到执意不肯，最后竟哭了起来。

【案例分析】

他究竟为什么不愿意去娃娃家呢？反思达达的行为表现，我认为最主要的原因是他在潜意识中害怕与同伴交往共同游戏。仔细分析达达的家庭环境，他生活当中每个成人都对他呵护有加，没有与小孩子交往的机会。没有体验到与同龄人交往的快乐，因而个性中缺少了与伙伴交往的需要。

【发展指导】

针对上述情况，我展开了一系列的指导工作。

1. 交流建议

选区活动前，我拉着达达的手，聊了起来。

"达达，你喜欢到娃娃家当爸爸吗？"

"不喜欢。"

"为什么呢？"

"太麻烦！"

"怎么会麻烦呢？"

"我爸爸就弄这弄那，太麻烦了。"

我继续说："达达到娃娃家试试看，你也可以像在操作区那样自己玩，娃娃家里有许多材料，你喜欢什么就可以拿出来玩一玩，很简单的。"他点点头。

2. 从旁关注

选区活动开始了，我悄悄地关注着达达的举动。见他迟疑了一下，但还是走进了娃娃家。他摸摸这摸摸那，最后他从柜子中选了两盘"食品"倒进了灶台上的小锅里炒了起来。

分析反思1：从达达的行为可以看到我的引导与鼓励产生了一定的效果，使他在一种毫无压力的情况下开始熟悉娃娃家的环境、材料，进而沉浸在操作材料的过程中，并很快从游戏中体会到了快乐。但他还没有任何角色意识，没有与同伴展开互动。

发展指导1：为了不给达达带来压力，我采取了暗中协助的策略，有意安排了常和他一起玩的雯雯在娃娃家扮演妈妈并主动与达达互动。雯雯走到达达身边问："爸爸，饭做熟了吗？"只见达达低着头摇了摇。雯雯又问："今天给孩子做什么好吃的？""炒鸡蛋。"达达小声地说。雯雯从桌子上端了一个小盘子递给他说："就盛在这里吧！"他接过盘子将锅里的食物盛了出来送到同伴那里。同伴向他道谢，就开始喂娃娃吃饭了。达达笑着走回去，又开始炒菜，接着又送来了第二盘、第三盘……

分析反思2:同伴是最好的学习伙伴,他们之间的相互影响有时是教师无法替代的。雯雯与达达邻座,平日生活中的交流较多,户外活动时也经常在一起,相对比较熟悉,更能引发达达较为放松地进入角色。但是,这些又必须是在教师有目的、有计划地引导下方能展开。

发展指导2:

(1)教师介入

见达达与同伴玩得开心,我以客人的身份到娃娃家与儿童共同游戏,称赞爸爸做的饭菜真香,在大家的邀请下,达达也坐下来"吃"了起来。我悄悄地问达达当爸爸的感觉怎么样。达达抿嘴笑了笑说:"当爸爸也挺好的!"

(2)保持关注

接下来的几天选区活动中,我注意到达达已经能够主动地选择娃娃家了,而且他还能在积木区与小朋友共同游戏。达达的好朋友逐渐多了起来,孩子全面健康和谐的发展真正开始了。

通过达达的案例可以看出,个性是在个体生活过程中逐渐形成的,个性既有相对的稳定性,又有一定的可塑性。因此,当教师发现影响儿童个性形成和发展的一些不利因素时,就要耐心观察与引导,设法使儿童产生该方面的需要,从中体验到乐趣,这将有利于儿童个性的健康发展。

案例来源:天津市幼儿师范学校附属幼儿园沈文瑛老师

案例3:快乐的优优

【案例背景】

优优4岁2个月,在活动中他经常会和小朋友发生冲突,因此不大受同伴欢迎。

【案例描述】

优优在建构区和小朋友一起玩给小恐龙盖房子的游戏,他把小恐龙模型的玩具都拿了过来,反复地摆弄,这时同伴搭好了一个房子,拿走了其中的两个小恐龙,他立刻争抢,并大哭起来。

【案例分析】

幼儿期儿童初步形成了对人、对事、对自己、对集体的一些比较稳定的态度,也出现了最初比较明显的心理倾向,在道德判断时带有很大的情绪性。优优只按照自己的想法游戏,他在与同伴和睦相处方面存在困难,缺少与同伴交往的经验,因而不受同伴欢迎。

【发展指导】

我有针对性地采取了以下措施。

1.利用自由活动时间多与他交流,加深他与我之间的情感。

2.安排交往能力强的小朋友与他一组,增加他与同伴交往的机会。

3.在活动中,通过与小朋友的讨论,帮助他理解别人的想法。

4.当他与小朋友发生矛盾时,暂时放一放,待他情绪平稳后再做引导。

观察分析一:渐渐地,优优在游戏中与小朋友的冲突行为减少了,于是我又对他的交往行为进行了观察。结果发现,他大部分时间是在独自游戏,想和别人玩时只是用手拉拉小朋友,别人不理他,他也没有办法,还是独自玩。不愿直接表达自己的愿望和想法成为他交往的障碍。

发展指导一:

1.开展"我的好朋友"的活动,帮助他结交好朋友。

2.利用他在绘画方面的优势,引导他大胆讲述作品,认真倾听他的想法,鼓励他为同伴讲述,帮助他树立自信。

3.通过与家长约谈,了解他在家的情况,请家长参与观察记录,发现他与同伴交往方面的问题。

观察分析二:一段时间以后,他与诺诺和朕朕成了好朋友,家长也反馈他进步了:"能主动与邻居打招呼了,但是仍不能与同伴分享他的玩具。"我的观察和家长的反映是一致的,于是我们在这段时间里就将分享行为的培养作为帮助指导他进步的一个切入点。

发展指导二：

1. 多次开展了"玩具大家玩"的活动,为他创设了与别人分享玩具的机会。

2. 有意引导其他小朋友向他介绍自己的玩具,引发他交换玩具愿望。

3. 当他有交换愿望时,我们就及时地予以鼓励。

效果观察:游戏开始时,优优不肯放手自己的大吊车,后来因为他很喜欢小朋友的双层汽车,而将自己的玩具大吊车主动与小朋友交换。

儿童分享行为观察表　　　　　　　　　　　　　　　　　12月8日

姓名	性别	发生背景或环境	指向对象	动作	语言	出现问题
优优	男	"玩具分享日"每个小朋友都从家里带来自己喜欢的玩具与大家分享	小宇等小朋友	主动把自己的玩具给小朋友玩	"我最喜欢双层汽车了"	长时间地玩小朋友的双层汽车,不与别人轮流

效果分析:优优主动拿自己的玩具和小朋友玩,这和他最初的行为相比,已经产生了非常明显的变化。他体验了分享玩具的乐趣,感受到小朋友很喜欢自己的玩具,大家交换玩具很开心。渐渐地,优优能够主动大胆地运用语言与小朋友、老师交往,积极主动地表达自己的想法,邀请小朋友一起游戏,在与小朋友交往的过程中学会了解决实际问题。这个案例让我看到了尽管儿童分享方面的行为在幼儿园及家庭表现出较为一致的反应,但是也易受外界环境变化的影响,教师与家长的引导是行之有效的。

案例来源:天津市幼儿师范学校附属幼儿园沈文瑛老师

三、分析与指导练习

练习1:好胜的远远

观察时间:2009年3月23日　　　　　　　　　　下午:3:20—4:00

观察对象:远远(随班就读的手部残缺儿童)四岁十个月

观察教师:沈文瑛

观察背景:远远和霖霖自由选择小型拼插玩具。

案例描述:

远远:"我搭两架战斗机。"(搭好后试飞,嘴里发出声音模仿飞机在飞。当他看到霖霖搭的宝剑后,随即拆了飞机,改搭宝剑。搭好后去找霖霖比划两下。)之后自语:"我必须改装一下。"

远远:"霖霖,让你见识一下我的剑吧!"(挥舞剑与霖霖打逗,打了几下又改装。)自语:"我又变了一个新宝剑,能变身,变成一把超级枪。"又说:"霖霖,你看看我。"(他挥剑比划了两下,看看剩余的材料,又开始插一个小剑,并用手破坏霖霖的宝剑。停下后去玩了一会儿其他小朋友的玩具,回来后拆了自己的宝剑重新插。)

霖霖:"你给我插一个大飞机行吗?"

远远:"行。"(他开始插飞机。)"看看,是不是两个一模一样的。咱们组成个变形金刚。"(霖霖要把小飞机组装在一起,远远继续搭新的。)

霖霖:"远远,我不会。"

远远:"我这是野兽。"(用自己的玩具撞霖霖的,然后拆了自己的继续插。)说:"我又有一架新的。"(插了两架后,用手里的一块小玩具打对面小朋友的作品。)然后,继续拼插并自言自语:"激光剑。"（用自己的剑去打霖霖的飞机。之后将自己的两架飞机组合。）

霖霖："远远，你帮我插个超大飞机行吗？"（远远点头开始搭。霖霖在旁边看，搭好后一起玩，很开心。）

案例来源：天津市幼儿师范学校附属幼儿园沈文瑛老师

在这个案例中，虽然远远的作品经历了7次的改装或重造，但他始终没有放弃，乐此不疲，这说明了什么？试从儿童个性发展的角度进行分析。

练习2：老师我选什么？

豆豆5岁1个月，在选区活动前他经常问："老师，我选什么？"我回答："你想玩什么，就选什么。"小朋友都选择了自己喜欢的活动内容，豆豆却看看这看看那，拿不定主意，直到老师帮助他，才能找到要做的事情。

在主题绘画"我的好朋友"的活动中，很多小朋友都说"豆豆是我的好朋友"，并把他画到了自己的作品中。可是豆豆的画中却只画了一个自己，并涂上了黑黑的颜色。我问："豆豆你为什么把自己画成了黑色？"豆豆说："我就是这个样子的。"

案例来源：天津市幼儿师范学校附属幼儿园沈文瑛老师

从个性发展的角度分析豆豆的上述行为表现，并提出相应的教育措施。

练习3：搭桥

在中班后一学期，儿童已能再现模仿搭建许多的建筑，尤其在参照图片去搭建时，但没有搭建立交桥的经验。"桥"这一主题贴近儿童生活，由于它可以使用的材料丰富、可变，搭建的技能具有很大的挑战性。

区域活动开始了，德德、旗旗、安安来到了大型积木区，经过重点区域的指导后，我来到了这个区，看到了已经搭建好的两座建筑物。安安在细数着哪儿跟我们在建筑背景墙照片中的建筑图还有出入，而一旁的德德已经失去了兴趣，手里拿着一块积木把玩着，说说笑笑，好像已经完成了一件重要的工程等待着老师去"欣赏"表扬。

"这座高楼很稳当，这么高！"德德在受到肯定后说："曲老师，是我们搭的，安安帮我找积木。"

"高楼很像我的家，出了家会看到什么呢？""马路。"还是德德在抢着说，"我们家马路上还有桥呢。""我们搭桥吧！"在德德的"指挥"下，所有孩子都行动起来，把大块的积木往中间堆积。很快一座带有桥的马路就搭建起来了，我看到在搭建的过程中德德和安安试图把桥架得再高一些，但不稳，几次尝试后放弃了。德德拿了一辆小汽车在桥上开来开去，玩得津津有味。5分钟后，最初的兴奋劲没了，他又去拿一辆汽车，在桥上对着开起来，车碰撞着，他感到很高兴地大声叫喊着。吸引了安安过来看，安安也想模仿，看见我在看他就停手没有去做。

"汽车多了，为什么不搭一座立交桥呢？有的在上面开，有的在下面开。"看到这样的情形，我向他们建议，安安很好奇，动脑琢磨起来。德德被我的话吸引，停下手里正在开着的汽车，凑过来："我也来搭！""不就是搭上面还有一层更高的桥吗？""车能在上面走，也能在下面走。能去好些地方。"边取着积木边不停地说："怎么搭呢？"安安又重复了一遍。因为中班下学期儿童还没有搭建立交桥的经验，所以我提供了帮助，从路面的一个转弯处支架走一个宽的路面，一边斜下连在第一层，另一层是高一层的路面。这时，安安、德德都成了我的小帮手，给我递送积木，看到"初见成效"的立交桥，德德还不时的夸奖起来："曲老师搭得还真好！"看到他们的兴趣再一次被调动起来，我满意地笑了，开始到其他区域巡视。

案例来源：天津市河北区第一幼儿园曲辉老师

请分析案例中的教师是怎样调动儿童的兴趣的？教师的行为对提升儿童的能力起到什么作用？

四、实务操作——根据案例设计一个因人施教的教育方案

嘉嘉3岁8个月，在班上年龄偏小。她从来幼儿园的第一天起就从来没有哭过。但是，她每天在幼儿园都很少说话，不喜欢和小朋友们一起游戏和交谈，经常一个人安静地坐在小椅子上看着大家玩或自己一个人玩。爸爸妈妈比较忙，她从小跟姥姥一起生活，可爱、听话，但自理能力比较弱。2岁多才开始会说话，现在也只能一字半句的说两句，还不能用语言完整表达自己的意愿。

区域活动时嘉嘉选择了美工区，她把美工区的标志牌挂在了脖子上，但是她却去了娃娃家玩。她抱起娃娃放到小车里，手中拿着玩具手机开始在活动室中带着娃娃独自玩。这时，明明走了过来对她说："这是娃娃家的，你是美工区的，不能玩这个小车。"说着就把车推走了。嘉嘉此时大哭起来并大喊："老师，明明拿车。"手中还拿着自己脖子上的选区标志牌给老师看。

案例来源：天津市幼儿师范学校附属幼儿园陈露老师

1. 请运用儿童个性发展理论对嘉嘉的个性特点进行分析。
2. 针对嘉嘉的行为表现和个性特点，设计一个循序渐进的教育方案，以促进嘉嘉良好个性的发展。
3. 在日常生活中，选取一名儿童进行追踪观察，记录其行为表现，并对其个性进行分析，在此基础上设计一个促进其良好个性发展的教育方案，实施该方案并分析实施效果。

思考与讨论

1. 名词解释：个性、需要、兴趣、自我意识、气质、性格、能力。
2. 简述个性结构及个性的一般特征。
3. 简述儿童自我意识的发生，以及幼儿期自我意识的发展特点有哪些。
4. 简述幼儿期儿童需要的发展特点。
5. 简述幼儿期兴趣的发展特点。
6. 不同类型气质的主要特点是什么？如何根据此特点对儿童进行因材施教？
7. 儿童能力的差异主要表现在哪些方面？
8. 如何理解儿童期是性格培养的关键时期？

主要参考书目

1. 陈帼眉,冯晓霞,庞丽娟.《学前儿童发展心理学》[M].北京：北京师范大学出版社,1995.
2. 劳拉·E·贝克.《儿童发展》[M].南京：江苏教育出版社,2007.
3. 林崇德.《发展心理学》[M].北京：人民教育出版社,1994.
4. 桑标.《当代儿童发展心理学》[M].上海：上海教育出版社,2003.
5. 王振宇.《学前儿童发展心理学》[M].北京：人民教育出版社,2004.
6. 陶西平主编.《教育评价辞典》[M].北京：北京师范大学出版社,1998.
7. 陈会昌主编.《中国学前教育百科全书·心理发展卷》[M].北京：沈阳出版社,1995.
8. 李幼穗主编.《儿童发展心理学》[M].天津天津科技翻译出版公司,2001.
9. 陈帼眉.《学前心理学》[M].北京：北京师范大学出版社,2012.

理 论 主 题
——与学前儿童心理发展相关的心理学理论

皮亚杰的认知发展理论

■ 心理学家简介

让·皮亚杰(Jean Piaget, 1896—1980),瑞士著名心理学家,智力心理学家,发生认识论创始人。曾任瑞士纳沙特尔大学、日内瓦大学、洛桑大学教授。1940年起任日内瓦大学卢梭学院院长兼实验心理学讲座与心理实验室主任。他是巴黎国际发生认识论中心的创始人(1955),1954年任第14届国际心理科学联合会主席。此外,皮亚杰还长期担任联合国教科文组织领导下的国际教育局局长和联合国教科文组织助理干事之职。他的关于儿童思维发展的研究是对心理科学的重大贡献,具有极其重大的意义。美国《皮亚杰学会会刊》在他逝世后发表的悼文这样评价道:"皮亚杰可与苏格拉底、弗洛伊德和爱因斯坦相媲美。"主要著作有《儿童的语言与思维》、《儿童智慧的起源》、《发生认识论导论》等。

■ 主要理论观点

对儿童认知发展的研究发端于皮亚杰。皮亚杰对儿童是如何犯错误的思维过程进行了长期的探索,发现分析一个儿童对某个问题的不正确回答,要比分析正确回答更具有启发性。他采用临床法方法,先是观察自己的三个孩子,之后与其他研究人员一起,对成千上万的儿童进行观察。在观察研究的基础上,找出了不同年龄儿童思维活动质的差异,以及影响儿童智力发展的因素,进而提出了独特的儿童智力阶段性发展理论,引发了一场儿童智力观的革命,虽然这一理论在很多方面目前也存在争论,但正如一些心理学家指出:这是"迄今被创造出来的唯一完整系统的认知发展理论"。

1. 建构主义发展观

皮亚杰认为,发展就是个体与环境不断相互作用的一种建构过程,其内部的心理结构是不断变化的。为了说明这种内部的心理结构是如何变化的,皮亚杰首先引出了图式的概念。所谓图式(schema),在皮亚杰看来就是人们为了应付某一特定情境而产生的认知结构。最初的图式来源于先天的遗传,表现为一些简单的反射,如握拳反射、吸吮反射等。为了应付周围的世界,个体逐渐地丰富和完善自己的认知结构,形成了一系列的图式。同时,皮亚杰认为图式的变化是通过同化和顺应两个过程完成的。

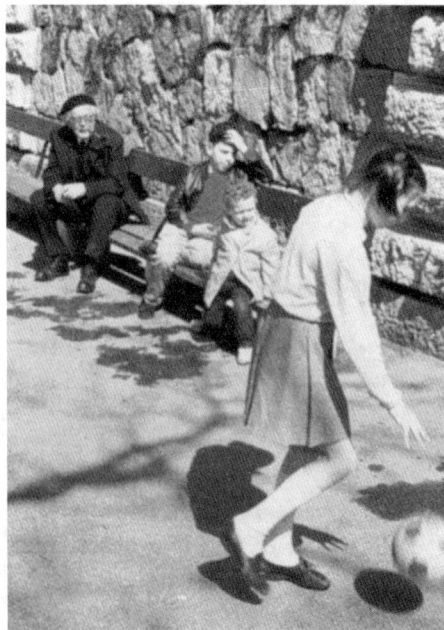

同化（assimilation）是个体把客体纳入主体的图式之中，也就是说，当有机体面对一个新的刺激情境时，如果主体能够利用已有的图式或认知结构把刺激整合到自己的认知结构中，这就是同化。同化只能引起图式的量的变化。顺应（accommodation）是指当主体的图式不能同化客体时，主体就会对自身图式做出相应的改变，以适应新的情境。顺应引起图式的质的变化以适应现实。平衡（equilibrium）是指同化作用和顺应作用两种机能的平衡。皮亚杰认为心理发展就是个体通过同化和顺应日益复杂的环境而达到平衡的过程，个体也正是在平衡与不平衡的交替中不断建构和完善认知结构，实现认知的发展。这种平衡过程便是发展的内部机制。

2. 皮亚杰认知发展阶段论

皮亚杰通过大量观察与实验，认为儿童的智力发展分为具有质的差别的四大阶段：（1）感觉运动阶段（0—2岁）；（2）前运算阶段（2—6、7岁）；（3）具体运算阶段（7—11、12岁）；（4）形式运算阶段（12岁以后）。每个阶段代表着不同质的、逐步提高的思维方式，代表着不同年龄儿童的智慧发展水平。

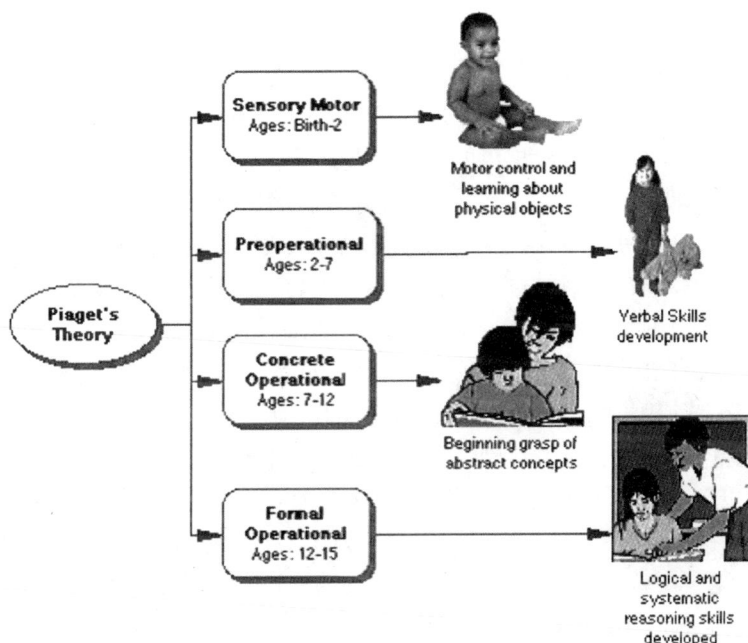

（1）感知运动阶段（0—2岁）

感知运动阶段相当于婴儿期。这是智慧的萌芽时期，儿童主要依靠感知觉和动作的逐渐协调，形成各种固定的图式。儿童能区分自己与物体，逐渐知道动作与效果、主体与客体以及客体之间的相互关系。这一阶段没有出现表象和思维，也还没有语言。

皮亚杰又进一步将感知运动阶段划分成6个子阶段，从这6个子阶段中，我们可以看到儿童思维是怎样发展起来的：从刚出生时儿童仅有的诸如吸吮、哭叫、视听等反射性动作开始，随着大脑及机体的成熟，在与环境的相互作用中，到此阶段结束时儿童渐渐形成了随意有组织的活动。

① 第一子阶段（0—1个月，反射练习期）

皮亚杰认为儿童与生俱来的反射是认知发展的基础，它们是最初的图式。儿童出生后，以先天的无条件反射适应外界环境，并且通过反射练习使先天的反射结构更加巩固，如使吮吸奶头的动作变得更有把握；还扩展了原先的反射，从本能的吸吮扩展到吸吮拇指、玩具，在东西未接触到嘴时就做吸吮动作等。这一阶段称为反射练习期。

② 第二子阶段（1—4月，习惯动作和知觉形成时期）

在先天反射动作的基础上，通过机体的整合作用，儿童逐渐将个别的动作联结起来，形成一些新的习惯。在第一阶段，儿童只是去抓握其手所接触到的物体，吸吮进入嘴里的东西。而在这个阶段儿童把这些动作联结起来,即把抓到的物体放进嘴里吸吮。把单个动作连贯起来,为更复杂的动作打下基础。

在这个阶段儿童如果偶然做了一个动作产生了有趣的效果,他就会一遍遍地重复这个动作。重复动作是这个阶段的明显特点。

③ 第三子阶段(4—9个月,有目的动作逐步形成时期)

从4个月开始,儿童在视觉与抓握动作之间形成了协调,以后儿童经常用手触摸、摆弄周围的物体,这样一来,儿童的活动便不再限于主体本身,而开始涉及对物体的影响,物体受到影响后又反过来进一步引起主体对它的动作,最后渐渐使动作(手段)与动作结果(目的)产生分化,出现了为达到某一目的而去做某个动作。例如,一个多彩的响铃,响铃摇动发出声响引起儿童目光寻找或追踪。这样的活动重复数次后,儿童就会主动地用手去抓或是用脚去踢挂在摇篮上的响铃。显然,可以看出儿童已从偶然地无目的摇动玩具,过渡到了有目的地反复摇动玩具,这意味着儿童能将动作本身与动作结果联系起来,用皮亚杰的话讲,"儿童已处在智慧的萌芽状态"。不过,这一阶段目的与手段的分化尚不完全、不明确。

在这个阶段动作也是在不断重复,与上一阶段的不同之处在于:这个阶段儿童开始对自身以外的事件感兴趣了,如喜欢用手拍打皮球、看着皮球越滚越远。

④ 第四子阶段(9—12个月,手段与目的分化协调期)

皮亚杰:"在第四阶段,我们看到比较完备的实际智慧动作。"

这一时期又称图式之间协调期。儿童的动作目的与手段已经分化,智慧动作出现,如儿童拉成人的手、把手移向他自己够不着的玩具方向、要成人揭开盖着玩具的布。这表明儿童在做出这些动作之前,已有取得物体(玩具)的意向。随着这类动作的增多,儿童运用各动作图式之间的配合更加灵活,并能运用不同的动作图式来对付遇到的新事物,就像以后能运用概念来了解事物一样。儿童用抓、推、敲、打等多种动作来认识事物,表现出对新的环境的适应。儿童的行动开始符合智慧活动的要求。不过,这个阶段的儿童只会同化,还不会创造或发现新的动作去顺应世界。

在这个阶段还出现一个重要的发展要点:客体永久性出现。"儿童在第二年内建成的现实世界,其中第一个特征即是这个世界乃是由永久的客体组成的。在这之前幼年儿童的世界是一个没有客体的世界。""不在视野之内,就不在意识之内。"(皮亚杰)8个月之前没有客体永久性,儿童活在当下。9个月开始形成客体永久性观念,18个月时达到成熟。

⑤ 第五子阶段(12—18个月,感知动作智慧时期)

皮亚杰发现,这一时期的儿童能以一种试验的方式发现新方法,达到目的。当儿童偶然发现某一动作的结果时,他将不只是重复以往的动作,不再是以往动作的拷贝,而是会有意识地调整自己的动作方式,试图在重复中做一些改变,通过尝试错误,第一次有目的地通过调节来解决新问题。例如,儿童想得到放在床上枕头上的一个玩具,他伸出手去抓,却够不着,想求助爸爸妈妈可又不在身边,他继续用手去抓,偶然地他抓住了枕头,拉枕头过程中带动了玩具,于是儿童通过偶然地抓拉枕头得到了玩具。以后儿童再看见放在枕头上的玩具,就会熟练地先拉枕头再取玩具。这是智慧动作的一大进步。要强调的是,儿童不是自己想出这样的办法,他的发现是来源于偶然的动作中。

⑥ 第六子阶段(18—24个月,智慧综合时期)

皮亚杰:"第六阶段标志着感知运动时期的终结和向下一时期的过渡。"

这个时期的儿童,除了用身体和外部动作来寻找新方法之外,还能开始"想出"新方法,即在头脑中有"内部联合"方式解决新问题。这意味着儿童内部的心理表征首次出现,从外部行为转移到内部心理,真的去"想"了。例如,把儿童玩的链条放在火柴盒内,如果盒子打开缝隙不大,链条能看得见却无法用手拿出,儿童便会把盒子翻来覆去看,或用手指伸进缝道去拿;如果手指也伸不进去,这时他便会停止动作,眼睛看着盒子,嘴巴一张一合做了好几次这样的动作之后,突然他用手拉开盒子口取得了链条。在这个动作中儿童一张一合的动作表明,儿童在头脑里用内化了的动作模仿火柴盒被拉开的情形,只是他的表象能力还很差,必须借助外部的动作来表示。这个拉开火柴盒的动作是儿童"想出来的"。当然,儿童此前看过他人类似的动作,而正是这种运用表象模仿别人做过的行为来解决眼前的问题,标志着儿童智力已从感知运动阶段发展到了一个新的阶段。

（2）前运算阶段（2—6、7岁）

前运算阶段相当于幼儿期。各种感知运动图式开始内化,成为表象,出现语言,开始用表象与语言描述外部世界和当前的事物。这一阶段的思维有两个特点:思维具有直觉性或称直觉思维,以及思维具有表象性或称表象思维。

与感知运动阶段相比,前运算阶段儿童的智慧在质方面有了新的飞跃。在感知运动阶段,儿童只能对当前感觉到的事物施以实际的动作进行思维,在这个阶段中、晚期,形成物体永久性意识,并有了最早期的内化动作。到前运算阶段,物体永久性的意识巩固了,动作大量内化。随着语言的快速发展及初步完善,儿童频繁地借助表象符号(语言符号与象征符号)来代替外界事物,重视外部活动,儿童开始从具体动作中摆脱出来,凭借表象进行思维。

前运算阶段,儿童动作内化具有重要意义。为说明内化,皮亚杰举过一个例子:有一次皮亚杰带着3岁的女儿去探望一个朋友,皮亚杰的这位朋友家也有一个1岁多的小男孩,正放在儿童围栏中独自玩,在玩的过程中男孩突然跌倒在地下,紧接着便愤怒而大声地哭叫起来。当时,皮亚杰的女儿惊奇地看到这情景,口中喃喃有声。三天后在自己的家中,皮亚杰发现3岁的小姑娘似乎照着那1岁多小男孩的模样,重复地跌倒了几次,但她没有因跌倒而愤怒啼哭,而是咯咯发笑,以一种愉快的心境亲身体验着她在三天前所见过的"游戏"的乐趣。皮亚杰指出,三天前那个小男孩跌倒的动作显然早已经内化于女儿的头脑中去了。

在表象思维中,儿童主要运用符号(包括语言符号和象征符号)的象征功能和替代作用,在头脑中将事物和动作内化。而内化事物和动作并不是把事物和动作简单地全部接受下来而形成一个摄影或副本,而是把感觉运动所经历的东西在自己大脑中再建构,舍弃无关的细节(如上例皮亚杰的女儿并没有因跌倒而愤怒啼哭),形成表象。内化的动作是思想上的动作而不是具体的躯体动作。内化的产生是儿童智力发展过程中的重大进步。

概括地讲,前运算阶段的儿童思维活动有以下四个特点。

● 相对的具体性,借助于表象进行思维,还不能进行运算思维。

● 思维的不可逆性,缺乏守恒结构。

● 自我中心性,儿童站在自己经验的中心,只有参照他自己才能理解事物,他认识不到他人的思维过程,缺乏一般性。他的谈话多半以自我为中心。

● 刻板性,表现为在思考眼前问题时,其注意力还不能转移,还不善于分配,在概括事物性质时缺乏等级的观念。

（3）具体运算阶段（6、7—11、12岁）

具体运算阶段相当于小学阶段。这个时期儿童获得了各种守恒概念(如物质、重量、长度、面积等的守恒),能理解二维空间以及其间的补偿关系。出现初步的逻辑思维。

液体: 两个相同的烧杯盛了等量的水,儿童也认为两个杯中的水一样多。 把其中一杯倒入另一个形状不同的烧杯中,这样两杯液面的高度不再相同。 守恒儿童能认识到两杯中的液体仍一样多(平均而言,儿童在6—7岁才达到液体守恒)。

体积：	两个相同的球状橡皮泥，儿童也认为他们体积相等。 → 其中一个被压成香肠状。	守恒儿童认为它们仍然体积相等（儿童平均在6—7岁达到体积守恒）。
数目：	两排珠子数量相等，儿童也认为两者具有相同的数量。 → 把其中一排间隔增大但保持数目不变	6—7岁儿童才能认识到两排珠子的数目仍相等。
容量：（排水量）	两个相同的泥球放入两个相同的杯子中。儿童也看到两个杯子中的水面一样高。 → 把其中一个小球从水中捞出并捏成了另外的形状，放在杯子上，让儿童回答当变了形的小泥球再放入原来水杯中时水面是比另一个高、低还是相同。	守恒儿童认为水面会相同，因为除了小球的形状外，其他都没发生变化，也就是说，这个小球会排除同量的水（平均9—12岁才能达到这种守恒）。

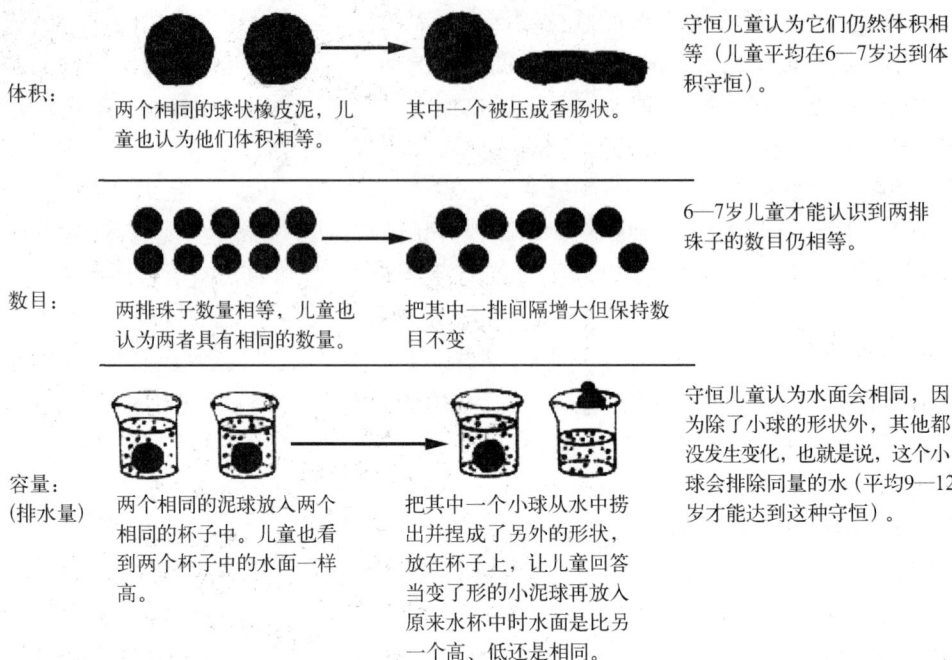

（4）形式运算阶段（11、12—14、15岁）

形式运算阶段相当于初中阶段。这个阶段的儿童形成了认知结构的整体或组合系统，能进行抽象思维。这一阶段的特点是"使形式从内容分离"，思维可超出事物的具体内容或感知的事实，朝向非直接感知或未来的事物方向发展。这一阶段的思维达到了成人思维的准备阶段，出现抽象的逻辑思维。

皮亚杰认为，从根本上讲儿童心理发展呈现为这四大阶段，这四个发展阶段具有下述特征：（1）发展具有连续性与阶段性，每个阶段都是一个统一的整体，而不是一些孤立的行为模式的总和。每个阶段都有其主要的行为模式，标志着该阶段的行为特征。阶段与阶段之间不是量的差异，而是质的差异。（2）前一阶段的行为模式总是整合于后一阶段之中，前后不能互换。每一行为模式渊源于前阶段的结构，由前阶段的结构引出后阶段的结构。前者是后者的准备，并为后者所取代。（3）发展的阶段性不是阶梯式，而是具有一定程度的交叉重叠。（4）各阶段出现的年龄因各人智慧程度和社会环境的不同而发生差异，可能会提前或推迟，但阶段的先后顺序不变。

■ 皮亚杰的认知发展理论对学前教育的启示

皮亚杰关于认知发展阶段的研究有值得商榷之处，目前很多研究对其提出了异议，但是尽管如此，皮亚杰的理论仍然是对儿童心理发展权威的解释。皮亚杰的理论对学前教育有着重要的指导意义。学前教育应该遵循这样的原则，即儿童认知的发展是一个量变到质变的过程，并表现出发展的阶段性；对学前儿童的培养应注重其认知发展所处的阶段，因材施教，超前教育对儿童认知发展并无益处。此外，皮亚杰认为影响儿童认知发展的有四个主要因素：成熟、物理环境、社会环境以及具有自我调节作用的平衡过程，充分利用这四个因素的作用是教育的关键所在。

埃里克森的心理社会性发展理论

■ 心理学家简介

埃里克森（E.H.Erikson，1902—1994）是美国著名精神病医师，新精神分析学派的代表人物，美国哈佛大学心理学教授。25岁跟随弗洛伊德开始接受精神分析的训练,后来成为新精神分析学派最为重要的代表人物。他根据其自身人生经验及多年从事心理治疗的观察所见,在弗洛伊德理论基础之上,提出了解释人生全过程发展的著名理论——心理社会性发展理论,该理论也被称为人格发展阶段理论。埃里克森的心理社会性发展阶段模型被广泛运用来理解个体一生的发展过程。他提出的每个阶段发展危机主导着这个年龄阶段个体的发展。主要著作有《儿童期与社会》《自我同一性问题》《游戏与真实》等。

■ 主要理论观点

1. 埃里克森将人生全过程分为八个时期,简称人生发展八阶段。他认为,一个人整体的心理发展过程是,必须成功地通过8个心理社会性发展阶段(psychosocial stages)。

2. 这8个阶段的顺序是遗传的,能否顺利渡过却是由社会环境决定的。

3. 每个发展阶段都会出现一个心理上的主要危机(或冲突)——心理社会两极争胜。危机的解决是受社会文化制约的。危机的解决不是按照“无或有”原则进行,而是以“积极或消极”之分,也就是看两极双方哪一个成分体验居多。积极的一方体验居多,就是积极解决,个体就会顺利进入下一个发展阶段;消极的一方体验居多,就是消极解决,会产生发展障碍,出现行为问题。

4. 每个阶段身心发展顺利与否都与前一个阶段的发展有关,前一个阶段顺利发展是随后各阶段发展的基础。前一阶段任务完成的好坏,对后一阶段有着直接的影响;同时,后一阶段的成就,又可以补偿前一阶段的缺憾。

5. 危机的积极解决随之而来的是,在人格中形成一种人格品质。健康的自我就以这8个品质为特征。

6. 每个阶段都有相对应的、至关重要的影响人物,即重要他人。

7. 危机解决的结果不是一成不变的,前一阶段没获得的品质可以在后面的阶段获得。

下面对埃里克森的前三个阶段做具体说明。

1. 基本信任对基本不信任(0—1岁)

出生第一年要解决的心理冲突是基本信任对基本不信任感。信任感是这个阶段主要的发展任务。在人生的最初阶段建立了信任感,将来就可以在社会上成为易于信赖和自足的人,否则就会成为不信任别人和苛求无厌的人。它是今后各个发展阶段、特别是青年期的自我同一性的发展基础,也会直接影响到今后的情感及社会性的发展。

埃里克森认为,这个时期儿童的健康不单纯依赖于食物,而更重要的依赖于照料者行为的质量。所以,在这个阶段不要以为儿童是一个不懂事的小动物,只要吃饱不哭就行了。要意识到当孩子哭或饿时,父母是否出现则是建立信任感的重要问题。如果母亲在喂奶时温柔地抱着儿童,耐心地等待直到儿童吃到足够的奶水,对儿童的反应敏感并给予积极的回应,儿童得到温暖、负责、充满深情的照料,基本信任与不信任的心理冲突就会得到积极地解决,儿童就会形成对世界和他人的信任感;反之,如果儿童没有得到及时、良好的照顾,或受到苛刻的对待,他就会发展出对世界及他人的不信任感,今后容易形成退缩的行为反应,以此来保护自己。

2. 独立自主对羞愧怀疑(1—3岁)

这个阶段儿童最大的心理冲突是独立自主对羞愧怀疑。自主性是这个阶段主要的发展任务。这个阶段的儿童常见的行为反应是“不”、“我自己做”,表明他们特别希望能够自主地进行选择和做事。这个阶段的儿童具备了饮食、排便的自理能力,同时又能听懂成人的语言,感到自己对环境有一定的影响力了。开始“有意识”地决定做什么或不做什么。这时候父母与子女的冲突很激烈,也就是第一个反抗期的出现,如果父母允许他在适当的情境下合理自由地选择、自己做决定、自己做事情,并且没有强迫或羞辱孩子,儿童就会发展出自主感。比如,鼓励2岁的儿童自己洗手、用勺子自己吃饭、收拾玩具,当他们尝试这些新技能失败时,父母不去指责,而是理解他并耐心地等待与指导,这样儿童从父母这样的教养方式中就发展出自主性。反之,如果父母在这个阶段对儿童限制过多、批评过多、惩罚过多,就会让儿童感到被强迫,产生羞耻感,对自己的能力产生怀疑。

3. 主动进取对内疚(4—5岁)

这一时期的心理冲突是主动对内疚。发展的主要任务是主动进取。主动感就是儿童活动的主动性,在这一时期如果儿童表现出的主动探究行为受到鼓励,就会形成主动性,这为他将来成为一个有责任感、有创造力的人奠定了基础。如果成人讥笑儿童的独创行为和想象力,那么儿童就会逐渐失去自信心,这使他们更倾向于生活在别人为他们安排好的狭窄圈子里,缺乏自己开创幸福生活的主动性。如果父母对儿童施加过高的要求,儿童就可能体验到失败,产生内疚感。

这个时期,影响儿童个性发展的主要因素仍是父母。这个阶段强调家庭关系的重要性,关键的是父母要为孩子树立良好的同性榜样,让孩子有个认同的对象,否则孩子一旦找不到学习的榜样,长大后就会出现性别混乱。对这个时期的儿童来说,最主要的活动就是游戏,埃里克森将这个时期称为游戏期,强调游戏的重要性。通过游戏发展儿童的主动性。

总之,埃里克森认为,信任感的建立来自第一年温暖、敏感和及时的高质量照顾,自主感的产生来自第二年对本能冲动的合理控制。如果儿童在最初几年没有形成对照料者的充分信任,以及没有形成健康的自主感,成年后就难以建立亲密关系,过度依赖他人,并怀疑自己应付新挑战的能力。而主动性则是三岁后在父母的鼓励下逐渐形成的。

■ 埃里克森的心理社会性发展理论对学前教育的启示

埃里克森的理论对儿童教育有着十分重要的价值和意义。这个理论重视社会文化因素在人生发展过程中的作用,强调环境对人生发展的影响和作用,认为人的发展是自我和社会生活相互作用的结果,这种相互作用贯穿于人的一生。埃里克森对心理社会性发展的刻画抓住了儿童发展的本质,这就为家庭教育、学前教育提供了心理学理论基础,为我们促进儿童健康发展提供了心理学依据。

格塞尔的成熟势力说

■ 心理学家简介

格塞尔(Arnold Lucius Gesell, 1880—1961),美国儿童心理学家。1906年在麻省的克拉克大学心理学系获得哲学博士学位,1911年到耶鲁大学任教,建立了儿童发展的临床诊所。他与同事编制了儿童行为发展的常模,成为当时儿科临床和儿童心理发展研究的一个重要知识来源。他编制的智能诊断量表,在医学界、心理学界和教育学界都被认为是经典著作。他在1941年编制的"格塞尔智能量表"被认为是评价儿童发育的有效工具。此量表在我国有译本。主要著作有《儿童行为图表》《儿童生命的第一个年头》《从五岁到十岁的儿童》《在今日文化领域中的婴儿和儿童》等。

■ 主要理论观点

格塞尔一生主要研究儿童的生长和发展的问题。他是一个成熟论者,他承认环境对成长所起的作用,但不相信环境在儿童发展中起主要的作用。认为生长的倾向是生活中最强的力量,因此它不可能为环境所影响。他把描述儿童从小到成熟所经过的发展阶段看作是他的主要任务,提出成熟势力说。

格塞尔的成熟势力理论认为,支配儿童心理发展的因素有两个:成熟和学习。他把发展看作是一个顺序模式的过程。这个模式是由机体成熟预先决定和表现的。环境因素起支持、影响和特定化作用,但是它们并不能产生基本的形式和个体发展的顺序。只有当结构与行为相适应的时候学习才可能发生。在结构得以发展之前,特殊的训练是没有多少成效的。这种论断源于他的"双生子爬楼梯研究"。

1929年,格塞尔首先对一对双生子T和C进行了行为基线的观察,确认他们发展水平相当。在双生子出生48周时,他开始对T进行了持续6周的爬楼梯、搭积木、肌肉协调和运用词汇等方面的训练,而对C不作训练,期间T比C更早地显示出某些技能。到了第53周,当C达到爬楼梯的成熟水平时,格塞尔对他开始集中训练,发现只要少量训练,C就赶上了T的熟练水平,到55周时,T与C的能力已没有差别。

这个实验说明,提前学习对儿童发展并没有太多作用,因为他的生理成熟还没有达到所需要的水平。技能的学习在某种程度上依赖于儿童生理的成熟水平。儿童的心理发展依赖于儿童大脑与神经系统的成熟程度。脑和神经系统的成熟是儿童心理发展最直接的自然物质前提。

格塞尔根据这一研究以及长期临床经验,形成了儿童心理发展的"成熟势力理论"。他认为在没有达到成熟水平之前,训练儿童掌握某种技能,效果欠佳。学习依赖于生理的成熟,脱离了成熟的条件,学习本身并不能推动发展。

■ 格塞尔的成熟势力说对学前教育的启示

格塞尔把成熟作为儿童心理发展的决定性因素是一种片面的观点。现代心理学研究认为,个体的成熟是心理发展的一个必要条件和物质前提,但并不是心理发展的决定性因素。但是,格塞尔的理论对儿童心理发展的研究是有贡献的,它带给我们的最大启示是:好的教育应尊重儿童的实际水平,过分超前的教育或过度的潜能开发,对儿童来说既是一种浪费,也是一种无效劳动,更有可能是对儿童的"有形的摧残"。

班杜拉的社会学习理论

■ 心理学家简介

班杜拉(Albert Bandura, 1925—),美国心理学家。1974年曾当选美国心理学会主席。他创立了社会学习理论,并于1977年出版《社会学习心理学》(*Social Learning Theory*)一书,这本书是社会学习理论及其研究成果的一本总结性的著作。班杜拉及其社会学习流派研究了儿童大量的社会学习问题,提出了观察学习说、社会认知说和交互决定论,并由此形成了颇具影响的社会学习理论。所谓社会学习论,亦称模型模仿论。这一理论试图阐明人怎样在社会环境中进行学习,从而形成和发展他的个性特点。该理论主要探讨个人成长过程中认知、行为与环境三因素及其

交互作用对人类行为的影响。主要著作有《青少年的攻击行为》《社会学习与人格发展》等。

■ 主要理论观点

班杜拉将社会学习分为直接学习和观察学习两种形式。

1. 直接学习

直接学习是个体对刺激做出反应并受到强化而完成的学习过程，其学习模式是刺激—反应—强化。在直接学习中，儿童的行为所产生的结果直接决定着儿童是否重复这些行为，也就是说，儿童行为的结果得到肯定，则会激发儿童继续从事这类行为；反之，如果行为结果是否定的，儿童就会设法抑制这类行为的发生。直接学习是最基本的学习。

2. 观察学习

观察学习是指个体通过观察榜样在处理刺激时的反应及其受到的强化而完成学习的过程。在观察学习的过程中，人们获得了示范活动的象征性表象，并引导适当的操作。观察学习的全过程由四个阶段构成：注意过程、保持过程、动作再现过程和动机过程。这四个阶段的逻辑过程表现为：（榜样示范）→注意过程→保持过程→动作表征过程→动机过程→（产生与之匹配的个体行为）。

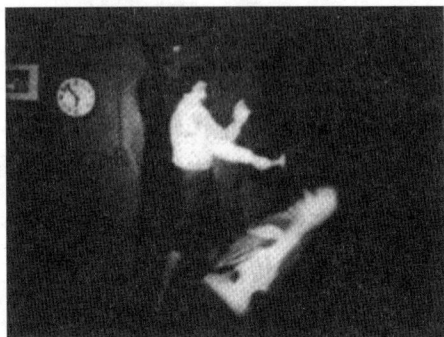

班杜拉把观察学习作为人类行为藉以改变的重要机制，尤其以解释儿童的行为发展而著称。儿童的许多行为是通过观察模仿而获得的。模仿的对象称为榜样。

儿童从很早就开始观看成人的活动，并模仿成人的活动行事。儿童的观察模仿有四种方式。

（1）直接模仿：直接模仿是一种最简单的模仿学习方式。人类生活中的基本社会技能，都是经由直接模仿学习来的。例如，儿童学习使用筷子吃饭与学习用笔写字等，都是经由直接模仿学习的。

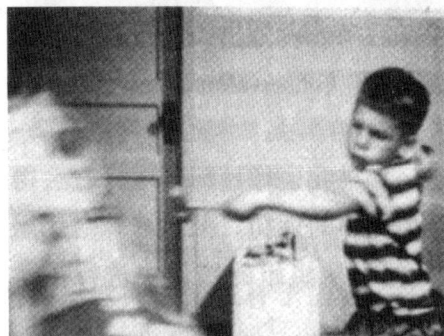

（2）综合模仿：综合模仿是一种较为复杂的模仿。学习者经模仿历程而学得的行为，未必直接得自榜样一人，而是综合多次所见而形成自己的行为。例如，某儿童先是观察到爸爸踩在梯子上修电灯，后来又看到妈妈踩在高凳上擦窗户，他就可能综合所见学到踩在高凳上取下放置书架顶层的故事书。

（3）象征模仿：象征模仿是指学习者所模仿的不是榜样的具体行为，而是他的性格或行为所代表的意义。电影、电视、儿童故事中所描述的偶像型人物，他们在行为背后所隐含的勇敢、智慧、正义等性格，即旨在引起儿童象征模仿。

（4）抽象模仿：抽象模仿是指学习者通过观察学习所学到的是抽象的原则，而非具体行为。例如，算术解题时学生从教师对例题的讲解中，学到解题原则即为抽象模仿。

■ 班杜拉的社会学习理论对学前教育的启示

社会学习理论认为儿童不需要强化，仅通过观察榜样的行为就可获得学习，因此榜样对儿童有重要影响。对儿童来说，不仅教师、父母、同伴是重要的榜样，大众传媒也是重要的榜样。这就要求教师和父母以身作则，为儿童树立正面的榜样，同时要注意儿童与哪些人交往，阅读的书籍，观看的电影、电视、录像是否健康等。

儿童的行为由外塑而渐内化,这既是个体逐渐成熟的结果,更是教育引导的结果。不仅要用各种标准来规范儿童的行为,更重要的是引导儿童认同、采纳这些标准,并对自己的行为进行调节,成长为具有自我调控能力的人。

斯金纳的行为主义理论

■ 心理学家简介

斯金纳(Burrhus Frederick Skinner,1904—1990),美国行为主义心理学家。哈佛大学终身教授。早年曾志愿当作家,自三十年代起从事动物学的研究,五十年代又转向人类学习的研究。他的心理学观点独具特色,注重有机体主动作用于环境的操作行动,并将之作为自己的研究课题。他曾发明著名的"斯金纳箱",用它进行操作性条件作用的研究。他认为自发的操作行为可以用强化的方法加以控制,他的这个理论曾被广泛运用于儿童教育、教学机器和精神病患者的管理等实践领域。主要著作有《超越自由和尊严》《科学与人类行为》等。

■ 主要理论观点

1. 操作性条件作用

操作性条件作用这一概念是斯金纳新行为主义学习理论的核心。斯金纳把行为分成两类:一类是应答性行为,这是由已知的刺激引起的反应;另一类是操作性行为,是有机体自身发出的反应,与任何已知刺激物无关。与这两类行为相对应,斯金纳把条件作用也分为两类:与应答性行为相应的是应答性反射,称为 S(刺激)型,S 型名称来自英文 Stimulation;与操作性行为相应的是操作性反射,称为 R(反应)型,R 型名称来自英文 Reaction。S 型条件反射是强化与刺激直接关联,R 型条件反射是强化与反应直接关联。斯金纳认为,人类行为主要是由操作性作用构成的操作性行为,操作性行为是作用于环境而产生结果的行为。在学习情境中,操作性行为更有代表性。斯金纳很重视 R 型条件反射,因为这种反射可以塑造新行为,在学习过程中尤为重要。

斯金纳认为,某种行为产生的可能性大小取决于它产生的后果。如果行为发生后,得到强化,那么它在将来发生的可能性会增加;反之,则会减少。也就是说,行为的后果决定了行为发生的概率。

为了研究操作行为,他研制了一个实验装置叫做"斯金纳箱"。箱内放进一只白鼠或鸽子,并设置杠杆或键,箱子的构造尽可能排除一切外部刺激。动物在箱内可自由活动,当它按压杠杆或啄键时,就会有一团食物掉进箱子下方的盘中,动物就能吃到食物。箱外有一装置记录动物的动作。偶然一次压杠杆得到食物,就会导致动物按压杠杆或啄键的频率越来越多,即学会了通过某一操作来得到食物的方法。斯金纳将其命名为操作性条件作用或工具性条件作用。

斯金纳把动物的学习行为推广到人类的学习行为上,认为虽然人类学习行为的性质比动物复杂得多,但也要通过操作性条件作用。操作性条件作用的特点是:强化刺激既不与反应同时发生,也不先于反应,而是随着反应发生。有机体必须先做出所希望的反应,然后得到"报酬",即强化刺激,使这种反应得到强化。学习的本质不是刺激的替代,而是反应的改变。斯金纳认为,人的一切行为几乎都是操作性强化的结果,人们有可能通过强化作用的影响去改变别人的反应。

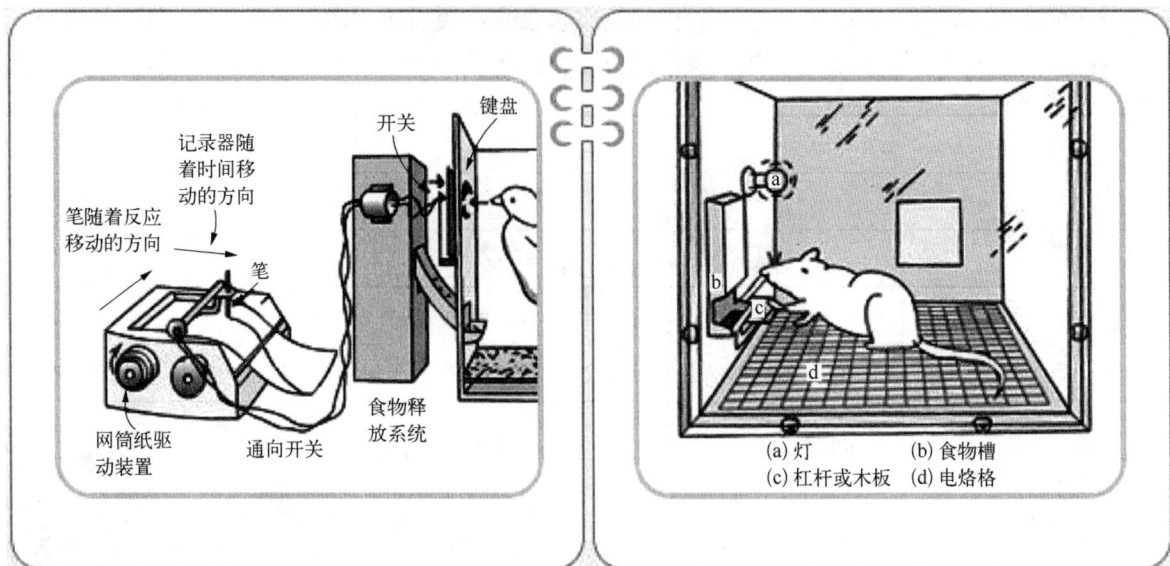

(a) 灯　　　　(b) 食物槽
(c) 杠杆或木板　(d) 电烙格

2. 强化理论

斯金纳在对学习问题进行了大量研究的基础上提出了强化理论,十分强调强化在学习中的重要性。强化就是通过强化物来增强某种行为的过程,而强化物就是增加反应可能性的任何刺激。

斯金纳把强化分成积极强化和消极强化两种。积极强化是获得强化物以加强某个反应,例如,鸽子啄键可得到食物;消极强化是去掉可厌的刺激物,是由于刺激的退出而加强了那个行为。

斯金纳认为,人的行为大部分是操作性的,任何习得的行为都与及时强化有关,因此可以通过强化塑造儿童的行为;而练习之所以重要,是因为它在儿童行为形成中为重复强化的出现提供了机会。

3. 程序教学

斯金纳认为,学习是一种行为,当主体学习时反应速率就增强,不学习时反应速率则下降。因此,他把学习定义为反应概率的变化。在他看来,学习是一门科学,学习过程是循序渐进的过程;而教则是一门艺术,是把学生与教学大纲结合起来的艺术,是安排可能强化的事件来促进学习,教师起着监督者或中间人的作用。斯金纳激烈抨击传统的班级教学,指责它效率低下,质量不高。他根据操作性条件反射和积极强化的理论,对教学进行改革,设计了一套教学机器和程序教学方案。

■ 斯金纳的行为主义理论对学前教育的启示

行为主义学派强调行为研究的重要性,并把这一思想应用到学前教育领域,使对儿童的研究不仅仅停留在对儿童的主观分析上,是通过儿童行为的客观观察和实验来论证儿童的发展,对推动学前教育向科学化发展起着一定的作用。从实践上讲,行为主义学习理论强调重视儿童的行为,通过强化、模仿等原则来建立儿童良好的行为,消除不良行为。在儿童行为塑造和行为矫正上,这一方法在学前教育实际工作中进行应用是行之有效的。

1. 行为塑造

行为主义学习理论认为,强化是塑造行为和保持行为强度所不可缺少的。他反复强调指出:操作行为并非一蹴而就,是一步一步学得的,强化起着重要的作用。在幼儿园的教育教学工作中,很多做法便是行为主义学习理论的具体运用。例如:培养儿童独立生活的能力,教师可利用一日生活的各个环节,通过早餐、午餐、午睡等环节培养儿童做一些力所能及的自我服务劳动,把培养儿童独立生活的能力融于一日生活的各个环节之中,对良好的行为给予及时表扬,进行强化。

2. 行为矫正

行为矫正也称为行为治疗,认为不正常或适应不良的行为是习得的行为。斯金纳认为操作行为也是易于消退的,只要不对该行为进行强化,儿童的不良行为便可以消退。例如:有的儿童喜欢用哭来威胁家长,当儿童的要求得不到满足时,就放声大哭。许多家长一见小孩哭心就软了,总是上前对小孩说:宝宝,别哭了,别哭了……结果小孩的哭非但没有停止,反而越哭越厉害,其中家长的安慰成了一个条件刺激,强化了儿童哭的行为,其实,遇到这种情况,家长最好不要理睬,让他去哭,不对他的哭闹给予任何语言上或行动上的强化,这样,孩子的哭闹便从大到小,最终不哭了。

当然,行为主义学说还存在着一些缺陷。首先,行为主义所强调的行为,难以说明儿童的个别性。每个儿童所处的环境、接受的教育以及遗传等因素都是不同的,存在着个别差异性,但行为主义学派仅仅强调刺激—反应,如果儿童的行为异常,简单地归结为环境的因素,从这个意义上来讲,忽视了儿童的个别差异性。其次,行为主义学习理论把儿童的行为、学习、发展都建立在刺激—反应基础上,儿童被看作是环境的简单的被动反应者,缺乏自主性。

蒙台梭利理论

■ 心理学家简介

蒙台梭利(Maria Montessori, 1870—1952),教育史上一位杰出的儿童教育思想家和改革家,是二十世纪享誉全球的儿童教育家。1896年成为意大利历史上第一位女性医学博士。蒙台梭利大学毕业后从事特殊儿童教育,转而致力于正常儿童教育。1907年创办第一所"儿童之家",开始了闻名世界的教育实验活动,并对当代世界儿童教育的改革和发展产生了极为重要的影响。她所创立的独特的儿童教育法,风靡了整个西方世界,深刻地影响着世界各国,特别是欧美先进国家的教育水平和社会发展。《西方教育史》称她是二十世纪赢得世界承认的最伟大的科学家与进步的教育家。主要著作有《童年的秘密》等。

■ 主要理论观点

蒙台梭利在长期的教育实验活动中,通过大量认真的观察和深入的思考,得出一个重要结论:童年时期是人生中的一个最重要的时期,除生理的发展外,儿童心理的发展更需要得到重视。因为儿童正是通过自己的努力形成个性,在某种意义上说,他成为了他自己的创造者。她提出:"儿童是成人之父。"如果成人忘记自己曾经是一个儿童,那么他就不能给儿童提供一个适宜发展的环境,就不会克服他自己与儿童之间的冲突,儿童的心理就会产生畸变,并将伴随其终生。

1. 有吸引力的心灵

蒙台梭利强调儿童内在的敏感性。这个时期内,儿童能以惊人的方式从环境中感知到印象。儿童是积极的观察者,他能够利用感官努力地去感知外部世界,但是这并不意味着他是像镜子那样去接受外界事物。真正的观察者是根据他的内在冲动,以某种感觉或特殊的兴趣来挑选他的感官对象的。

大人可能会问：儿童的特殊兴趣到底是什么？致使他在无数的外界事物中有所偏好和选择。其实，这种特殊兴趣的形成缘于儿童在敏感期中的"力量"，这种力量帮助儿童从复杂的环境中选择成长所需的事物，并且会促使儿童主动地去研究探索。蒙台梭利称这种力量为"有吸引力的心灵"或"吸收性心智"。这种心灵能够帮助儿童自动积极地选择、尝试、摸索，快速了解和学习新事物。儿童就是在"吸收性心智"的驱动下进行学习的，不仅与大人不同，速度更是惊人。儿童就是因为有这种能力，才会从"无"到"有"地奠定智力的基础。

2. 敏感期

蒙台梭利根据对儿童敏感期的观察，归纳出儿童的九大敏感期。

（1）语言敏感期（0—6岁）。儿童从开始注视大人说话的嘴型，发出咿呀学语的声音，就开始了他的语言敏感期。儿童具有自然所赋予的语言敏感力。

（2）秩序敏感期（2—4岁）。儿童需要一个有秩序的环境来帮助他认识事物、熟悉环境。一旦他所熟悉的环境消失，就会无所适从。儿童的秩序敏感力常常表现在对场所、顺序、所有物、生活习惯和约定的要求上。

（3）感官敏感期（0—6岁）。儿童从出生起，就会借着视觉、听觉、嗅觉、味觉、触觉等五种感官来熟悉环境、了解事物。三岁前，儿童通过潜意识的"吸收性心智"吸收周围事物，3—6岁则是通过感官判断环境里的事物。她主张提供给儿童的东西不仅要真实、自然，而且要符合儿童年龄及身高的尺寸。

（4）对细微事物感兴趣的敏感期（1.5—4岁）。忙碌的大人常常会忽略周边环境中的细小事物，但是儿童却常能捕捉到个中的奥秘。因此，如果儿童对泥土里的小昆虫或他人衣服上的细小图案产生兴趣时，正是培养儿童巨细无遗品性的好时机。

（5）动作敏感期（0—6岁）。两岁的儿童已经会走路，这个年龄的儿童是活泼好动的，是最活跃的，所以应让儿童充分运动，使其肢体动作正确、熟练，并促进左、右脑均衡发展。这不仅能帮助儿童养成良好的动作习惯，也能促进其智力的发展。

（6）社会规范敏感期（2.5—6岁）。两岁半的孩子逐渐脱离以自我为中心，而对结交朋友、群体活动有了明确倾向。这时，成人应与孩子建立明确的生活规范、日常礼节，使儿童日后能遵守社会规范，拥有自律的生活习性。

（7）书写敏感期（3.5—4.5岁）。手是儿童认识世界的工具，通过书写，儿童可以将个人思想用文字的方式表达出来。书写包括了一连串复杂的动作，儿童在写字之前必须具备一些技能。通过日常生活及感官教具的练习，可以增进儿童大小肌肉的控制能力，间接地发展握笔和书写的能力。

（8）阅读敏感期（4.5—5.5岁）。虽然儿童的书写与阅读敏感期出现较迟，但如果儿童在语言、感官、肢体动作等敏感期内，得到了充足的学习，其书写、阅读能力便会自然产生。

（9）文化敏感期（6—9岁）。蒙台梭利指出儿童对文化学习的兴趣萌芽于3岁，到了6—9岁则出现探索事物的强烈欲望。因此，这时期"孩子的心智就像一块肥沃的田地，准备接受大量的文化播种"。

蒙台梭利形容"经历敏感期的小孩，其无助的身体正受到一种神圣命令的指挥，其小小心灵也受到鼓舞"。敏感期不仅是儿童学习的关键期，也是影响其心灵人格发展的特殊时期。

3. 准备好的环境

当弱小的生命从一种环境进入到另一种环境时，他们不得不为此做最艰难的挣扎。他本来是在一个没有任何干扰、恒温的液体环境下长大的，但是就在一瞬间，原来静谧、幽暗的环境改变了，变得处处都与原来的环境截然不同。他想要生存，想要发展，就非得适应新环境不可。反之，"环境适应"也是万物的一种本能。

成人必须在设计任何教育体系之前，为儿童创造出一个适宜的环境，促进他们的天赋本能的发展。成人需要做的就是除掉儿童发展的障碍，这应该是所有未来教育的基础和出发点。

鉴于这种事实,蒙台梭利将环境列为教育的第一要素。她指出:这个环境应该干净整洁漂亮,应该配有适合儿童个性差异、能激发儿童成长的各类教具。它们能吸引儿童动手去触摸,自由挑选并工作,使孩子自动地乐在其中,接受教育。

4. 工作完善人性

蒙台梭利认为,工作是儿童的本能。儿童的工作不同于成人的工作,儿童的工作遵循着自然的法则。她通过对儿童的观察和研究,发现了儿童工作所遵循的一些自然法则。这些法则有五个。

(1)秩序法则,即儿童在工作中有一种对秩序的爱好与追求。

(2)独立法则,即儿童要求独立工作,排斥成人给予过多的帮助。

(3)自由法则,即儿童在工作中要求自由地选择工作材料,自由地确定工作时间。

(4)专心法则,即儿童在工作中非常投入,专心致志。

(5)重复练习法则,即儿童对于能够满足其内心发展需要的工作,能一遍又一遍地反复进行,直至完成内在的工作周期。

总之,工作是人类的天职和生活的需要,也是儿童的一种心理需要。儿童喜欢做事,喜欢活动,具有非常强的模仿能力,这是儿童内在生命力的外部表现,是儿童对环境的探索与自身成长的建设,是生命成长的秘密。

■ 蒙台梭利理论对学前教育的启示

1. 尊重孩子,给他们自由

教育的任务就是激发和促进儿童"内在潜力"的发挥,按其自身规律获得自然的和自由的发展。蒙台梭利主张,不应该把儿童作为一种物体来对待,而应作为人来对待。儿童不是成人和教师进行灌注的容器,不是可以任意塑造的蜡或泥,不是可以任意刻画的木头,也不是父母和教师培植的花木或饲养的动物,而是一个具有生命力的、能动的、发展着的活生生的人。自由指的是儿童不受任何人约束,不接受任何自上而下的命令或强制与压抑的情况,在不影响他人、不影响环境、不伤害自己的前提下,可以随心所欲地做自己喜爱的活动。

2. 教育的顺序:自然教育——感觉教育——智力教育

(1)自然教育:人类在成为社会人之前首先是自然人,所以在教育之初,应该顺应这种自然性,而不是去压抑或者使其与自然隔离。

(2)感觉教育:事实上成人所从事的劳动都必须建立在"感觉"的基础之上,"感觉"是一种体验,对于周围环境的一种灵敏度是生物体的本能,而传统教育往往更注重智力和理论的教育,而忽略了增进这种生物本能的优越性,创造出的是"脱离世界而生活的人"。

(3)智力教育:在儿童期要注重孩子智力的开发,知识的学习、获得途径在于为什么是这样,而不是这是什么。

3. 重视孩子的敏感期

蒙台梭利认为孩子的发展具有阶段性,每个阶段敏感期不同,我们要把握孩子敏感期对孩子适时教育,这样可以起到事半功倍的效果。

加德纳的多元智能理论

■ 心理学家简介

霍华德·加德纳（Edward Gardner，1943—），美国发展心理学家，世界著名教育心理学家，美国哈佛大学教育研究所发展心理学教授。1972—2000年任哈佛大学"零点项目"研究所主持人，最突出的成就是提出了多元智能理论，被誉为"多元智能理论"之父。自从20世纪80年代提出多元智能以来，该理论已经引起世界广泛关注，并成为90年代以来许多西方国家教育改革的指导思想之一。主要著作有《心智的结构》等。

■ 主要理论观点

加德纳提出，人类的智能是多元的，并且可以在学习和生活中得到提高。智商远远没有反映出人的全部智能，人在实际生活中所表现出来的智能是多种多样的。他制定出判断智能的八个标准：每一种智能都必须具有发展的特征，必须有一些代表人物来加以佐证，必须在其他的生物上具备，能单独发挥作用，能单独通过测试进行评估，能提供一些大脑部分分区专司此智能的证据，有支持的一套符号或记号的系统，有自己一套可以描述的操作。根据这八个标准，他把人类的智能分为八种。

1. 人的智能是多元的

加德纳指出：每个儿童都是一个潜在的天才儿童，只是经常表现为不同的方式。所以多元智能并非一种用来决定一个人拥有哪项智能的类别理论，而是一种认知功能的理论。每个人都潜在地不同程度地拥有多项智能，就目前的研究发现，每个人身上都至少拥有八种智能，只不过这八种智能在同一个人身上有强有弱而已。

（1）语言智能（linguistic intelligence）

语言智能是指有效地运用口头语言或书写文字的能力。语言智能的组成元素包括阅读、书写、作诗、演讲、听力和对其他语言的熟悉程度。拥有语言智能的技巧几乎在每一个领域或专业中都是很有用的。律师、演说家、编辑、作家、记者等都是语言智能较强的典型。语言智能强的儿童在学习时是用语言及文字来思考，对他们来说，良好的学习环境应该有这样一些教学材料及活动，如阅读材料、录音带、写作工具、对话、讨论、辩论及故事等。

（2）逻辑—数学智能（logical-mathematical intelligence）

逻辑—数学智能是指逻辑推理、数学运算以及科学分析方面的能力。这项智能反映对逻辑的方式和关系、陈述和主张、功能及其他相关的抽象概念的敏感性，它可以帮助我们来分析问题和解决问题。数学家、税务员、会计员、统计学家、科学家、电脑软件研发人员等是特别需要数理逻辑智能的几种职业。逻辑—数学智能强的儿童在学习时是靠推理来思考，对他们来说，理想的学习环境必须提供这样一些教学材料及活动：可探索和思考的事物，科学资料，操作，参观博物馆、天文馆、动物园、植物园等科学方面的社教机构。

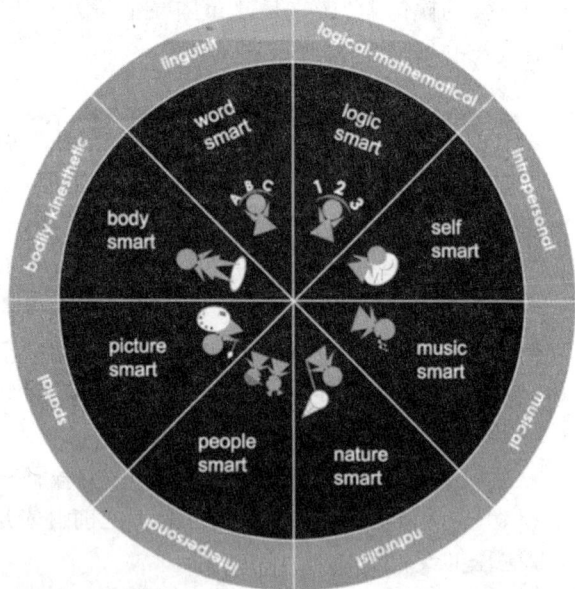

（3）音乐智能（musical intelligence）

音乐智能是指察觉、辨别、改变和表达音乐的能力,包括对音质、音量、音色、旋律、节奏等具有敏感性。作曲家、演奏家、音乐评论家、音乐家等就是音乐智能较强的人。这一类的儿童在学习时是透过节奏旋律来思考的,对他们而言,理想的学习环境必须提供这样的教学材料及活动,如乐器、音乐录音带、CD、听音乐会和弹奏乐器等。

（4）身体—动觉智能（bodyily-kinesthetic intelligence）

身体—动觉智能是指善于运用整个身体来表达想法和感觉,以及运用双手灵巧地生产或改造事物。这项智能包括特殊的身体技巧,如平衡、协调、敏捷、力量、弹性和速度以及由触觉所引起的能力。运动员、演员、外科医生、手工艺大师等都是这种智能较强的人。身体动觉智能强的人很难长时间坐着不动,他们喜欢动手搭建东西,参加户外活动,与人谈话时常使用手势或者其他肢体语言,喜欢惊险的娱乐活动并定期从事体育活动。这一类儿童在学习时是通过身体感觉来思考的。对他们来说理想的学习环境必须提供这样一类教学材料以及活动,如演戏、动手操作、体育和肢体活动和触觉经验等。

（5）空间智能（spatial intelligence）

空间智能是指针对所观察的事物,在脑海中形成一个模型或图像从而加以运用的能力。这项智能包括对色彩、线条、形状、形式、空间及它们之间关系的敏感性,也包括将视觉和空间的想法具体地在脑中呈现出来,以及在一个空间的矩阵中很快找出方向的能力。画家、雕塑家、室内设计师、建筑师、摄影师、飞行员等都是这种智能较强的人。空间智能强的人对色彩的感觉很敏锐,喜欢玩拼图、走迷宫之类的视觉游戏;喜欢想象、设计及随手涂鸦。这一类儿童学习时是用意象及图像来思考的,对他们来说,理想的学习环境必须提供这样一些教学材料和活动,如艺术、积木、录影带、幻灯片、想象游戏、视觉游戏、图画书、参观美术展、画廊等艺术方面的社教机构。

（6）人际智能（interpersonal intelligence）

人际智能是指察觉并区分他人情绪、意向、动机以及感觉的能力,包括:对脸部表情、声音和动作的敏感性,辨别不同人际关系的暗示,以及对这些暗示做出适当反应的能力。销售员、政治家、企业家、心理学家等都是这种智能较强的人。人际智能强的人通常比较喜欢参与团体性质的运动或者游戏,比如篮球、足球等;而不太喜欢个人性质的运动及游戏,如跑步和玩电动游戏。他们在人群中感觉很舒服自在,通常是团体中的领导者,他们适合从事的职业有政治、心理辅导、公关、推销和行政等需要组织、联系、协调、领导、聚会等的工作。这一类儿童靠他人的回馈来思考,对他们来说,理想的学习环境必须提供这样的一些教学材料以及活动,如小组作业、朋友群体游戏、社交聚会、社团活动、社区参与等。

（7）自我认知智能（intrapersonal intelligence）

自我认知智能是指有自知之明并据此做出适当行为的能力。这项智能包括:对自己有相当的了解,意识到自己的内在情绪、意向、动机、脾气和欲求以及自律、自知、自尊的能力。自我认知智能强的人通常能维持写日记的习惯,或者睡前反省的习惯;经常静思以规划自己的人生目标;喜欢独处。哲学家、诗人等就是这种智能较强的典型。这一类儿童通常以深入自我的方式来思考,对他们而言,理想的学习环境必须提供他们秘密的处所、独处的时间和自我选择。

（8）博物学家智能（naturalist intelligence）

博物学家智能是指观察自然界中的各种形态,对物体进行辨认和分类,能够洞察自然或人造系统的能力,包括观察、反映、联结、条理化综合以及联系自然界和人文世界的知觉。在远古时代,自然观察智能是人类生存和竞争必备的能力。植物学家、动物学家、环保者等都是这种智能较强的典型。科学史上许多名人都可以称为博物学家智能的杰出代表,如达尔文和爱迪生。具有博物学家智能的儿童,对生活表现出敏锐的观察力和强烈的好奇心,对事物有特别的分类、辨别和记忆的方式。

此外,在每一种智能之下还有次智能,比如,在逻辑—数学智能下就包括三个宽广但互相关联的领域,即数学、科学与逻辑思考能力。而且,随着研究的深入,还发现了更多的智能类型。

2. 每个人的智能组合形式各不相同

多元智能理论强调人智能的多元性。健康的儿童都同时潜在地拥有相对独立的八种智能,但是不同个体都有自己的智能强项和弱项,有与之相适应的独特的认知方式,即每个个体都有自己独特的智能光谱(intelligence spectrum)。

3. 教育和开发对智能的发展起决定性的影响

加德纳研究发现,如果给以适当的鼓励、培养和指导,每个人都有能力使八项智能达到很高的水平。一个人只要抱着积极的心态去开发自己的潜能,就会有用不完的能量,人的能力越用越强。教育的价值对于受教育者来说,就是使其与生俱来的潜能得到开发,人格得以健全发展,使其在社会实践活动中获得公认的成功,体验人的生命意义的真谛。所谓"个性发展"的本质就是"开发潜能、健全人格",从而在社会实践中实现人生的目标。如果一个人根本没有机会接触能够开发某种智能的环境,这个人不管其潜在智能有多大、有多少,其智能都不可能得到发展。

4. 解决问题需要多种智能组合

在生活中,几乎没有任何智能是独立存在的,智能总是相互作用的。加德纳认为,几乎所有人都需要运用多种智能的组合来解决问题,例如,一名优秀的小提琴家,除了音乐智能外,还需要身体运动的高度技巧,对他来说,还需要人际智能以便和听众沟通、选择经纪人,说不定还需要自我认知智能。这就告诉我们,几乎在所有人的身上,都是多种智能组合在一起解决问题的,所以发展多种智能是必要的。

5. 每一项智能都有多种表现智能的方法

如同样一种语言智能,有的表现在写,有的人可能不识字但他的言语智能很高,因为他能讲生动的故事。多元智能强调人类是以丰富的方式在各项智能之中或之间表现其特殊的天赋才能。这一点也和每个人身处于不同的文化环境有关。文化的不同造成了所需要的智能运用方面的不同。所以,从儿童时期开始的教育,教育者首先必须发现受教育者的智能状况或智能结构,然后,再根据受教育者的个性状况开展有针对性的教育,而不是盲目地用同样的内容和方式去教育不同的人。因此,加德纳提出,要采取发展的方法进行教育,也就是说,在设计教育方法、教学模式时,应该考虑发展的因素,即不同年龄、不同发展阶段的儿童所具有的不同要求,将教学内容与不同的动机或认知模式结合起来。

■ 加德纳的多元智能理论对学前教育的启示

加德纳的多元智能理论的应用领域是广泛的,但在教育领域的应用尤为引人注目。这个理论给学前教育带来的启示有以下三个方面。

1. 树立多元评价标准,智能面前人人平等。每个儿童都有独特的智能倾向和结构,只要以他的智能为标准去评价他,我们就会发现每个儿童都是美丽的,都是可以培养的。树立多元评价标准,克服以偏概全的现象。在实际教学中只有平等地对待每一种智能,每个儿童都有可能受到尊重。"多彩光谱项目"(project spectrum)就是运用多元智能理论对学前儿童智能进行测试的一种新方法。

2. 创设多元活动场景,让每个儿童享受生活的乐趣。学前教育以活动为主,让每个儿童感受到活动的愉悦,是尊重儿童的表现。从多元智能理论出发,创设符合儿童个性的多元的活动场景,使儿童在和谐、快乐的环境中度过每一天。教师应依据儿童的智能特征,构建符合其智能发展的学习活动,使儿童从小就享受到学习带来的快乐,体验生命的魅力。

3. 采用多元教学方法,发挥每个儿童的智能。多元教学法使尊重儿童个性、体现多元智能得以实现。由于每个儿童的智能潜力是不同的,而且是不断丰富发展的,所以教师应分别对待,不仅对全班儿童而且对每一个儿童都应采用多元的教学方法。

戈尔曼的情商理论

■ 心理学家简介

丹尼尔·戈尔曼（Daniel Goleman，1946— ），哈佛大学心理学博士，现为美国科学促进协会（AAAS）研究员，曾四度荣获美国心理协会（APA）最高荣誉奖项，并荣获美国心理协会终生成就奖，还曾两次获得普利策奖提名。此外，还曾任职《纽约时报》12年，负责大脑与行为科学方面的报道。他的文章散见于全球各主流媒体。情商之所以尽人皆知，源于戈尔曼在1995年所写的最畅销科普书籍《情绪智力》。他主要著作除了此书之外，还有《绿色情商》《影响你一生的社交商》等。

■ 主要观点及其对学前教育的启示

1. 情绪智力和情商的内涵

情绪智力（Emotional Intelligence）是指个人对自己情绪的把握和控制，对他人情绪的揣测和驾驭，以及对人生的乐观程度和面临挫折时的承受能力。用以衡量这种情绪智力的分数就是情绪商数，简称EQ（Emotional Quotient）。

情绪智力主要包括以下五个方面。

（1）自我觉知：当某种情绪刚一出现时便能察觉，并时时刻刻监控情绪变化的一种能力。它是情商的核心。

（2）管理自我：调控自己的情绪，使之适时适地适度。具体地讲是自我安慰、有效地摆脱焦虑、沮丧、愤怒、烦恼等因失败而产生的消极情绪侵袭的能力。这种能力建立在自我觉知的基础上。

（3）自我激励：服从某个目标而调动、指挥情绪的能力。要想集中注意力、发挥创造力，这一点必不可少。能够自我激励，积极热情地投入，才能保证取得杰出的成就。

（4）移情："感人之所感"，并同时能"知人之所感"，是既能分享他人情感，对他人的处境感同身受，又能客观理解、分析他人情感的能力。这种能力是在自我觉知基础上发展起来的，是最基本的人际关系能力。具有移情能力的人能通过细微的社会信号，敏锐地感受到他人的需要与欲求，从而能做出适当的回应。不能识别他人的情绪是情感智商的重大缺陷，也是人性的悲哀。

（5）处理人际关系：大体而言，人际关系的艺术就是调控与他人的情绪反应的技能，属于管理他人情绪的一部分。

情绪智力把传统的智力拓展到情绪领域，把认知和情绪相互影响、相互渗透、相互促进的关系高度地概括为一种能力。情商是对生活的幸福、事业的成功影响重大的关键因素。它能解释为什么智商很高的人生活并不如意，而智商平平者却获得极大成功。对于儿童，情感教育对大脑的发育更是至关重要。作为父母与教师应充分利用这个机会来发展孩子的情感智商。情商的技能是可以教给儿童的，是后天学会的。而学习的最佳时间始于人生早期。

2. 情商与早期教育

脑科学研究揭示出边缘系统与大脑皮层的相互作用是情感智商的核心。研究表明：大脑皮质与边缘系统有固定的神经通道，边缘系统产生情绪，经过神经通道传入大脑皮层，再经过皮质整合产生一定的情绪体验，从而影响和支配人的决策和行为。在长期的生活中，边缘系统与大脑皮层形成了广泛而深刻的相互影响机制，这就构成了情感智商的神经生理机制。

早期经验锻造了边缘系统与新皮质之间的神经通路，神经通路联系的数量越多，可能的反应范围就越广。所以，人生初期是塑造人生情感倾向的重要时机，人生早期养成的习惯将编织起神经结构的基本网络，不致在以后轻易改变。这就是说，突触长期不断地嵌入前额叶，即意味着早期经验会形成情感大脑与理性大脑永恒的神经联结。

儿童早期的重要经验，诸如，孩子的需求是否能从父母那儿得到满足，父母对孩子需求的反应怎样，孩子是否有学习处理自己痛苦情绪和控制冲动的机会并得到有关指导，以及移情的演练等，都会在孩子的情感通路上留下深刻的痕迹；反过来，忽略、虐待、冷漠、粗暴管教等同样会在孩子的情感通路上留下深刻的痕迹。

3. 情商培养始于人生早期

丹尼尔·戈尔曼曾把人生早期视为情感能力的发端，认为情商培养始于人生最初几年。在情感启蒙教育中，最重要的是移情能力。通过移情，儿童可以体验他人的情感，感受他人的需要，想象某一行为可能对他人带来的后果，从而更有效地激发友爱行为，抑制可能对人造成伤害的攻击性行为。移情是情感智商中最重要的能力。移情是最基本的人际关系能力，也是儿童发展高级情感的基础，是助人、分享等亲社会行为的直接原因。移情的产生可追溯到儿童期。戈尔曼认为，儿童从2岁开始就应该学习最基本的待人接物之道，培养社会交往技能，他说："2岁时就应当学习的最基本的待人接物之道——坦然直接与他人对话；主动与人接触，而不是一味被动等待；积极交谈，而不仅仅以'是'或'否'一两个字来回答；心存感谢之心，适时适度表达；进出礼让；'请''谢谢''对不起'常挂在嘴边……"另一项重要的社会技能就是如何表达自我的情感，教给儿童适时、适地、适度表达自己的情感，就是在边缘系统与新皮质之间建立神经通路，"一旦神经系统学会了某种反应，似乎就永远不会改变"（勒杜），以后遇到类似的情况，就能采取适当的反应。

在情感启蒙教育中，成人是关键。儿童是从照料者那里学会调控自己情绪的。戈尔曼说："其实，这个学习在儿童时就已开始，并贯穿了整个童年时代。"就3岁前儿童来讲，主要是从自己的照料者那里学会平息自己的情绪。有学者认为，在10—18个月是个关键时期，前额叶皮质与边缘系统之间的神经联结正迅速形成，使其成为沮丧情绪的开启或关闭系统。儿童从无数次平息情绪的经验中学会了怎样自我安抚，逐渐在控制痛苦情绪的通路中形成了更强的神经联结，这样每当遇到不安，便能较好地安慰自己。3岁前儿童的情绪调控能力是有限的，当情绪发作时需要成人及时的回应，也就是说，儿童是从自己的照料者那里学会如何平息自己的情绪。比如，有经验的母亲听到孩子啼哭，就会轻轻地拍拍他，或把他抱起来有节奏地摇晃、与他说话，直到他平静下来为止。这样做有助于孩子迅速地平静下来。最重要的是成人的干预要及时，让儿童感到自己是被关心的，让他感到他的周围环境是安全的，这样有利于形成孩子对外部环境的安全感、信任感，同时也有利于形成儿童良好的情绪自我调控方式。儿童学会调控自身情绪的过程，实际上是一个不断观察与学习、不断形成新的条件反射、不断接受强化的过程。所以，成人应树立一个良好的控制情绪的典范，不要动辄暴跳如雷、气急败坏。另一方面，成人应多与儿童交谈，其目的是在交谈的过程中让儿童宣泄情绪体验，指导他形成新的认知方式，学会符合社会规范的情绪表达方式。额叶对调节边缘系统的冲动十分重要，而在人生早期不断的情感学习有助于额叶成熟定型。

总之，情感学习是一个反复体验、耳濡目染、渐渐渗透、习以成性的过程。在谈到培养儿童情商的方法时，戈尔曼说："不是对他们批评指责，而是多与他们讨论其情绪感受，理解他们的情感，帮助他们解决情感困惑，指导他们在情绪不佳时做出正确的选择，而不是一味地攻击或退缩。"

布朗芬布伦纳的社会生态系统理论

■ 心理学家简介

尤瑞·布朗芬布伦纳（Urie Bronfenbrenner，1917—2005），人类发展生态系统理论的创始人，美国著名的人类学家和生态心理学家。他在1979年出版了《人类发展生态学》一书,提出了著名的人类发展生态学理论,指出了环境对于个体行为、心理发展有着重要的影响。

■ 主要理论观点

人是社会的人。在人与环境的交互作用的过程中,人与社会环境的交互作用扮演着重要的角色。近年来兴起的社会生态学是一种探讨人的行为与社会环境交互作用的研究取向。美国心理学家布朗芬布伦纳提出的社会生态系统理论认为,个人的行为不仅受社会环境中的生活事件的直接影响,而且也受到发生在更大范围的社区、国家、世界中的事件的间接影响。因此,要研究个体的发展就必须考察个体不同社会生态系统的特征。

布朗芬布伦纳把个体的社会生态系统划分为五个子系统。

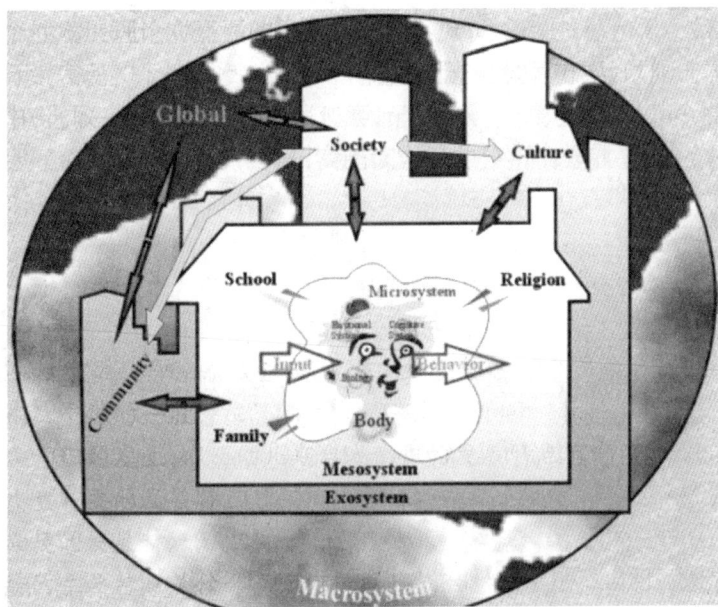

1. 微系统

微系统是指与个体直接的、面对面水平上的交流系统,例如,直接作用于儿童的各种行为的复杂模式、角色,以及家庭、学校、同伴群体、工作场所、游戏场所中的个人的交互作用关系。家庭、学校、同伴群体中的个人都是社会生态系统中的微系统的组成部分。个体微系统中的每个人都以面对面、直接交流的方式与个体交互作用。例如,母亲对儿子小明唱歌,同伴与小明做游戏等。

布朗芬布伦纳强调,为认识这个层次儿童的发展,必须看到所有关系是双向的,即成人影响着儿童的反应,但儿童决定性的生物和社会的特性与其生理属性、人格和能力也影响着成人的行为。

例如,母亲给儿童哺乳,儿童饥饿的时候会以哭泣来引起母亲的注意,影响母亲的行为。如果母亲能及时给儿童喂奶则会消除儿童哭泣的行为。当儿童与成人之间的交互反应很好地建立并经常发生时,会对儿童的发展产生持久的作用。但是,当成人与儿童之间的关系受到第三方的影响时,如果第三方的影响是积极的,那么成人与儿童之间的关系会更进一步发展。相反,儿童与父母之间的关系就会遭到破坏。例如,婚姻状态作为第三方,影响着儿童与父母的关系。当父母互相鼓励其在育儿中的角色时,每个人都会更有效的担当家长的角色。相反,婚姻冲突是与不能坚守的纪律和对儿童敌对的反应相联系的。

2. 中系统

中系统是指各个微系统之间的联系或相互关系。

布朗芬布伦纳认为,如果微系统之间有较强的积极的联系,发展可能实现最优化。相反,微系统间的非积极的联系会产生消极的后果。儿童在家庭中与兄弟姐妹的相处模式会影响到他在学校中与同学间的相处模式。如果在家庭中儿童处于被溺爱的地位,在玩具和食物的分配上总是优先,那么一旦在学校中享受不到这种待遇则会产生极大的不平衡,就不易于与同学建立和谐、亲密的友谊关系,还会影响到教师对其指导教育的方式。

3. 外系统

外系统是指两个或更多的环境之间的连接与关系,其中一个环境中不包含这个个体。例如,儿童生活在家庭里,但家庭不是与外界隔离的。父母对待儿童的方式会受到学校、教师的影响,也会受到教会、雇主和朋友的影响。个人的家庭微系统与其他系统的成员之间有交互作用的关系。例如,小明与他的父亲之间的交互作用可能受到他的父亲与其企业雇主或其炒股朋友之间的关系的影响。

4. 大系统

大系统是指与个人有关的所有微系统、中系统及外系统的交互作用关系。这是一个有文化特色的系统。可以依据信念、价值观、做事情的传统方式、可预期的行为、社会角色、社会地位、生活方式、宗教等内容来描述大系统。大系统的特色则反映在不同系统之间的交互作用之中。用布朗芬布伦纳的话来说,大系统是一种特殊文化、亚文化或其他更广阔的社会环境的社会蓝图。大系统实际上是一个广阔的意识形态。它规定如何对待儿童,教给儿童什么以及儿童应该努力的目标。在不同文化中这些观念是不同的,但是这些观念存在于微系统、中系统和外系统中,直接或间接地影响儿童知识经验的获得。

5. 长期系统

长期系统是指在个体发展过程中所有的社会生态系统随着时间的变化而发生的变化。个体的微系统随着时间的发展可能会发生很多重要的变化,如弟弟妹妹的出生、父母离婚、得到或失去宠物等。有时候,大系统也会发生变化。例如,在美国20世纪最后的几十年中,在家庭成员参加工作的模式(从一人挣工资发展为两人挣工资)、家庭结构(从双亲家庭到单亲家庭)、育儿方式(从家庭养育到选择其他保育方式)、生孩子的年龄(从低龄到高龄)等方面都发生了深刻的变化。显然,大系统的变化会直接影响个人生活于其中的微系统(家庭、家族和学校)。

布朗芬布伦纳的模型还包括了时间纬度,或称作历时系统。把时间作为研究个体成长中心理变化的参照体系。他强调了儿童的变化或者发展将时间和环境相结合来考察儿童发展的动态过程。儿童一出生就置身于一定的环境之中,并通过自己本能的生理反应来影响环境。通过行为,比如哭泣来获得生存所必需的物质。另一方面,儿童也会根据外界环境来调节自己的行为,冷暖适宜时会发出微笑。随着时间的推移,儿童生存的微观系统环境不断发生变化。引起环境变化的可能是外部因素,也可能是人自己的因素。因为人有主观能动性,可以自由地选择环境。而对环境的选择是随着时间不断推移,个体知识经验不断积累的结果。布朗芬布伦纳将这种环境的变化称为"生态转变",每次转变都是个体人生发展的一个阶段,如升学、结婚、退休等。布朗芬布伦纳提出的时间系统关注的正是人生的每一个过渡点,他将转变分为两类:正常的(如入学、青春期、参加工作、结婚、退休)和非正常的(如家庭中有人去世或病重、离异、迁居、彩票中奖),这些转变发生于毕生之中,常常成为发展的动力,同时这些转变也会通过影响家庭进程对儿童发展产生间接影响。

■ 布朗芬布伦纳的社会生态系统理论对学前教育的启示

布朗芬布伦纳的社会生态系统理论有助于我们理解社会环境对儿童心理与行为的制约作用。

首先,这个理论让我们拓宽了对儿童心理发展的影响因素之一——环境因素的认识。布朗芬布伦纳生态系统理论将"环境"的范围拓展得更宽、更复杂,不仅包括了儿童周围的环境,还包括了影响儿童发展的大的社会、文化环境。让我们看到儿童的心理发展不仅受传统文化的制约和影响,而且受时代变迁的制约和影响。而从这个角度理解环境因素,更接近生活、更真实、更有实际意义。

其次,能够让我们从多方面分析、促进儿童的发展。生态系统理论中的四个系统之间存在千丝万缕的联系。对环境影响的详细分析,可以找出影响儿童发展的因素,从而给予及时的干预。比如,工作压力较大的夫妇,他们与子女的关系可以间接通过父母的工作单位这一微系统改善。此外,这个理论还使我们认识到,要将影响儿童发展的偶然性因素与必然性因素结合起来。例如,认识到儿童生活中的重大的生活事件,尤其是偶然发生的事件,比如,父母离异或父母的死亡会对发儿童发展产生巨大影响。

第三,使我们认识到儿童发展的动态性,将时间纬度作为研究儿童成长中心理变化的参照体系,关注儿童一生的过渡点。

主要参考书目

1. 皮亚杰.《儿童心理学》[M].北京:商务印书馆,1986.
2. 皮亚杰.《发生认识论》[M].北京:商务印书馆,1987.
3. 桑标.《当代儿童心理学》[M].上海:上海教育出版社,2003.
4. 王振宇.《学前儿童发展心理学》[M].北京:人民教育出版社,2004.
5. 〔美〕劳拉·E·贝克.《儿童发展》[M].吴荣光,朱永新,吴颖等译.南京:江苏教育出版社,2007.
6. 〔意〕玛利亚·蒙台梭利.《童年的秘密》[M].单中惠译.北京:京华出版社,2002.
7. 〔美〕丹尼尔·戈尔曼.《情感智商》[M].耿文秀等译.上海:上海科学技术出版社,1997.
8. 〔美〕霍华德·加德纳.《智能的结构》[M].沈致隆译.北京:中国人民大学出版社,2008.
9. 〔美〕霍华德·加德纳.《多元智能新视野》[M].沈致隆译.北京:中国人民大学出版社,2012.

图书在版编目(CIP)数据

学前儿童心理发展分析与指导/沈雪梅主编. —上海:复旦大学出版社,2014.2(2023.2 重印)
普通高等学校学前教育专业系列教材
ISBN 978-7-309-10293-2

Ⅰ. 学⋯　Ⅱ. 沈⋯　Ⅲ. 学前儿童-儿童心理学-高等学校-教材　Ⅳ. B844.12

中国版本图书馆 CIP 数据核字(2014)第 011718 号

学前儿童心理发展分析与指导
沈雪梅　主编
责任编辑/谢少卿

复旦大学出版社有限公司出版发行
上海市国权路 579 号　邮编:200433
网址:fupnet@ fudanpress. com　http://www. fudanpress. com
门市零售:86-21-65102580　　团体订购:86-21-65104505
出版部电话:86-21-65642845
浙江临安曙光印务有限公司

开本 890×1240　1/16　印张 12.25　字数 344 千
2014 年 2 月第 1 版
2023 年 2 月第 1 版第 4 次印刷
印数 11 301—13 400

ISBN 978-7-309-10293-2/B · 496
定价:38.00 元